ナノ蛍光体の開発と応用
Development and Applications of Nanophosphors

《普及版／Popular Edition》

監修 磯部徹彦

シーエムシー出版

はじめに

　ナノテクノロジーの分野が重要視される中で，蛍光体の分野においてもナノサイズ化に関して大きな関心が寄せられるようになってきました。また，蛍光体を取り扱う学問分野としては，これまでは物性や応用の面から物理学や電気工学などの分野が中心となってきましたが，ナノサイズ化の作製技術や表面修飾技術としてコロイド化学的な手法が中心となり，化学の分野の研究者がナノ蛍光体の開発を推し進める原動力になっています。

　蛍光体の応用はディスプレイや照明などのエレクトロニクス分野が中心となり，展開されてきました。したがって，この分野の多くの方々がナノ蛍光体に対して大きな関心を寄せていることは確かです。しかし，米国ではナノ蛍光体は新しいバイオ分野への応用を切り開き，医工連携を通じたバイオ用蛍光プローブに関する研究が先導的に進められています。これは，ナノ蛍光体が従来の蛍光有機色素の問題点を解決できたためです。このため，本書でも応用面ではバイオ分野での状況をかなり取り上げています。

　本書では，まず序論で全体を概説し，第1章でナノ蛍光体の作り方，第2章でナノ蛍光体の特徴を知るためのキャラクタリゼーションの例，第3章で代表的なナノ蛍光体の材料別における研究実績，第4章でエレクトロニクスやバイオの分野における種々の角度からの応用例について取り上げました。ナノ蛍光体は現在も研究開発中のテーマであり，完成された学問分野が築かれたわけではありません。したがいまして，本書はあくまでも現状の一端を紹介したものに過ぎません。

　本書の作成にあたり，ご多忙中にもかかわらずご協力くださいました多くの執筆者の方々に深く感謝しております。また，本書の刊行に当たりシーエムシー出版の三島和展氏や藪下泰弘氏に多大なるご尽力を頂き，感謝しております。今後，ナノ蛍光体の研究がますます発展するために，本書が活用されることを期待しております。

2007年8月

磯部徹彦

普及版の刊行にあたって

本書は2007年に『ナノ蛍光体の開発と応用』として刊行されました。普及版の刊行にあたり，内容は当時のままであり加筆・訂正などの手は加えておりませんので，ご了承ください。

2012年11月

シーエムシー出版　編集部

―――― 執筆者一覧（執筆順）――――

磯部　徹彦	慶應義塾大学　理工学部　応用化学科　准教授	
垣花　眞人	東北大学　多元物質科学研究所　教授	
金　　大貴	大阪市立大学　工学部　応用物理学科　准教授	
野瀬　勝弘	大阪大学　大学院工学研究科　マテリアル生産科学専攻	
	日本学術振興会　特別研究員	
小俣　孝久	大阪大学　大学院工学研究科　マテリアル生産科学専攻　准教授	
大原　　智	東北大学　多元物質科学研究所　助教	
名嘉　　節	東北大学　多元物質科学研究所　准教授	
阿尻　雅文	東北大学　多元物質科学研究所　教授	
細川　三郎	京都大学大学院　工学研究科　物質エネルギー化学専攻　助教	
井上　正志	京都大学大学院　工学研究科　物質エネルギー化学専攻　教授	
奥山　喜久夫	広島大学　大学院工学研究科　教授	
汪　　偉寧	広島大学　大学院工学研究科　博士研究員	
アグス・プルワント	広島大学　大学院工学研究科　博士課程後期	
斎木　敏治	慶應義塾大学　理工学部　電子工学科　准教授	
豊田　太郎	電気通信大学　電気通信学部　量子・物質工学科　教授	
武貞　正浩	慶應義塾大学　理工学部　応用化学科　博士課程	
Hocine Sfihi	École Supérieure de Physique et de Chimie Industrielles de la Ville de Paris, Associate Professor	
越田　信義	東京農工大学　大学院ナノ未来科学研究拠点　教授	
新生　恭幸	同志社大学大学院　工学研究科　工業化学専攻　博士課程後期	
森　　康維	同志社大学　工学部　物質化学工学科　教授	
粕谷　　亮	慶應義塾大学　理工学研究科　後期博士課程	
藤原　　忍	慶應義塾大学　理工学部　応用化学科　准教授	
今井　宏明	慶應義塾大学　理工学部　教授	
足立　大輔	大阪大学　大学院基礎工学研究科	
外山　利彦	大阪大学　大学院基礎工学研究科　助教	
三村　秀典	静岡大学　電子工学研究所　教授，所長	
伊藤　茂生	双葉電子工業㈱　研究開発本部　技師長	
伊東　丈夫	東海大学　医学部　教育・研究支援センター　細胞科学部門	
古性　　均	筑波大学　数理物質科学研究科　物性・分子工学専攻	
	日産化学工業㈱　物質科学研究所　合成研究部　主任研究員	
長崎　幸夫	筑波大学大学院　数理物質科学研究科　物性・分子工学専攻　教授	
朝倉　　亮	慶應義塾大学　理工学部　応用化学科	
藤本　啓二	慶應義塾大学　理工学部　応用化学科　准教授	
大久保　典雄	古河電気工業㈱　横浜研究所　ナノテクセンター　マネージャー	
町田　雅之	�独産業技術総合研究所　セルエンジニアリング研究部門　グループリーダー	
神崎　壽夫	日立マクセル㈱　開発本部　機能性材料グループ　グループリーダー主任技師	
森田　将史	�独科学技術振興機構　さきがけ；滋賀医科大学　MR医学総合研究センター　特任助教	

執筆者の所属表記は，2007年当時のものを使用しております。

目　次

序論　ナノ蛍光体の基盤技術の構築と応用に向けて　　　磯部徹彦

1　ナノ蛍光体における表面修飾の役割……1
2　ナノ蛍光体の種類……2
3　ナノ蛍光体の合成法と評価……4
4　ナノ蛍光体の応用と展望……6

第1章　ナノ蛍光体の合成方法

1　ゾルゲル法（錯体重合法）…垣花眞人…9
 1.1　はじめに……9
 1.2　錯体重合法……9
  1.2.1　原理……9
  1.2.2　錯体重合法によるYVO_4：Eu^{3+}蛍光体の合成……10
  1.2.3　物質探索手段としての錯体重合法：パラレル合成……12
 1.3　PVA法……16
  1.3.1　原理……16
  1.3.2　PVA法による$YNbO_4$：Eu^{3+}蛍光体の合成……16
 1.4　錯体均一沈殿法……19
  1.4.1　原理……19
  1.4.2　錯体均一沈殿法によるY_2O_2S：Eu^{3+}の合成……20
 1.5　おわりに……23
2　逆ミセル法およびコロイド析出法―表面修飾とサイズチューニング―
　……金　大貴…25
 2.1　はじめに……25
 2.2　逆ミセル法……25
  2.2.1　逆ミセル法による半導体ナノ粒子の作製……25
  2.2.2　ナノ粒子のサイズ制御……26
  2.2.3　表面修飾による発光特性の向上……27
  2.2.4　発光中心をドープした"ドープ型ナノ粒子"の作製と発光特性……28
 2.3　コロイド析出法……30
  2.3.1　CdSナノ粒子の作製とサイズチューニング……30
  2.3.2　CdSナノ粒子の表面修飾……31
  2.3.3　ナノ粒子のフィルム分散と光学特性の温度依存性……32
 2.4　おわりに……33
3　ホットソープ法…野瀬勝弘，小俣孝久…35
 3.1　はじめに……35
 3.2　ホットソープ法……36
 3.3　キャッピング……40
 3.4　ホットソープ法の最前線と今後の課題……43
 3.5　おわりに……43

4 超臨界水熱法
……………大原智，名嘉節，阿尻雅文…45
4.1 はじめに …………………………45
4.2 超臨界水の物性と相挙動 …………45
4.3 高温高圧水中での化学平衡と酸化物の溶解度 …………………………47
4.4 急速昇温超臨界水熱合成装置 ………49
4.5 超臨界水熱合成法の特徴 …………50
4.6 超臨界水中でのナノ粒子生成機構 …51
4.7 表面修飾ハイブリッドナノ粒子 ……54
4.8 おわりに …………………………55

5 ソルボサーマル法
……………細川三郎，井上正志…57
5.1 ソルボサーマル法 …………………57
5.2 ソルボサーマル法による酸化物の合成 …………………………58
5.3 ソルボサーマル法による希土類アルミニウムガーネットの合成 ………60
5.4 ソルボサーマル法による複合酸化物の合成 …………………………62

6 スプレー熱分解法
……………奥山喜久夫，汪偉寧，アグス・プルワント…65
6.1 はじめに …………………………65
6.2 噴霧熱分解法による微粒子の合成 …65
6.3 蛍光体ナノ粒子の合成 ……………67
6.3.1 静電噴霧熱分解法（Electrospray Pyrolysis, ESP）………68
6.3.2 減圧噴霧熱分解法（Low-pressure Spray Pyrolysis, LPSP）…69
6.3.3 塩添加噴霧熱分解法（Salt-assisted Spray Pyrolysis, SASP）…………………………70
6.3.4 高分子添加噴霧熱分解法（Polymer-assisted Spray Pyrolysis, PASP）………71
6.3.5 火炎噴霧熱分解法（Flame-assisted Spray Pyrolysis, FASP）…………………………72
6.4 おわりに …………………………73

第2章 ナノ蛍光体開発に有効なキャラクタリゼーション

1 近接場光学顕微鏡による単一ナノ蛍光体分光……………斎木敏治…75
1.1 はじめに …………………………75
1.2 単一粒子分光に必要な空間分解能 …76
1.3 単一粒子観察の具体的な方法 ………76
1.4 近接場光学顕微鏡 …………………78
1.5 近接場光学顕微鏡プローブ …………80
1.6 単一量子ドット分光の具体例 ………82
1.7 量子ドットに閉じ込められた電子の波動関数を見る ………………84
1.8 おわりに …………………………85

2 フォトアコースティクによる光吸収法
……………豊田太郎…88

3 電子スピン共鳴法による局所構造解析
……………武貞正浩，磯部徹彦…99
3.1 ナノ蛍光体の開発における電子スピン共鳴法の有用性 ………………99
3.2 電子スピン共鳴法 …………………99

 3.2.1 電子スピン共鳴 …………99
 3.2.2 電子スピン共鳴から得られる
   パラメーター …………101
 3.3 電子スピン共鳴法によるナノ蛍光
   体の局所構造解析…………102
  3.3.1 ZnS：Mn^{2+}ナノ蛍光体 ………102
  3.3.2 $ZnGa_2O_4$：Mn^{2+}ナノ蛍光体 …105
 3.4 今後の展開…………107
4 Liquid and Solid State NMR of lumi-
nescent nanomaterials
   ………………Hocine Sfihi…108
 4.1 Introduction …………108
 4.2 NMR of semiconductor nanocrys-
   tals …………111
  4.2.1 NMR of surface molecules……111
  4.2.2 NMR of internal and surface
   …………120
 4.3 Conclusion …………124

第3章　ナノ蛍光体の研究例

1 Siナノ蛍光体 …………**越田信義**…127
 1.1 はじめに…………127
 1.2 nc-Siの形成 …………127
 1.3 可視発光の機構と基本特性…………128
 1.4 フォトニック応用…………130
 1.5 まとめ…………134
2 ZnSナノ蛍光体 …**新生恭幸，森康維**…136
 2.1 はじめに…………136
 2.2 逆ミセル反応場を用いた合成法…………137
 2.3 水相中で表面修飾剤を用いた合成法
  …………139
 2.4 粘土層間で作製されたZnSナノ粒子
  …………140
3 YAG：Ceナノ蛍光体
  ………**粕谷亮，磯部徹彦**…145
 3.1 はじめに…………145
 3.2 グリコサーマル法によるYAG：
   Ce^{3+}ナノ粒子の低温液相合成 ……146
 3.3 グリコサーマル法により得られた
   YAG：Ce^{3+}ナノ蛍光体の特性評価
  …………146
 3.4 透明な色変換フィルムの特徴…………152
 3.5 まとめと課題…………154
4 $LaPO_4$：Lnナノ蛍光体 …**磯部徹彦**…156
 4.1 はじめに…………156
 4.2 液相合成を利用した方法…………156
  4.2.1 水熱合成法およびソルボサー
   マル法…………156
  4.2.2 配位分子を利用する合成法……157
  4.2.3 その他…………160
 4.3 ナノ蛍光体に特有な蛍光特性………160
 4.4 おわりに…………163
5 ガラスに分散したナノ蛍光体
  ………………**藤原忍**…165
 5.1 分散の意義…………165
 5.2 ナノ結晶分散ガラスの製造法…………166
 5.3 半導体ナノ結晶蛍光体分散ガラス…166
 5.4 ゾル-ゲル法によるナノ蛍光体分散
   ガラス薄膜…………168
 5.5 物理的手法によるナノ蛍光体分散

ガラス薄膜……………………169
　5.6　おわりに…………………………171
6　色素ドープシリカナノ蛍光体
　　　………………………今井宏明…173
　6.1　はじめに…………………………173
　6.2　シリカナノ蛍光体の種類…………173

　　6.2.1　W/O マイクロエマルション法
　　　　　によるシリカナノ粒子…………174
　　6.2.2　ゾルゲル法によるシリカナノ
　　　　　粒子…………………………174
　　6.2.3　メソポーラスシリカナノ粒子…175
　6.3　おわりに…………………………180

第4章　ナノ蛍光体の応用への展望

1　ナノ蛍光体の EL デバイスへの応用
　　　…………………足立大輔, 外山利彦…182
2　ナノビジョンデバイスへのナノ蛍光体
　の応用と展望………………三村秀典…189
　2.1　はじめに…………………………189
　2.2　GaN ナノピラー蛍光体……………190
　2.3　TiO_2：Eu^{3+}微小球蛍光体…………192
　2.4　ZnO 微小ピラミッド蛍光体および
　　　ZnO 微小ディスク蛍光体…………193
　2.5　まとめ……………………………195
3　カソードルミネッセンスで必要とされ
　るナノ蛍光体 …伊藤茂生, 磯部徹彦…196
　3.1　はじめに…………………………196
　3.2　ナノサイズ蛍光体の作製方法………197
　3.3　ナノサイズ蛍光体への期待…………197
　3.4　逆ミセル法によるシリカ被覆
　　　$ZnS:Mn^{2+}/SiO_2$………………………199
　　3.4.1　$ZnS:Mn^{2+}/SiO_2$ナノ蛍光体
　　　　　の合成方法……………………200
　　3.4.2　$ZnS:Mn^{2+}/SiO_2$ナノクリス
　　　　　タル蛍光体の特性……………200
　　3.4.3　SiO_2被覆による発光強度増大
　　　　　………………………………202

　3.5　$ZnGa_2O_4$：Mn^{2+}ナノクリスタル
　　　蛍光体…………………………203
　3.6　おわりに…………………………206
4　量子ドットを用いたナノ免疫電顕法
　　　………………………伊東丈夫…207
　4.1　はじめに…………………………207
　4.2　量子ドット Quantum dot（Qdot）
　　　………………………………207
　　4.2.1　蛍光とは……………………208
　　4.2.2　通常の蛍光色素の蛍光特性…208
　　4.2.3　量子ドット（quantum dot）…208
　　4.2.4　Qdot（quantum dot）の蛍光
　　　　　特性…………………………209
　4.3　Qdot の免疫組織化学への応用……211
　　4.3.1　ラット下垂体における成長ホ
　　　　　ルモン（Growth Hormone；
　　　　　GH）の局在……………………211
　　4.3.2　免疫電顕への応用例…………211
　4.4　Living Cell 観察への応用…………211
　4.5　まとめ……………………………214
5　生体反応検出用蛍光プローブへの応用
　　　…………………古性均, 長崎幸夫…216
　5.1　はじめに…………………………216

5.2 半導体ナノ粒子の合成……………216
5.3 半導体ナノ粒子の安定分散………217
5.4 発光微粒子のバイオセンサーへの応用…………………………………220
5.5 まとめ………………………………223
6 バイオラベル用蛍光プローブの作製と応用……………**朝倉亮,磯部徹彦**…225
6.1 はじめに……………………………225
6.2 CdSe-ZnS 量子ドット ……………225
　6.2.1 CdSe-ZnS 量子ドットの合成…………………………………225
　6.2.2 CdSe-ZnS 量子ドットの表面修飾……………………………226
　6.2.3 CdSe-ZnS 量子ドットの毒性…………………………………227
6.3 その他の無機ナノ蛍光体…………228
6.4 YAG：Ce^{3+}ナノ蛍光体 …………228
6.5 まとめ………………………………231
7 ポリマーと複合化したナノ蛍光体の作製と応用 ……………**藤本啓二**…233
7.1 はじめに……………………………233
7.2 ZnS：Mn^{2+}ナノ蛍光体とリポソームの複合化…………………………234
7.3 ポリマーの交互吸着によるZnS：Mn^{2+}ナノ蛍光体とリポソームの複合化………………………………236
7.4 ナノ蛍光体とコアーシェル型粒子の複合化………………………………238
7.5 まとめ………………………………240
8 フローサイトメーター用蛍光試薬……………………**大久保典雄**…242
8.1 フローサイトメーターの概要………242
8.2 フローサイトメーター用蛍光試薬の種類と特徴………………………243
8.3 蛍光プローブ応用…………………246
　8.3.1 半導体量子ドット……………246
　8.3.2 有機色素ドープシリカナノ蛍光体………………………………247
8.4 蛍光ビーズアッセイ応用……………248
8.5 おわりに……………………………252
9 近赤外蛍光ナノ粒子を利用した生体反応検出 ………**町田雅之,神崎壽夫**…253
9.1 はじめに……………………………253
9.2 主な近赤外蛍光ナノ粒子…………255
9.3 マーキング用蛍光ナノ粒子の利用…257
9.4 今後の展望…………………………259
10 マルチモーダル生体分子・細胞イメージングへの応用 ……………**森田将史**…262
10.1 マルチモーダル生体イメージングとは …………………………………262
10.2 マルチモーダルプローブの開発—とくに光・磁場応答性について …263
10.3 まとめ ……………………………268

序論　ナノ蛍光体の基盤技術の構築と応用に向けて

磯部徹彦*

1　ナノ蛍光体における表面修飾の役割

　これまで実用化されている蛍光体は，原料粉体を混合して焼成することによって作製されている。このような固相法で得られる粒子はミクロンサイズである。これを微粉砕してナノ粒子にすることは技術的には可能であるが，微粉砕により蛍光強度は著しく低下する。これは，粒子の表面および内部に多数の欠陥が生じるためである。一方，単結晶のナノ粒子を作る技術が開発され，蛍光体材料に関してもナノ粒子が作られるようになった。ナノ粒子では単位体積あたりの表面の割合（比表面積）が大きいので，蛍光体ナノ粒子（ナノ蛍光体）では，表面原子のダングリングボンド（表面欠陥）に起因する表面トラップ準位が形成される。このため，図1(b)に示すように，ナノ蛍光体を励起しても，表面トラップ準位を介して非放射的に緩和するので，蛍光の効率は従来のミクロンサイズの蛍光体ほど高いものが得られない。しかし，単結晶ナノ粒子（ナノクリスタル）の表面を何らかの物質で修飾し，表面欠陥を修復（キャッピング）することによって，蛍光の効率を向上できることがわかってきた。粒子内部に欠陥を含まない単結晶ナノ粒子で

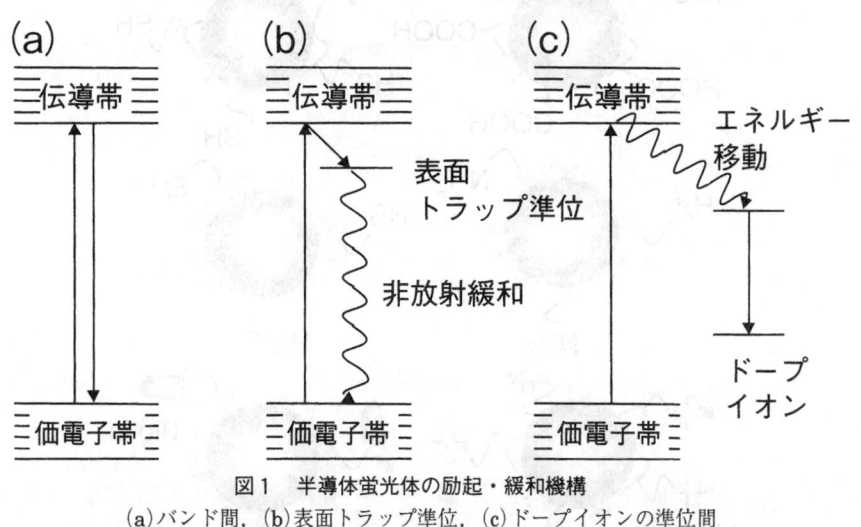

図1　半導体蛍光体の励起・緩和機構
(a)バンド間，(b)表面トラップ準位，(c)ドープイオンの準位間

---

*　Tetsuhiko Isobe　慶應義塾大学　理工学部　応用化学科　准教授

は，微粉砕処理により得られるナノ粒子と比べ，表面修飾効果が有効に働くことが注目すべき点である。

ナノ蛍光体は，材料系によっては，表面原子の割合が増加すると，発光時や保存時の化学的安定に対して問題が生じるケースがある。また，ナノサイズ化により周囲の影響を受けやすくなり，例えば溶媒分子などの吸着の結果，熱振動により非放射的に緩和する割合が増える。このため，表面修飾は，欠陥の修復以外に化学的安定性や耐久性（耐候性）の向上や周囲との相互作用による緩和の抑制などの点でも重要である。さらに，バイオ用蛍光プローブでは，特異的な生体反応だけが起こるように適当な官能基や生体分子を付与する表面修飾（図2）が求められる。

2　ナノ蛍光体の種類

ナノ蛍光体に関する研究が活発になった要因として，単結晶の半導体ナノ粒子（量子ドット）の量子サイズ効果や量子閉じ込め効果に関する光学特性が挙げられる。図3に示すように，量子ドットの大きさは，分子と結晶（バルク）との境界領域のサイズに相当する。その結果，量子ドットにおいては，価電子帯と伝導帯との間のエネルギーギャップ（バンドギャップ）がサイズに依存して変化する「量子サイズ効果」が発現する。バンドギャップが大きなシェルでバンドギャップの小さなコアを被覆して作製されたコア/シェル型の量子ドットでは，蛍光量子効率を飛躍的

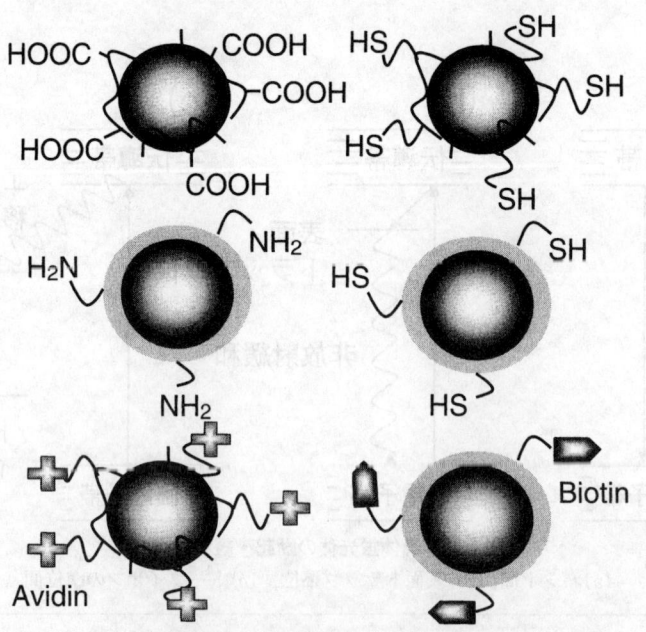

図2　官能基や生体分子を有するバイオ用蛍光プローブナノ粒子

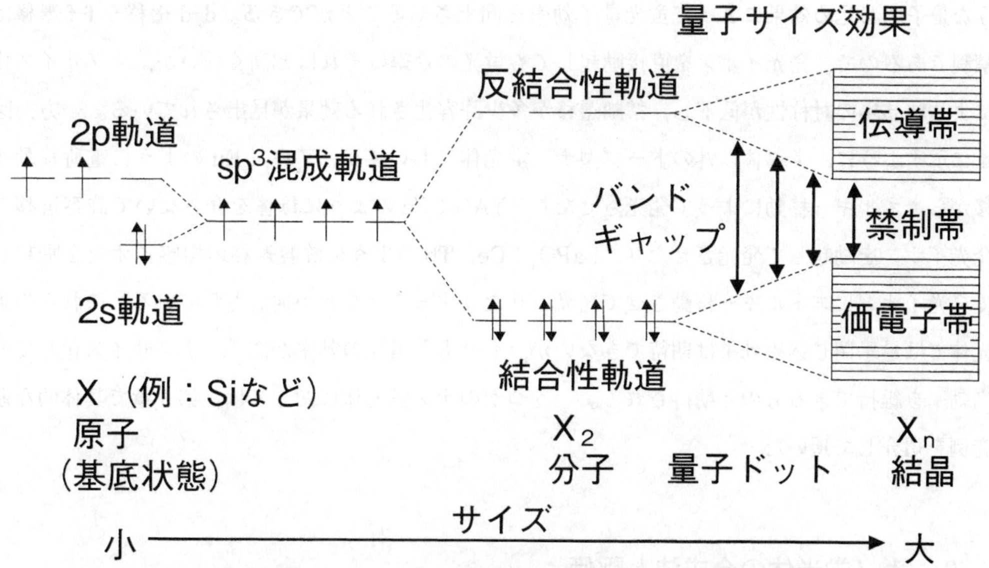

図3 原子，分子，量子ドット，結晶（バルク）の電子構造
（村石治人著「基礎固体化学」（三共出版）p.34の図に，量子ドットに関する説明を加えて引用）

に向上できることが報告されている。これが量子閉じ込め効果である。CdSeコア/ZnSシェルの量子ドットが主として研究され，蛍光プローブ試薬として実用化に至っている。

量子ドットのようにバンド間発光（図1(a)）の波長を粒子サイズによってチューニングする場合は，サイズを極めて精密に制御することが求められる。このような制御には労力がかかると思われるが，高付加価値の蛍光プローブ試薬を開発することによって実用化に成功したといえる。また，可視光を発するバンドギャップを有する材料が，CdSeのような毒物元素からなる化合物であることが問題視されている。CdSeが漏れ出さないようなコア／シェル構造になっているので，生体検出応用では魅力ある材料として利用される動きがあるが，廃棄する際には特別に配慮する必要がある。さらに，デバイスへの応用を考えると毒物元素を含まない代替物質の利用が望まれる。この代替物質として，シリコン，ダイヤモンド，カルコパイライトなどのナノ粒子を注目する動きがある。

ノンドープ型半導体ナノ粒子のほかに，ドープ型半導体ナノ粒子についても非常に関心が集まっている。例えば，$ZnS:Mn^{2+}$のようなドープ型半導体蛍光体は，図1(c)に示すように，ZnS母体を励起して電子が価電子帯から伝導帯へ励起され，続いてエネルギー移動によりMn^{2+}のd–d遷移が引き起こされ，発光する。このタイプの蛍光体では，発光色はドープイオンの遷移によって決定されるが，励起波長は量子サイズ効果によりバルク結晶よりも短波長側へシフトさせることができる。また，$CdS:Mn^{2+}$コア/ZnSシェルのような半導体ナノ粒子では，上述のよ

うな量子閉じ込め効果によって蛍光量子効率を向上させることができる。d-d 遷移や f-f 遷移は禁制であるので，発光イオンを直接励起しても蛍光の効率はそれほど高くないが，ナノサイズ化により結晶場の対称性が低下し，禁制遷移が多少許容化される効果が見出されている。一方，図4に示すように，半導体以外のドープ型ナノ蛍光体においては，Y_2O_3：Eu のように電荷移動遷移からエネルギー移動によって発光させたり，YAG：Ce のように母体を介さないで許容遷移の発光イオンを励起して発光させたり，$LaPO_4$：Ce, Tb のように許容遷移の増感イオンを励起して発光イオンにエネルギー移動させて発光させたりすることなどが検討されている。これらの蛍光体では量子閉じ込め効果は期待できないが，もともと蛍光の効率が高く，ナノサイズ化しても高効率を維持できるものと期待される。いくつかのナノ蛍光体に関しては，第3章で具体的な研究例を紹介して頂いた。

3　ナノ蛍光体の合成法と評価

第1章では種々のナノ蛍光体の合成法を取り上げ，最新の合成法の進化の状況を解説して頂いた。ナノ蛍光体の研究は，従来の固相法とは異なる合成法が開発され，広く展開されるようになってきた。上述のように，ナノ蛍光体は単結晶ナノ粒子が作られること，その合成現場で表面欠陥のキャッピングや量子閉じ込め効果をもたらす表面修飾がなされることが求められる。このため，主として液相を介した合成法が検討されてきた。例えば，コア/シェル型量子ドットは，高沸点の配位溶媒であるトリオクチルフォスフィン（TOP）やトリオクチルフォスフィンオキ

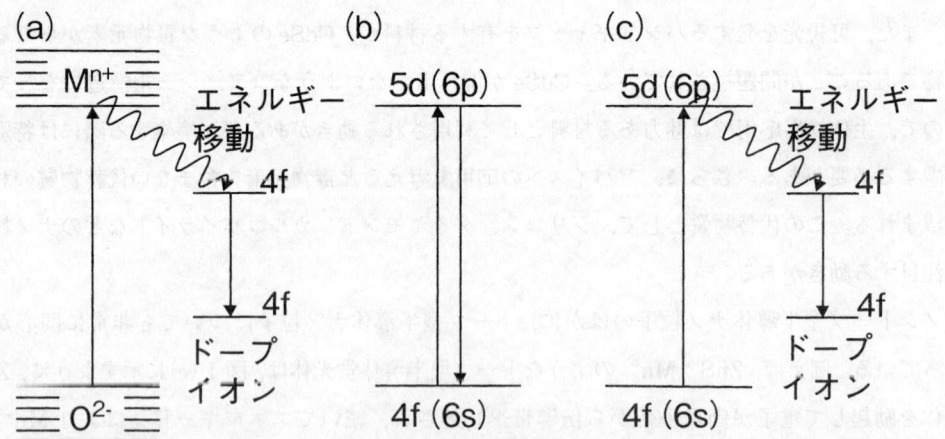

図4　励起・緩和機構の例
(a)酸化物の電荷移動遷移による励起，エネルギー移動，4 f→4 f 遷移による発光，(b)許容遷移（例：4 f→5 d または 6 s→6 p）の励起と緩和による発光，(c)増感イオンの許容遷移（例：4 f→5 d または 6 s→6 p）による励起，エネルギー移動，4 f→4 f 遷移による発光

シド(TOPO)を利用した液相法によって作られている。最近の研究では，さまざまな系に関して蛍光体をナノサイズ化する研究が多数報告されるようになった。しかし，その多くの報告では，液相法で前駆体を合成し，焼成による後処理によって目的の蛍光体を合成しているため，1次粒子は確かにナノサイズであっても実際には凝集して2次粒子を形成しており，ナノ粒子として取り扱うことが困難である。ナノ蛍光体の分野をさらに飛躍させる上では，まず焼成の後処理を用いずに目的の単結晶ナノ蛍光体が得られること，さらにナノ粒子自身の特性を十分に引き出すために良好な分散状態でナノ蛍光体を作製することなどの技術を構築することが必要である。あるいは，焼成工程を含む合成法ではナノ粒子を分散できる何らかの工夫を施すことが求められる。ナノ粒子の分散状態を制御することによって，ひとつひとつのナノ粒子に対して精密な表面修飾が可能となる。

　第2章ではナノ蛍光体に有効な評価法を，実際の結果を示しながら解説して頂いた。ナノ蛍光体の特有の性質は，発光特性や局所構造に現れるので，それを把握するためのキャラクタリゼーションはきわめて重要である。例えば，近接場光学顕微鏡を利用して個々のナノ粒子の発光の様子を観察することや，蛍光減衰曲線や時間分解蛍光スペクトルを測定することによって，ナノサイズ特有の特性が見出されている。あるいは，集積(凝集)したナノ粒子においてそれ自身の光特性を評価するのに，フォトアコースティクによる光吸収法が有効である。また，表面原子の割合が高いナノ粒子の特徴を，電子スピン共鳴(ESR)，固体核磁気共鳴(NMR)などの局所構造解析から捉えることができる。例えば，蛍光体粒子中の発光イオンの分布は，図5に示すようなタイプに分類される。図6に示すように，発光イオンが不均一に分布すると，エネルギーの回遊が起こり，最終的には表面欠陥などのトラップ準位を介して非放射的に緩和する確率が高まる。このような濃度消光が起こると蛍光の効率が低下するので，ナノ粒子に均一に発光イオンを固溶させることが技術的な課題である。通常の電子線を利用した局所組成分析では，ナノ粒子中の発光イオンの場所的な分布まではわからない。しかし，発光イオンが常磁性種であれば，ESRを利用して発光イオンの分布を評価することができる。

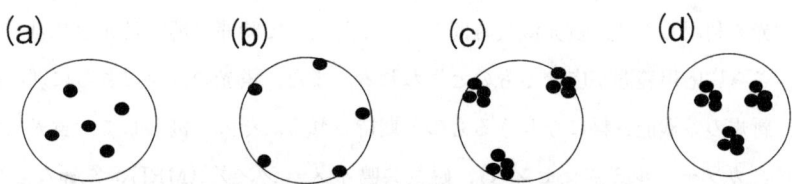

図5　粒子中のドープイオンの場所的分布
(a)粒子内部に均一に孤立分散して存在，(b)粒子表面に孤立分散して存在，
(c)粒子表面に偏析，(d)粒子内部で偏析

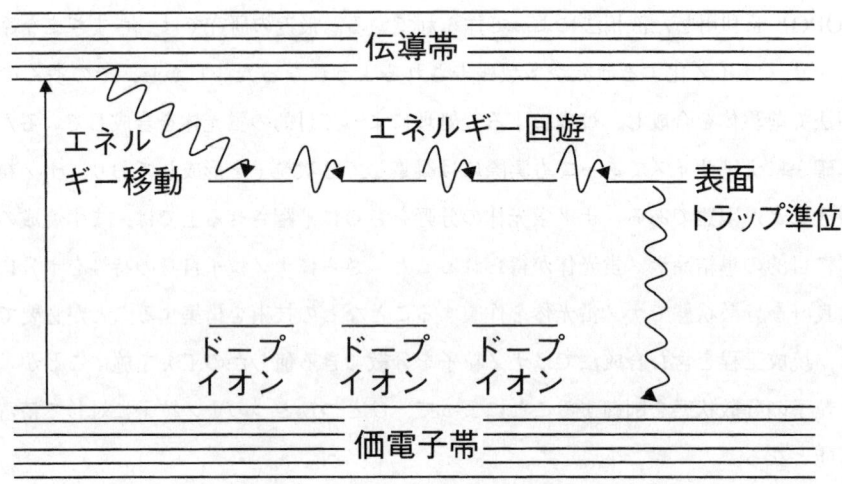

図6 ドープ型半導体蛍光体の濃度消光

4 ナノ蛍光体の応用と展望

　第4章ではさまざまな応用例を中心にナノ蛍光体を解説して頂いた。上述のように，応用として最も進行しているのは，蛍光ラベル用量子ドットである。この成功の要因としては，量子ドットが有機蛍光色素に対してはるかに丈夫である（退色しにくい）ことや，ひとつの励起波長で同時に多波長の蛍光を発する粒子を用意できることなどが挙げられる。このように，無機系ナノ蛍光体は有機系蛍光体を置き換えることに関して，有利な点を見出せたのである。一方，有機色素の弱点を改善するために，シリカナノ粒子などの透明なナノサイズのマトリックスへ有機色素を分散させる試みもなされている。このように色素ドープシリカナノ粒子は，有機色素の光退色を抑制するとともに，疎水性の有機色素を親水化できる長所を有する。

　ナノ蛍光体の重要な要素のひとつとして，分子的に振る舞えるナノ蛍光体，つまり溶媒に溶解するかのごとく見た目に透明に分散するナノ粒子の性質が挙げられる。このように，透明なナノ蛍光体分散液は，インクジェット印刷（図7）が可能となり，セキュリティー（図8）をはじめさまざまな用途への応用につながるものと思われる。さらに，可視蛍光から近赤外蛍光へと目に見えない蛍光を利用したり，蛍光減衰時間の違いを利用して時間分解で蛍光を認識したりすることにより，さらに応用範囲が広がるものと思われる。また，蛍光のほかにさらに別の機能を付与させると，新規の多機能材料になりうるものと期待される。その一例として，蛍光（フォトルミネッセンス，カソードルミネッセンス），磁気共鳴イメージング（MRI），電顕などの複数の手法（図9）で観察できるマルチモーダルイメージング用ナノ粒子を作る試みがなされている。一方，蛍光ナノ粒子を集積して利用することも考えられている。その一例として，ビーズアッセイ

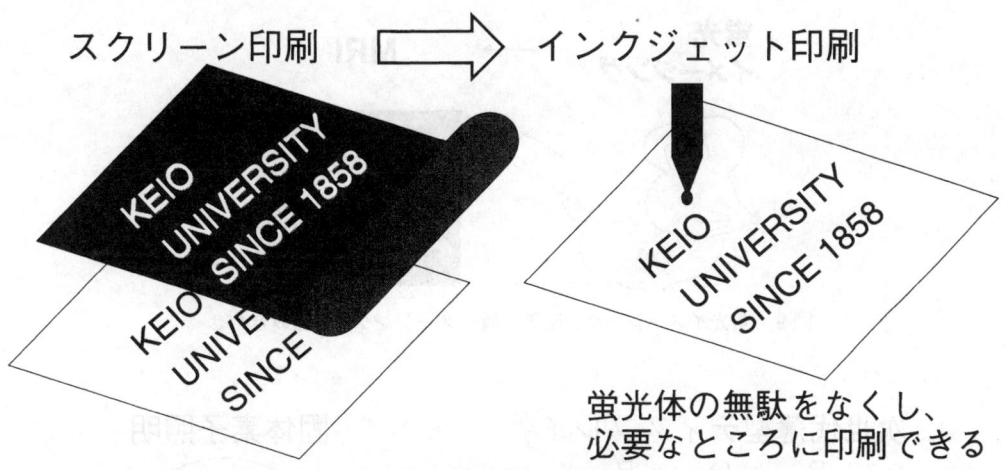

図7　蛍光体の印刷方法

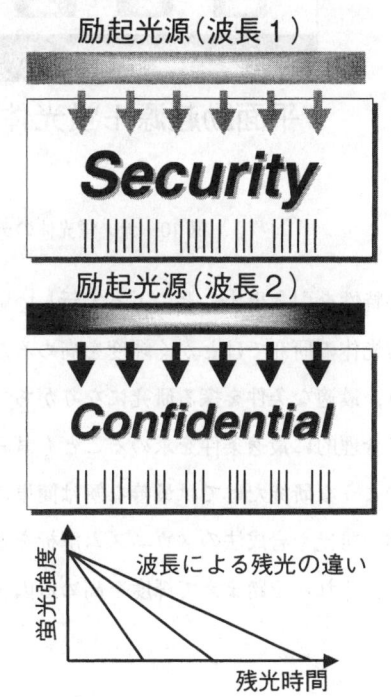

図8　ナノ蛍光体のセキュリティー応用

などに利用できる蛍光ミクロスフェアが挙げられる。将来的にはディスプレイや固体照明などの光学デバイス（図10）への期待も大きいが，クリアーすべき課題が多い。以上のことを踏まえると，既存のミクロンサイズの蛍光体を単純に置き換えて利用するのではなく，ナノ蛍光体の独

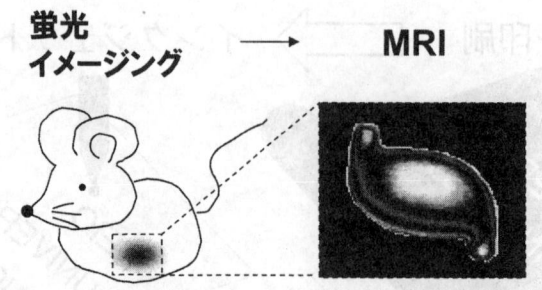

図9　蛍光イメージングと磁気共鳴イメージングとの組み合わせ

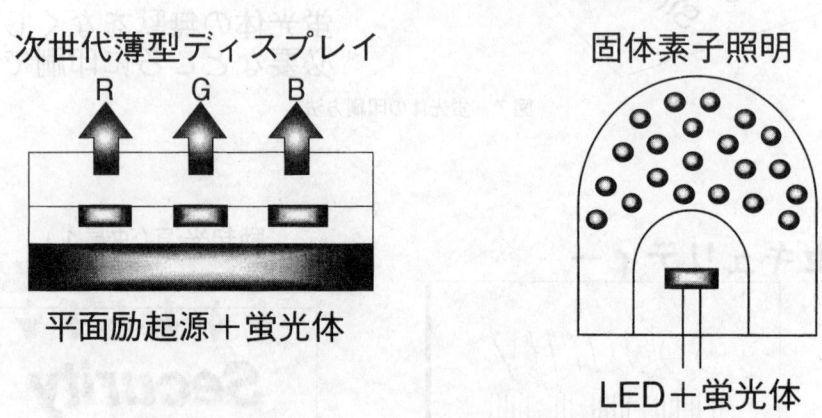

図10　ナノ蛍光体のディスプレイ・固体素子照明への応用

自の特性を引き出すことによって新しい応用を生み出すことが必要であると考えられる。

　蛍光体の研究ではとかく輝度を高めるために，材料組成や合成条件を変えて膨大なサンプルを作り，最適な条件を探る研究になりがちである。最近ではコンビナトリアルケミストリーを利用して合理的に最適条件を求めることも試みられている。しかし，ナノ蛍光体に関する研究では，そのような研究だけでは最善な解は簡単に見つからないと思われる。やはり，基盤となるナノ蛍光体の発光や合成法のメカニズム解析を地道に行い，ナノ蛍光体特有の化学的・物理的性質を評価し，それらを踏まえて輝度を高める因子を見極め，改善していくことが重要である。

第1章 ナノ蛍光体の合成方法

1 ゾルゲル法（錯体重合法）

垣花眞人*

1.1 はじめに

　蛍光体の多くは，高温固相法やフラックスを用いた部分融解法で合成されるため，その一次粒子は数ミクロンオーダーと画一的な粗粒子である。蛍光体産業界からの強い要望を受けて，液相あるいは気相からの微小粒径・高輝度蛍光体合成が近年盛んに試みられている。本節では，液相法の一つであるゾルゲル法に着目し，錯体の関与する広義のゾルゲル法として錯体重合法，PVA法，錯体均一沈殿法の3つの手法による蛍光体の合成方法について紹介する。

1.2 錯体重合法

1.2.1 原理

　金属アルコキシドを原料に用いるゾルゲル法では，アルコキシドの種類に応じて加水分解・重縮合反応速度が異なるため，程度の差はあるものの，得られるゲルが不均一化する傾向を避けて通ることは容易ではない。これに対して錯体重合法は，筆者等研究グループが複合酸化物の高純度合成法として展開してきた方法であり[1~4]，組成の高度な制御・低温合成・少量のドーパントの均一分散などに威力を発揮する方法として知られ，蛍光体微粒子合成や付活剤の均一分散などに有効であると考えられる。

　図1に錯体重合法の原理を模式的に示す[1~4]。まず，複数の金属塩（図中ではA及びB）をクエン酸/プロピレングリコール溶液に溶解させ，金属クエン酸錯体を形成させる。クエン酸のかわりにりんご酸などのヒドロキシカルボン酸を用いても良い。エチレングリコールは工業的に広く使われる安価なグリコールであるが，毒性があるので，毒性の低いプロピレングリコールの使用がより望ましい。

　金属クエン酸錯体が均一に溶解したグリコール溶液を120℃前後の温度で加熱濃縮することにより，エステル重合反応によるポリマー化を進行させる。重合が進行するにつれ溶液の粘度が上昇し，金属イオンが均一に分散したポリエステル樹脂が形成する。高粘度の樹脂中では金属イオンの移動度が極端に小さくなるため，その後の熱分解処理過程（仮焼成過程）において金属元素

＊　Masato Kakihana　東北大学　多元物質科学研究所　教授

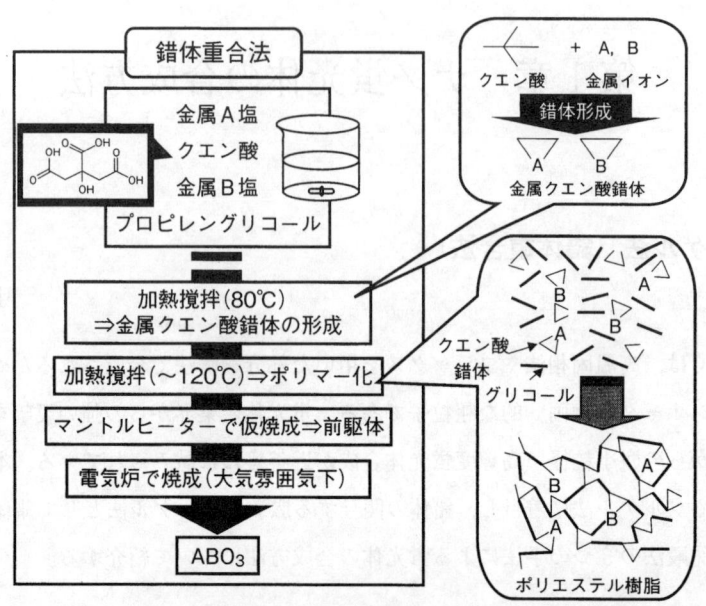

図1　錯体重合法の原理

の偏析が低く抑えられ，構成金属が均一に分散した前駆体を得ることができる。したがって，比較的低温でかつ高度に組成が制御された組成ブレの少ない均一なセラミックス粉末の合成が可能になる。より低温で物質合成ができるので，蛍光体の微粒子化の手法として有用である。

1.2.2 錯体重合法による $YVO_4 : Eu^{3+}$ 蛍光体の合成

$YVO_4 : Eu^{3+}$ の錯体重合法による合成フローチャートを図2に示す。まず適量の水をビーカーにとり，バナジン酸アンモニウム（NH_4VO_3）を加えて液温が100℃前後になるようにホットスターラーを設定して撹拌溶解させた後，クエン酸，炭酸イットリウム2水和物（$Y_2(CO_3)_3 \cdot 2H_2O$）を加える。得られた青色透明溶液に硝酸ユーロピウム6水和物（$Eu(NO_3)_3 \cdot 6H_2O$）とグリコールを加えて液温を200℃前後になるようにホットスターラーを設定する。濃縮撹拌することによりクエン酸とグリコールとの間のポリエステル化反応を進行させ，得られる樹脂状物質をマントルヒーターにて250〜450℃まで適時温度を上昇させ大半の有機物を分解させて前駆体を得る。得られた前駆体を電気炉にて1000℃，1200℃にて17時間熱処理することにより $YVO_4 : Eu^{3+}$ 蛍光体を得た。

図3に錯体重合法により1000℃で合成した $YVO_4 : Eu^{3+}$ の粉末X線回折パターンの例を示す。比較のために固相法で合成した試料のX線回折パターンも併録する。いずれの試料も単相であり，X線回折パターンから不純物相は確認されず，EuはYサイトに固溶していると考えられる。図4に得られた試料の走査型電子顕微鏡（SEM）写真を示す。フラックスを用いない固相法あるいはフラックス法で合成された粉末の粒径は10ミクロン前後とかなり粗大であるのに

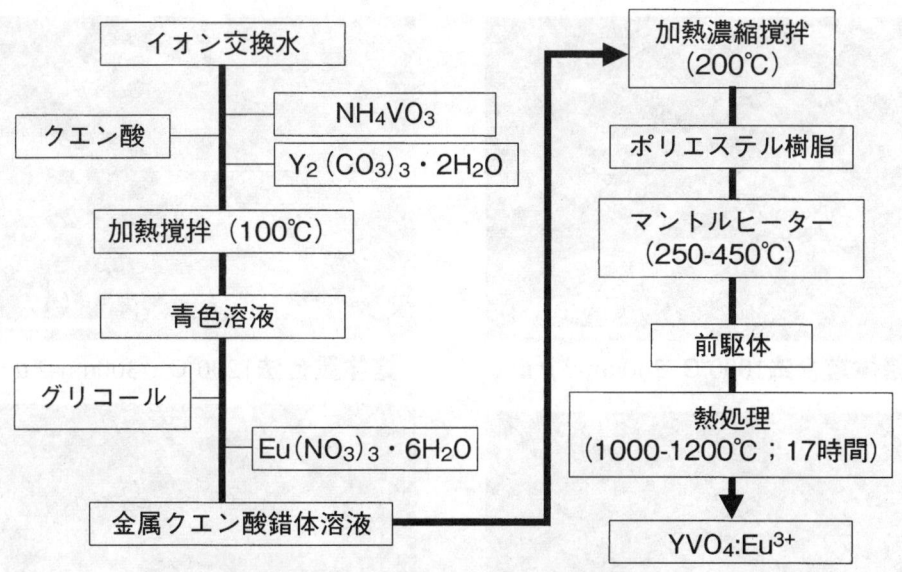

図2　錯体重合法によるYVO$_4$：Eu^{3+}の合成フローチャート

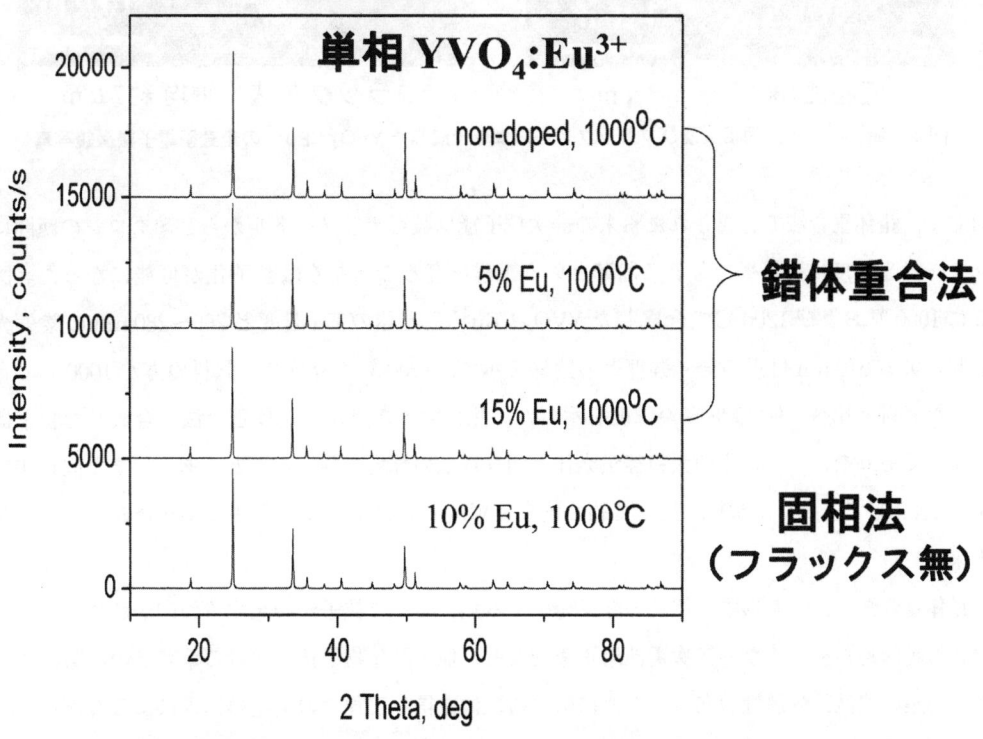

図3　錯体重合法及び固相法により合成したYVO$_4$：Eu^{3+}のX線回折パターン

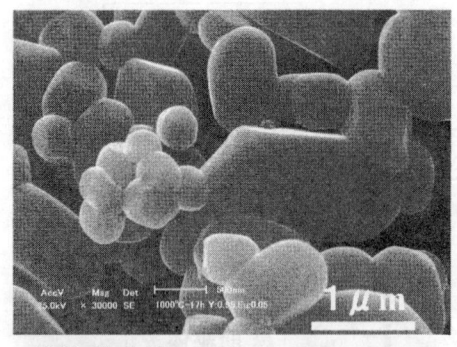
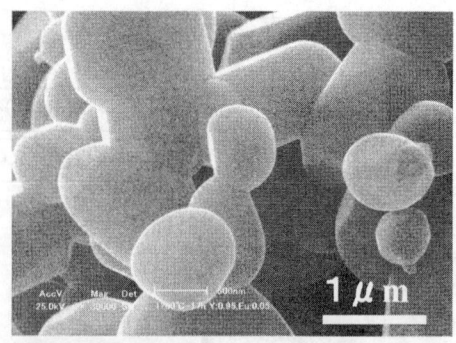

錯体重合法1000℃：200nm-2μm　　　錯体重合法1200℃：300nm-2μm

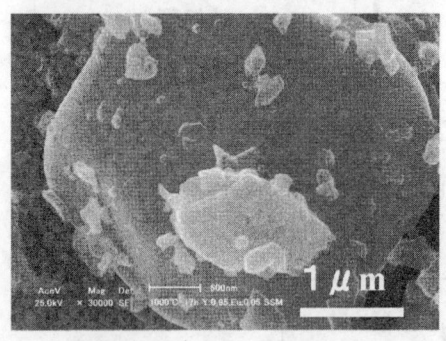

固相法1000℃：5-8μm　　　フラックス法：平均 約7μm

図4　錯体重合法，固相法及びフラックス法により合成したYVO$_4$：Eu^{3+}の走査型電子顕微鏡写真

対して，錯体重合法で合成された粉末の一次粒子径は数百ナノメートルから2ミクロンの範囲にあり，蛍光輝度に悪影響を与える粉砕という工程を経ることなく微粒子化が可能になった。図5に1000℃および1200℃で合成したYVO$_4$：Eu^{3+}蛍光体のEu濃度と260～280 nmの紫外光励起による610 nm付近の発光強度との関係を示す。1200℃で合成した試料の方が1000℃で合成した試料と比べて約10％高い輝度を示した。注目すべき点は，錯体重合法で合成した粉末は微粒子でありながら，市販の大粒径蛍光体と同等以上の輝度を与えたことである。また固相法により1000℃で合成した試料と比べて約2倍高い輝度の試料を錯体重合法により合成することが出来た。

錯体重合法では，有機物の燃焼の際に発生する熱によって粒子が凝集する傾向が認められる。酸化物超伝導体やリチウム二次電池用正極剤など，他の酸化物製造における筆者等の経験によれば，凝集の軽減，分散性の向上のためには，前駆体を得る工程での真空熱処理による有機物の除去，前駆体のソルボサーマル処理などが有効であった。

1.2.3　物質探索手段としての錯体重合法：パラレル合成

錯体重合法は，工業的な規模での粉末の大量生産に向いているわけではないが，その一方で何

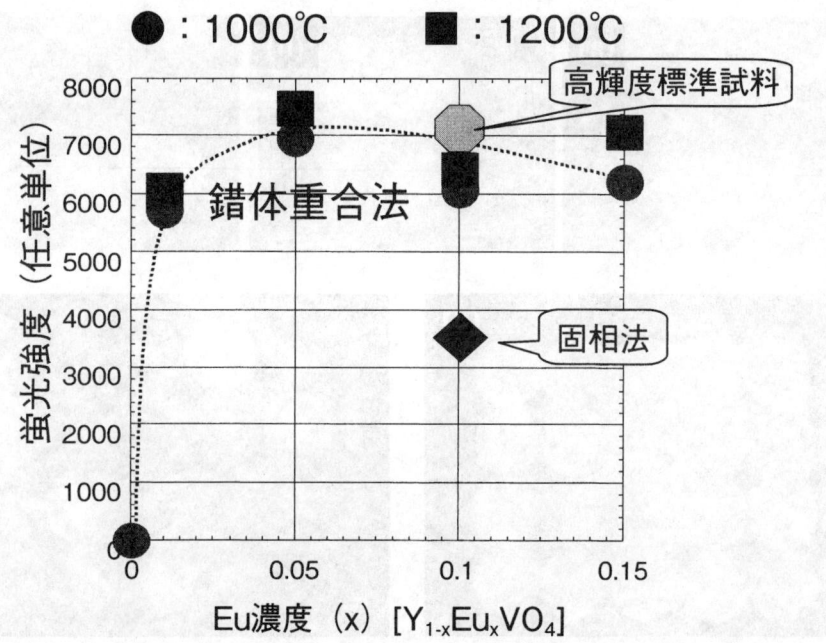

図5　錯体重合法により合成したYVO$_4$：Eu^{3+}の発光強度（260〜280 nm励起）のEu^{3+}濃度依存性

種類ものサンプルを迅速に合成できるという利点を有している。必要とされる設備も，ドラフトやホットスターラーあるいはマントルヒーターや乾燥機など簡易であり，通常の実験室レベルでの物質探索・スクリーニングに向いた手法であるといえる。錯体重合法による新規蛍光体の探索の実際を以下に紹介する[4,5]。

　図6に試験管を用いた錯体重合法による蛍光体のパラレル合成のスキームを示す[4]。予め金属塩の水溶液やグリコール溶液を準備し，目的とする蛍光体の金属組成比と一致するように溶液を順次マトリックス状に混合し（図6(a)），ついでこれら試験管を乾燥機に移動し，余分な溶媒を蒸発させながら，クエン酸とグリコールとの間のポリエステル重合反応を促進させる（図6(b)）。ポリエステル樹脂を分解させるために，400℃程度の温度に設定した砂浴に試験管を移動し，十分に脱脂する（図6(c)）。脱脂後の固形物をアルミナるつぼに移動し，電気炉中400℃で仮焼して得られる前駆体を1200℃で本焼して蛍光体を得る（図6(d)）。254 nmの紫外線を照射したときの様子を図6(e)に示す。図から明らかなように，試料の組成に応じて様々な発光を呈する蛍光体をスクリーニングすることが可能である。

　ここで提案するパラレル合成を利用すれば，蛍光体設計指針に沿って元素の種類や組み合わせを変えたり，あるいはドーパントの種類や濃度を系統的に変化させることにより，新規蛍光体物質の探索が容易に実現できるであろう。これは，『複雑組成物質の系統的合成及び賦活剤やドー

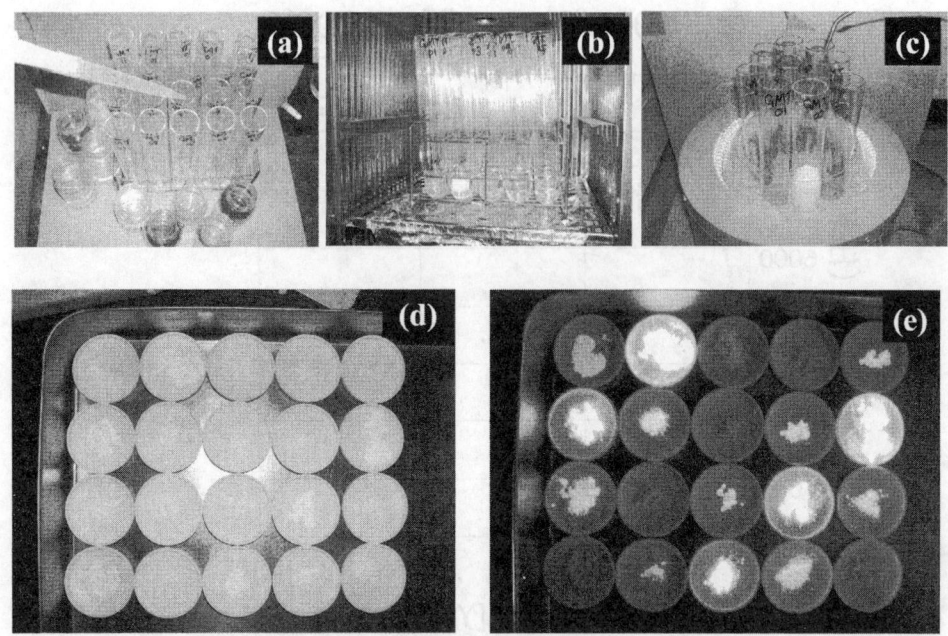

図6 試験管を用いた錯体重合法による蛍光体のパラレル合成のスキーム

パントの均一分散が可能である』という錯体重合法の特徴を最大限に活かしていることに対応し，物質探索手段としての錯体重合法の優れた側面を強調したものである。

実例として，組成式 $A^{3+}B^{4+}C^{5+}O_6$ で表される複合酸化物のパラレル合成によるスクリーニングの結果を示す[5]。A=Y, La, Eu, Ce, Nd, Al, Ga；B=Ti, Zr, Si, Mn；C=V, Nb, Ta, P と設定し，様々な金属元素の組み合わせで候補物質のライブラリーを作った。短時間で高純度な物質合成が可能な錯体重合法を適用し，これら $A^{3+}B^{4+}C^{5+}O_6$ 複合酸化物を図7のフローチャートにしたがって合成した。各金属原料をクエン酸/プロピレングリコール溶液に溶解し，約250℃で加熱して得られるポリエステル樹脂を450℃で加熱分解して前駆体とする。これを空気中で1200℃，5時間熱処理して目的物質を合成した。$A^{3+}B^{4+}C^{5+}O_6$ 型複合酸化物において，A=Y；B=Ti；C=Ta の時，すなわち $YTiTaO_6$ は図8に示すように278 nm の励起に対して518 nm 付近にピークを有する緑白色の強い発光を呈した。色度座標は緑白色の色合いを表現する値に対応する $(x, y) = (0.295, 0.431)$ となった。また図9に示すように $YTiTaO_6$ の Y サイトに Eu を10％ドープした $(Y_{0.9}Eu_{0.1})TiTaO_6$ は 265 nm 励起にて約 612 nm に最大輝度を与えるかなり強いオレンジ色の蛍光を示した。色度座標は $(x, y) = (0.555, 0.369)$ となり，赤さが抑制された橙白色側にシフトした値を示している。$YTiTaO_6$ の結晶構造は，X 線リートベルト解析によれば，斜方晶系に属し，空間群は Pbcn（No.60）であった。

第1章 ナノ蛍光体の合成方法

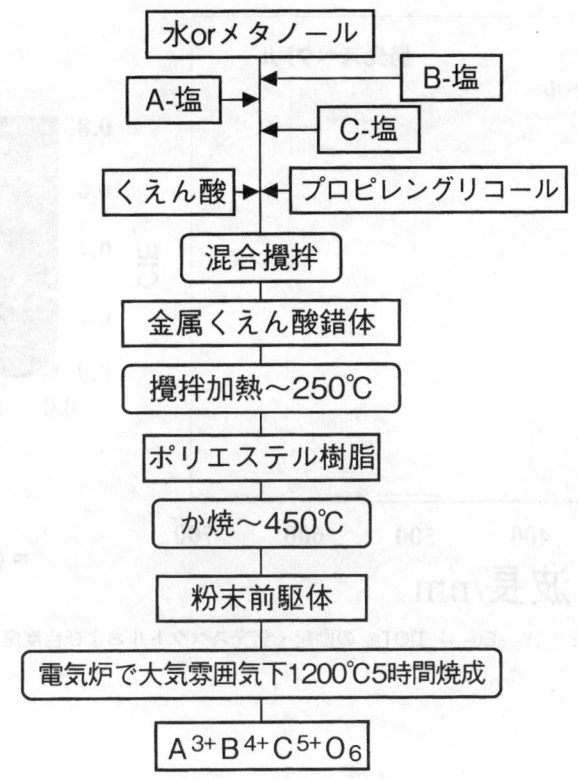

図7　錯体重合法による $A^{3+}B^{4+}C^{5+}O_6$ 複合酸化物の合成フローチャート

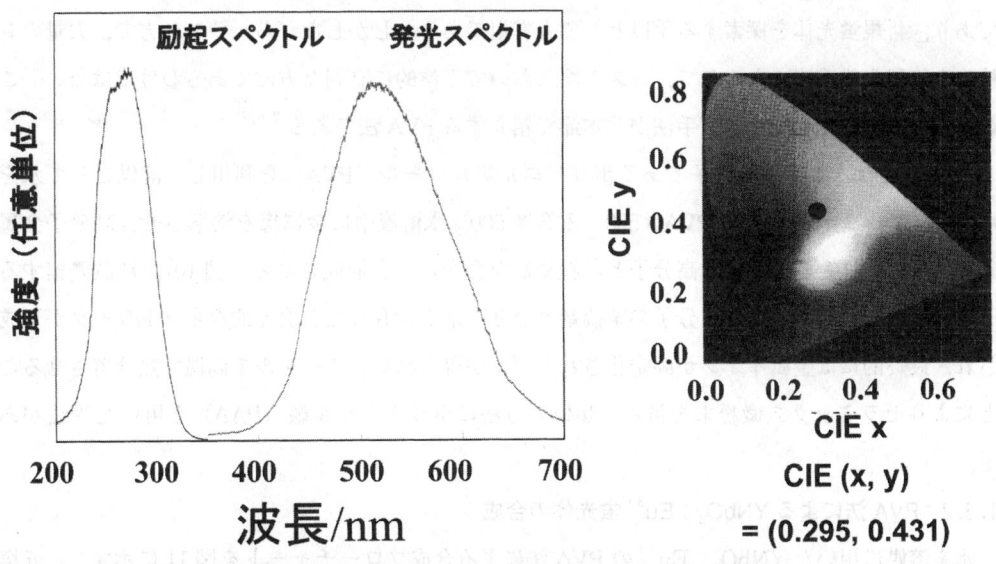

図8　$YTiTaO_6$ の励起・発光スペクトルおよび色度座標

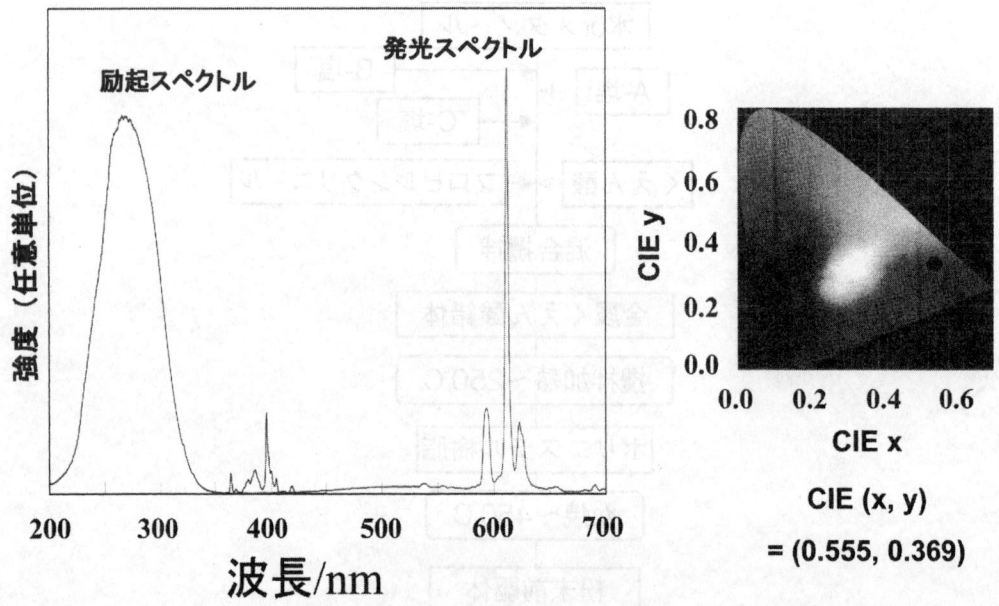

図9 $(Y_{0.9}Eu_{0.1})TiOTa_6$ の励起・発光スペクトルおよび色度座標

1.3 PVA法

1.3.1 原理

前節で述べたように，錯体重合法は組成の複雑なセラミックスの高純度合成や低温合成に有効であり，新規蛍光体を探索する手段としても有用である。しかしながら，その一方で，大量の有機物を使用する手法であるので，コスト面において工業的に有利な方法であるわけではない。この弱点をある程度克服できる手法が，本節で紹介するPVA法である[2,6,7]。

PVA法では，水溶性高分子であるポリビニルアルコール（PVA）を利用し，溶媒として水を用いる。1〜3wt%程度のPVA#500（重合度500）水溶液中に金属塩を溶解させ，高分子金属錯体（もしくは金属イオンと高分子との緩やかな会合体）を形成させる（図10）。加熱濃縮することにより，金属イオンは高分子の架橋剤となり，水を含有した3次元的なネットワークが形成され，最終的には金属イオンが固定化されたゲルが得られる。このゲルを高温で熱分解させることによりセラミックス微粉末を得る。類似の方法にポリアクリル酸（PAA）を用いた手法がある。

1.3.2 PVA法による $YNbO_4 : Eu^{3+}$ 蛍光体の合成

水を溶媒に用いた $YNbO_4 : Eu^{3+}$ のPVA法による合成フローチャートを図11に示す[8]。五塩化ニオブを出発原料とし，塩素抜きのためNb-ペルオキソ化合物として一度沈殿を生成させた後，これをグリコール酸で処理することで得られるNb-グリコール酸錯体水溶液を基本溶液と

第1章 ナノ蛍光体の合成方法

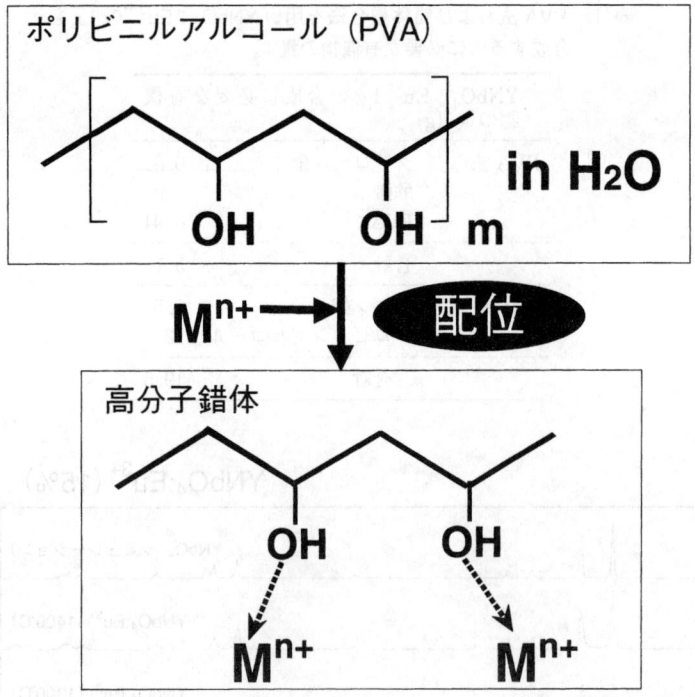

図10 ポリビニルアルコール（PVA）と金属イオンとの相互作用の模式図

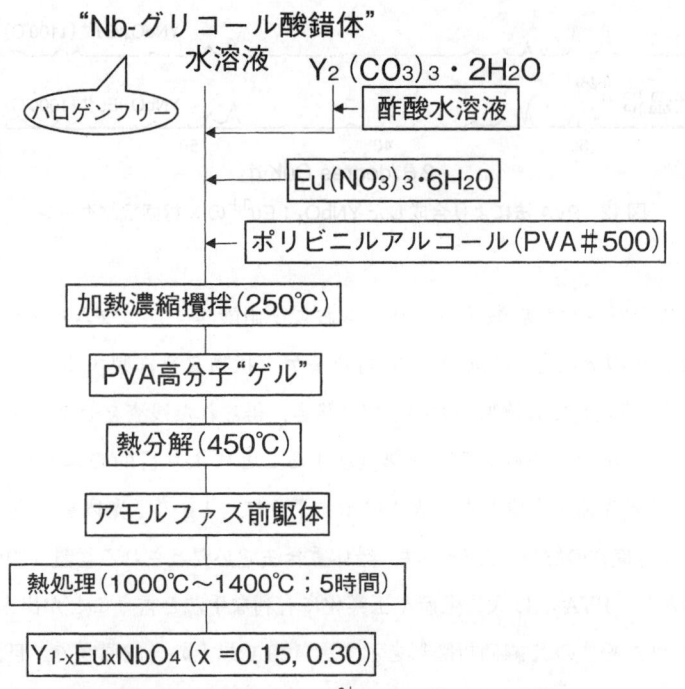

図11 水を溶媒に用いた $YNbO_4：Eu^{3+}$ のPVA法による合成フローチャート

表1 PVA法および錯体重合法を用い $YNbO_4:Eu^{3+}$ の1gを合成するのに必要な有機物の量

		$YNbO_4:Eu^{3+}$ 1gの合成に必要な有機物の量 (g)
PVA法	グリコール酸：	0.89
	酢酸：	1.9
	PVA：	0.94
	合計	3.7
錯体重合法	クエン酸：	7.5
	プロピレングリコール：	12
	合計	19.5

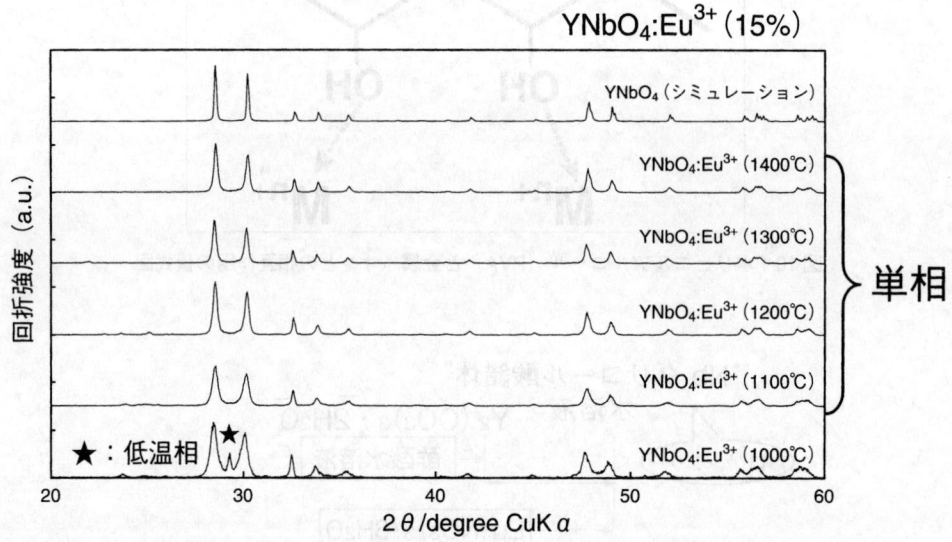

図12 PVA法により合成した $YNbO_4:Eu^{3+}$ のX線回折パターン

し，ここに酢酸に溶解させた炭酸イットリウムおよび硝酸ユーロピウム6水和物をPVA#500と共に溶解させ，その溶液を加熱濃縮して高分子ゲル状物質を作製する。このゲル状物質を450℃程度の温度で処理して有機物の大半を取り除き，得られた残渣をセラミックスの前駆体とする。この前駆体を1000～1400℃5時間熱処理することにより目的のユーロピウムドープの $YNbO_4:Eu^{3+}$ 赤色蛍光体を合成した。表1に示すように，1gの蛍光体を合成する場合，PVA法で必要とされる有機物の総量（3.7g）は，錯体重合法で必要とされる総量（19.5g）の約1/6ですむことがわかり，PVA法は大量生産や工業化に有利な手法と言うことが出来る[8]。

図12に，得られた粉体のX線回折図形を示す。1100℃以上の合成温度で，目的の蛍光体物質が単相で生成していることがわかる。図13は，Yサイトを15％のEuで置換すると共に，数％

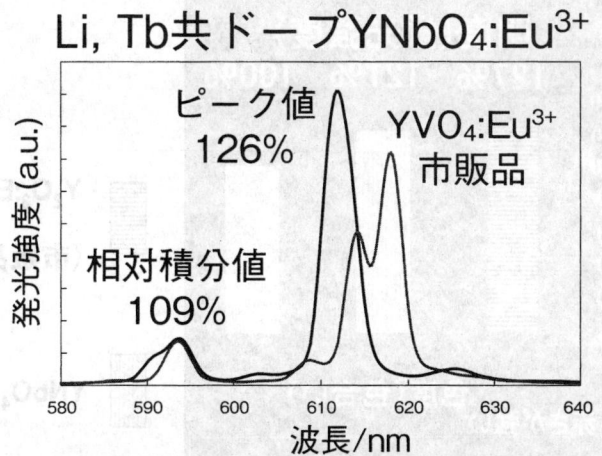

図13 Li，Tb共賦活YNbO$_4$：Eu^{3+}の発光スペクトルおよび市販YVO$_4$：Eu^{3+}の発光スペクトルとの比較

オーダーのリチウムとppmオーダーのテルビウムを添加したYNbO$_4$：Eu^{3+}の発光スペクトルを示す。YNbO$_4$：Eu^{3+}の蛍光強度は大きく，市販品YVO$_4$：Eu^{3+}の蛍光強度を超えた。図14に，PVA法で合成したYNbO$_4$：Eu^{3+}の蛍光強度（明度）及び色度（色合い）を示す。比較のために，市販のYVO$_4$：Eu^{3+}及びY$_2$O$_3$：Eu^{3+}の明度及び色度の値をプロットする。YNbO$_4$：Eu^{3+}の明度は市販Y$_2$O$_3$：Eu^{3+}の明度にやや及ばなかったものの，市販YVO$_4$：Eu^{3+}のそれを20％以上も上回った。一方，YNbO$_4$：Eu^{3+}の色度は2つの市販品蛍光体のほぼ中間の値（$x=0.660$），すなわち橙色に近い赤色を示した。

1.4 錯体均一沈殿法

1.4.1 原理

尿素は80℃前後の熱水中で$(NH_2)_2CO + 3H_2O \rightarrow 2NH_4OH + CO_2$の反応にしたがって加水分解しアンモニアを発生する。尿素の加水分解が進行するにつれて溶液のpHが徐々に増加するので，共存する金属イオンの水酸化物が沈殿する。均一沈殿法では水溶液のpHが均一に上昇するため，得られる沈殿の粒子の単分散性が向上する。しかしながら，均一沈殿法では金属イオン濃度を～10 mmol/dm^{3}と低くする必要性があり，実用的な観点から望ましいとされる，0.5～1 mol/dm^{3}の高濃度溶液では，沈殿は強く凝集し，単分散性が著しく損なわれる，という問題があった。

錯体均一沈殿法は，均一沈殿法で使用する水にグリコール類を錯化剤として添加することにより，形状および粒径が高度に制御された微小粒径沈殿物を得る手法である。グリコールが金属イオンに配位することで沈殿の急速生成が抑制されるのと同時に，生成した沈殿表面に吸着したグ

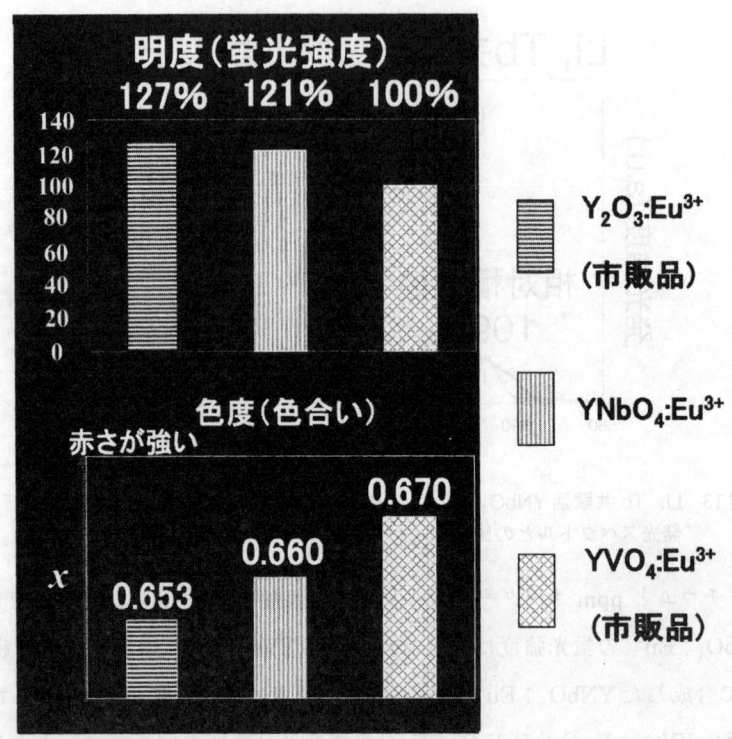

図14 PVA法で合成した$YNbO_4$：Eu^{3+}の蛍光強度（明度）と色度（色合い）および市販YVO_4：Eu^{3+}ならびにY_2O_3：Eu^{3+}との比較

リコール分子が沈殿の凝集を防ぐ働きをしていると考えられ，このため比較的濃厚溶液でも凝集の少ない単分散性に優れる沈殿が得られる。

1.4.2 錯体均一沈殿法によるY_2O_2S：Eu^{3+}の合成

エチレングリコール，プロピレングリコール，ヘキサメチレングリコールなどグリコール類を溶媒に用いたY_2O_2S：Eu^{3+}の錯体均一沈殿法による合成フローチャートを図15に示す[9〜11]。まず，硝酸イットリウムと硝酸ユーロピウムおよび尿素を規定量はかりとり水溶液とし，次にグリコールを添加し十分撹拌する［典型的な量：イットリウム 50 mmol；ユーロピウム 2 mmol；尿素 500 mmol；水 150 ml；グリコール 2.4 mol］。この溶液の液温が100℃前後になるようにホットスターラーを設定し，5時間加熱撹拌を行った。加熱撹拌により得られた沈殿物からグリコールを取り除くため，沈殿物をイオン交換水内で超音波分散し，遠心分離（ろ過）を行う作業を交互に4回行った後，乾燥させたものを前駆体とした。Na_2CO_3とS粉末を等グラムずつ混合した粉末を熱処理することで得られる硫黄雰囲気中で前駆体を目的温度にて2時間熱処理することによりY_2O_2S：Eu^{3+}蛍光体を得た。この蛍光体をXRD，蛍光光度計，色彩輝度計，SEMを用いて解析・評価した。

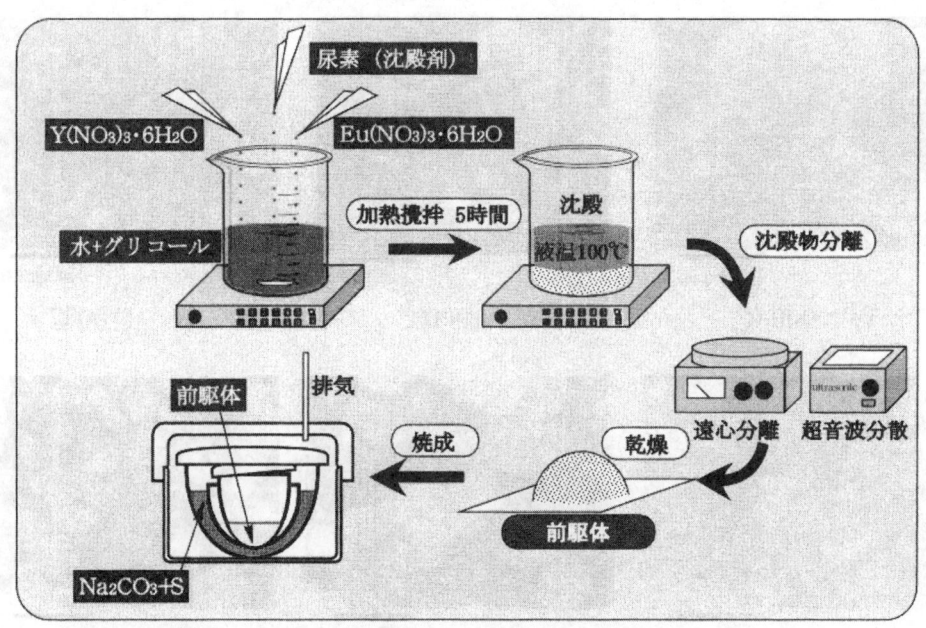

図15　$Y_2O_2S : Eu^{3+}$の錯体均一沈殿法による合成フローチャート

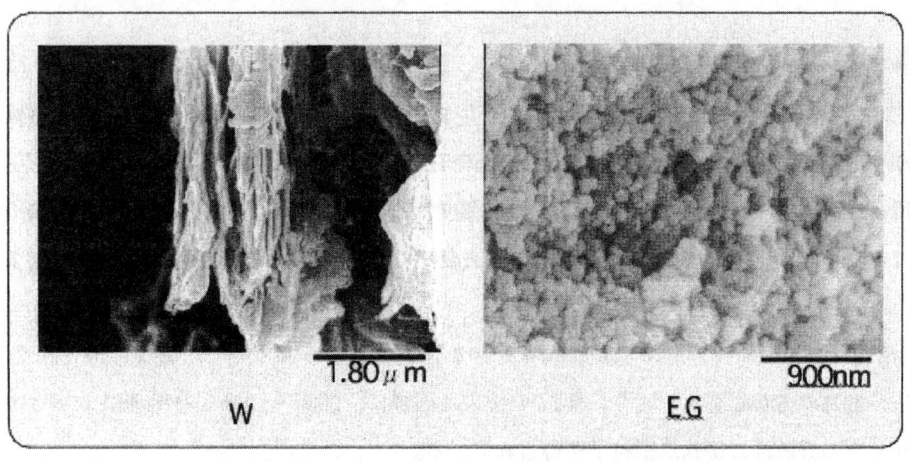

図16　従来均一沈殿法およびエチレングリコールを用いた錯体均一沈殿法により800℃で合成した$Y_2O_3 : Eu^{3+}$蛍光体の走査型電子顕微鏡写真

　グリコール類を錯化剤に用いることにより，水のみを用いる従来からの均一沈殿法と比べて，粒径が小さく形状の整った沈殿を得ることが出来る。図16に示した800℃での$Y_2O_3 : Eu^{3+}$蛍光体合成の例から明らかなように，水のみを溶媒に用いると得られる蛍光体粒子は凝集体になるのに対して，エチレングリコールを溶媒に用いると粒径の小さい大きさの整った蛍光体粉末を合

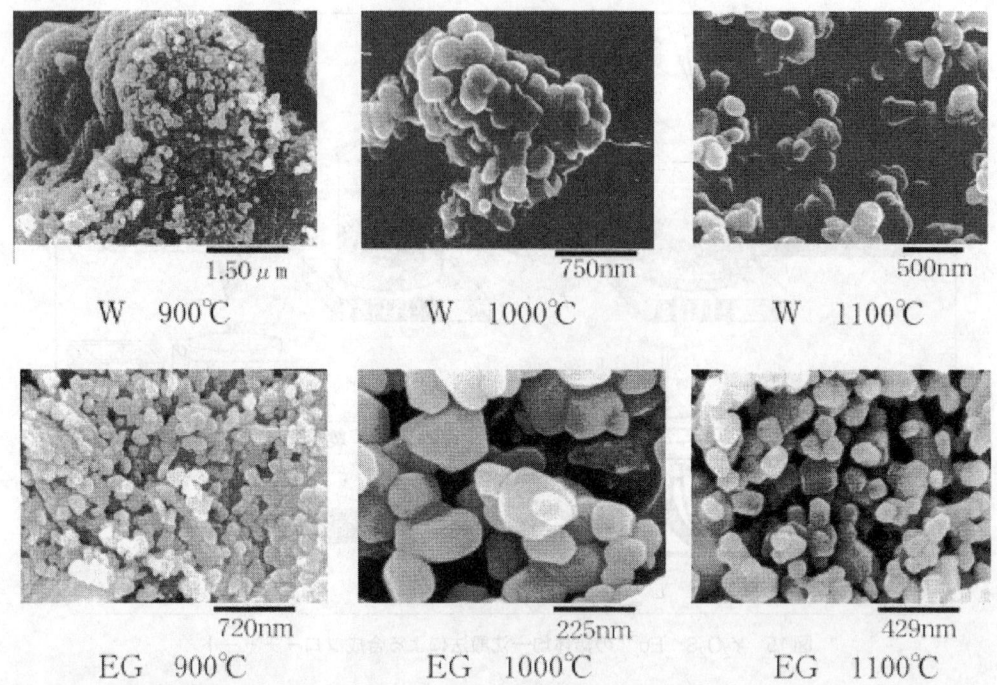

図17 水（W）を用いた従来均一沈殿法およびエチレングリコール（EG）を用いた錯体均一沈殿法により900～1100℃で合成した$Y_2O_2S:Eu^{3+}$蛍光体の走査型電子顕微鏡写真

成できる。

　図17に，溶媒として水を用いた場合とエチレングリコールを用いた場合について，熱処理温度900～1100℃で得られる$Y_2O_2S:Eu^{3+}$粉末のSEM写真を比較して示す。エチレングリコールを用いた錯体均一沈殿法では1000℃以上の温度で分散性に優れる100～200 nmの微粒子が得られているのに対し，水を用いた通常の均一沈殿法では粉末の凝集を免れることはできなかった。

　図18に，プロピレングリコールとヘキサメチレングリコールを用いた場合に得られた$Y_2O_2S:Eu^{3+}$粉末のSEM写真を示す。図17の結果と同様に，1000～1100℃熱処理によりサブミクロンサイズの分散性に優れた微粒子が得られている。

　図19に$Y_2O_2S:Eu^{3+}$蛍光体の平均粒径と電子線励起による相対輝度との関係を示す。高温固相フラックス法で製造された市販の蛍光体を基準（粒径5ミクロン，相対輝度100％）とする。基準蛍光体をボールミル粉砕すると，粒径は3ミクロン以下まで減少するものの，粒子表面に生じる欠陥のため相対輝度は10％まで大幅に低下した。一方，錯体均一沈殿法で合成した$Y_2O_2S:Eu^{3+}$蛍光体の平均粒径はサブミクロンサイズであり，特筆すべきことは粒径200～300 nmの領域で粒径5ミクロンの基準蛍光体の相対輝度を上回る蛍光体が得られていることである。

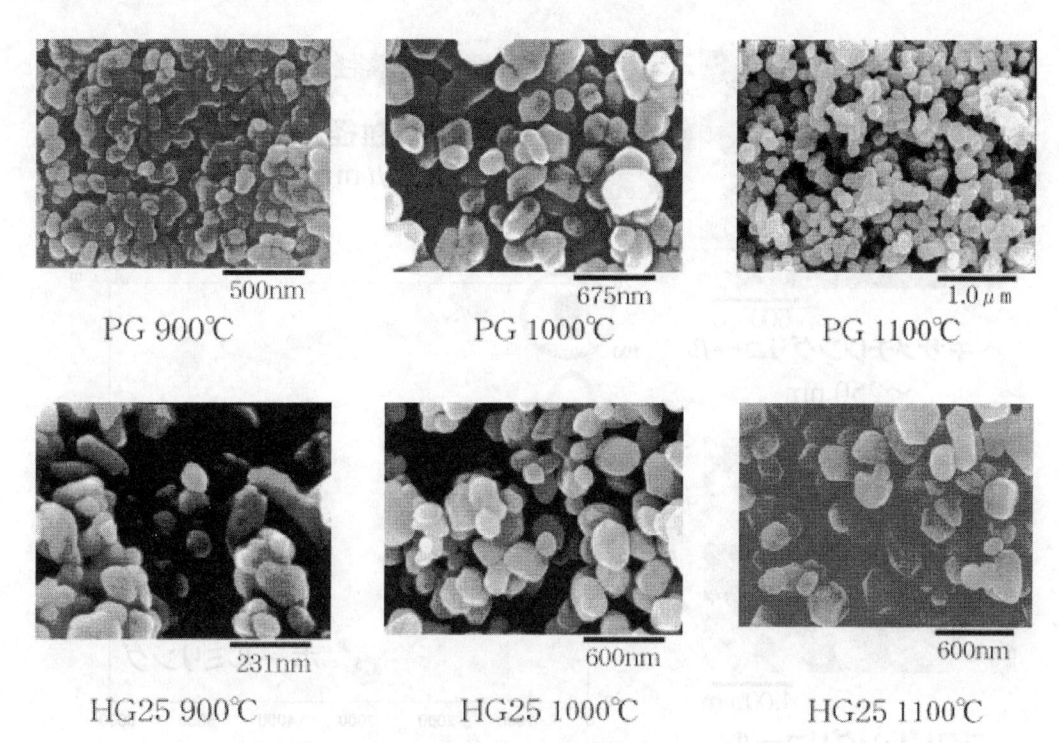

図18 プロピレングリコール (PG) とヘキサメチレングリコール (HG) を用いた錯体均一沈殿法により900〜1100℃で合成した $Y_2O_2S:Eu^{3+}$ 蛍光体の走査型電子顕微鏡写真（HG 25：HG 25 wt％＋水 75 wt％）

1.5 おわりに

ポリマー利用を基礎にした錯体重合法は複雑組成の蛍光体合成や賦活剤の均一分散に独自の威力を発揮する。そのような側面に加えて，短時間で良質なサンプルを容易に合成できるという利点を生かすことによって，錯体重合法は新規蛍光体の探索手法として有用である。錯体重合法でナノサイズの粒子を得るためには，有機物の除去に工夫を加えると共に，前駆体をソルボサーマル処理するなど，複合的な合成プロセスの構築が必要である。また沈殿形成を基礎とする錯体均一沈殿法においては，100 nm 以下の粒径の蛍光体も比較的容易に得ることができるが，蛍光輝度は大粒径市販蛍光体の 70－80％程度に留まっている（図19参照）。更なる高輝度化を目指し，フラックス利用あるいはソルボサーマル処理などによる表面処理技術との融合が望まれる。

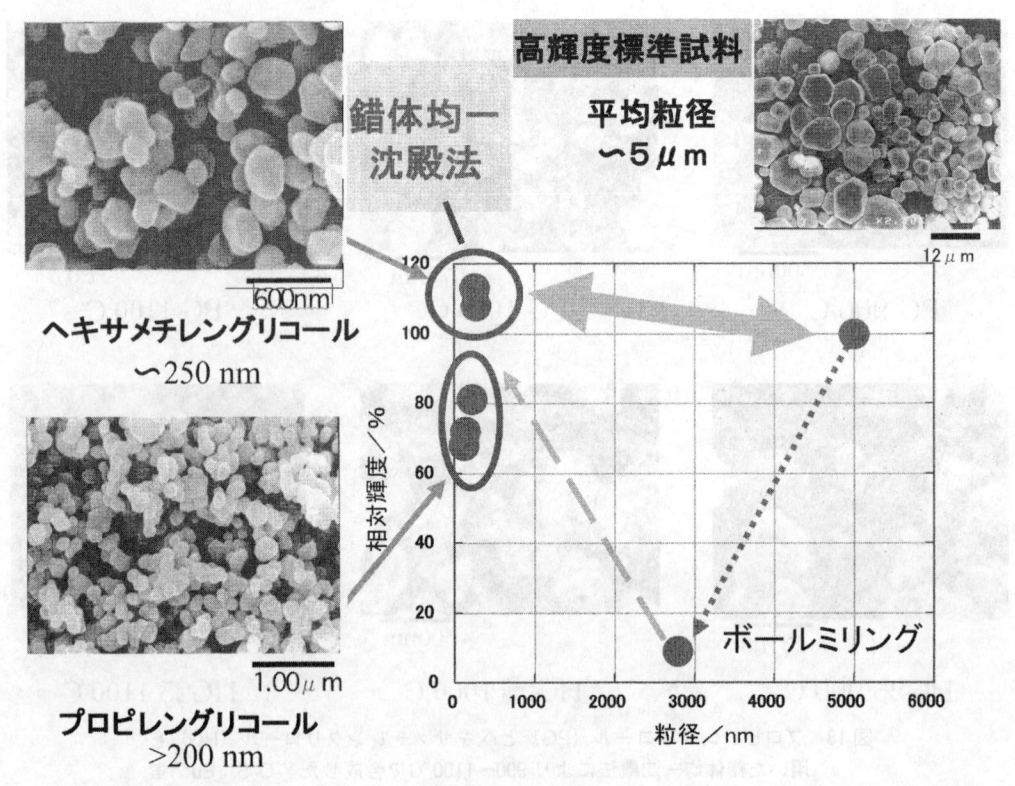

図19 錯体均一沈殿法による Y_2O_2S：Eu^{3+}蛍光体の平均粒径と電子線励起による相対輝度との関係

文　献

1) M. Kakihana, *J. Sol-Gel Sci. Tech.*, 6, 7 (1996)
2) M. Kakihana, M. Yoshimura, *Bull. Chem. Soc. Jpn.*, 72, 1427 (1999)
3) V. Petrykin, M. Kakihana, *Sol-Gel Processing (Handbook of Sol-Gel Science)*, 77 (2004)
4) 垣花眞人，粉体および粉末冶金，54，32 (2007)
5) K. Watanabe, V. Petrykin, M. Kakihana, Proceedings for EL 2006, 356 (2006)
6) S. Yamamoto, M. Kakihana, S. Kato, *J. Alloys & Compounds*, 297, 81 (2000)
7) 山本茂夫，垣花眞人，セラミックス，32，475 (1997)
8) 垣花眞人，原聖子，冨田恒之，下村康夫，木島直人，"複合金属酸化物の製造方法"特願2006-36909
9) Y. Kawahara, V. Petrykin, T. Ichihara, N. Kijima, M. Kakihana, *Chemistry of Materials*, 18, 6303 (2006)
10) V. Petrykin, M. Kakihana, Y. Kawahara, T. Ichihara, N. kijima, *Proceedings for EL 2006*, 273 (2006)
11) 垣花眞人，川原慶幸，木島直人，市原高史，"蛍光体，及び，その製造方法"，特願2002-309213

2 逆ミセル法およびコロイド析出法—表面修飾とサイズチューニング—

金　大貴[*]

2.1 はじめに

現在，実用化されている蛍光体の多くはミクロンオーダーの結晶粉末を利用している。したがって粒子自体が光の散乱体として働き，その結果，光の取り出し効率が低下する，不透明であるなどの問題点を有する。その対策として，大きさが数十ナノメートル以下の"ナノ粒子"の作製が望まれるが，従来の粉砕法では，粒子サイズを小さくするほど表面欠陥の割合が増大し発光効率が低下するだけでなく，そもそも"ナノ粒子化"が困難である。したがって，これまでにない新しいナノ蛍光体の合成方法の開発が望まれている。

近年，10 nm以下の微小サイズを有する半導体ナノ粒子（量子ドットとも呼ばれる）が大きな注目を集め，様々な分野で研究が行われている。ナノメートルというサイズの有限性のために量子効果が発現し，バルク結晶とは異なる物性・機能を示す可能性があることから，新しい機能性材料として大きく期待されている。半導体ナノ粒子の特に注目すべき性質は，単に粒径を変化させるだけで発光波長を制御できること，さらに高い発光効率を有する点にある。

本節では，まず逆ミセル法およびコロイド析出法による半導体ナノ粒子の作製とサイズ制御について解説する。さらに，ナノ粒子の表面修飾により，ナノ粒子表面での無輻射再結合過程が大きく抑制され，発光特性が大きく向上することを述べる。

2.2 逆ミセル法

2.2.1 逆ミセル法による半導体ナノ粒子の作製

有機溶媒中に界面活性剤を溶解させ少量の水を加えると，界面活性剤は疎水基を外に，親水基を内に向けて会合し，逆ミセルを形成する。逆ミセル法とは，water poolと呼ばれる逆ミセル内の水滴を化学反応場として用い，ナノ粒子を合成する方法である。water poolという大きさが制限された反応場でナノ粒子が生成されるため，ナノ粒子の凝集が防がれるとともに，water poolの大きさによってナノ粒子の粒径を制御できるという大きな利点を有する。

逆ミセル法によりCdSやZnSなどのII–VI族半導体，さらにMn^{2+}をドープした$ZnS:Mn^{2+}$や$CdS:Mn^{2+}$のナノ粒子を作製する際には，界面活性剤としてビス（2-エチルヘキシル）スルホこはく酸ナトリウム（AOT），有機溶媒としてヘプタンが広く用いられている。逆ミセル法によるナノ粒子作製方法について，CdSを例に説明する[1~3]。Cd^{2+}源として過塩素酸カドミウム，S^{2-}源として硫化ナトリウムを用いる。まず，ヘプタンにAOTを溶かし十分に撹拌したあ

---

[*] Dae Gwi Kim　大阪市立大学　工学部　応用物理学科　准教授

と，Cd^{2+}，S^{2-}を含む水溶液をそれぞれ W 値に応じて加え，二つの逆ミセル溶液を独立に作製する。そして，二つの液を混合することにより，逆ミセル中にCdSナノ粒子を作製できる。W 値とは H_2O とAOTのモル濃度比 $W = [H_2O]/[AOT]$ で決定され，この W 値により water pool の大きさが変化し，それに応じて生成されるナノ粒子の平均粒径も変化する。

2.2.2 ナノ粒子のサイズ制御

図1は，逆ミセル法により種々の W 値で作製したCdSナノ粒子の吸収スペクトルである。いずれの試料においても，CdSバルク結晶のバンドギャップエネルギー（～2.5 eV；～500 nm）よりも短波長側に明確な吸収ピークが観測される。吸収ピークの短波長側へのシフトは量子サイズ効果によるものであり，CdSナノ粒子が生成されていることを示している。また，透過型電子顕微鏡による直接観察から，球状ナノ粒子が生成されていることを確認している[4]。W 値が大きい試料ほど，吸収ピークはより長波長側に現れることから，W 値が大きいほどナノ粒子の粒径が大きくなっていることがわかる。この結果は，W 値によりCdSナノ粒子の大きさを制御できることを示している。多くのII–VI族半導体ナノ粒子における光学遷移エネルギーの粒子半径（R）依存性は次式によって定量的に説明されている[5]。

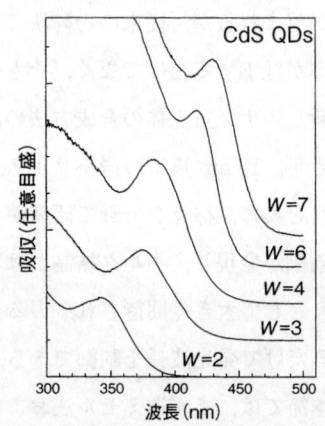

図1 逆ミセル法により作製したCdSナノ粒子の吸収スペクトルの W 値依存性

$$E(R) = E_g + \frac{\hbar^2}{2\mu}\left(\frac{\pi}{R}\right)^2 - 1.8\frac{e^2}{\varepsilon R} \tag{1}$$

ここで，E_g はバルク結晶におけるバンドギャップエネルギー，μ は電子・正孔の換算質量，ε は誘電率である。（1）式における右辺第二項は電子および正孔の運動エネルギー，第三項は電子－正孔間のクーロン相互作用エネルギーを表す。（1）式から見積もった平均半径は，$W = 2, 3, 4, 6, 7$ の試料においてそれぞれ1.4，1.6，1.7，2.0，2.2 nm である。また，CdSナノ粒子のサイズ分布幅は7～8％であり[4]，逆ミセル法により狭い粒径分布幅を持つCdSナノ粒子の作製が可能であることがわかる。すなわち，逆ミセル法は均一サイズの半導体ナノ粒子作製，さらにはサイズの制御性に非常に優れている。

これまでに，逆ミセル法によりCdSe[6]やPbS[7]ナノ粒子も作製されている。さらには，ZnS-CdS混晶ナノ粒子の作製も報告されている[8～10]。半導体混晶系では，混晶比の大きさによってバンドギャップエネルギーを広い範囲にわたって変化させることができるので，混晶ナノ粒子を作製することにより，粒径だけでなく，混晶比によっても光機能性を制御できる可能性があり，

2.2.3 表面修飾による発光特性の向上

　大きさ数ナノメートルの半導体ナノ粒子においては構成原子の約半数が表面に存在するので，表面状態がナノ粒子の光学特性に大きな影響を与える。したがって，いかに半導体ナノ粒子の表面構造を制御するかが応用上，重要な鍵となる。

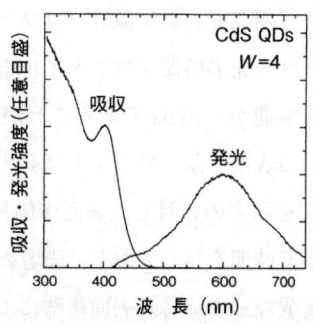

　図2は逆ミセル法により作製したCdSナノ粒子（$W=4$）の吸収・発光スペクトルを示している。発光スペクトルに注目すると，610 nmにピークをもつブロードな発光バンドが観測される。これはCdSナノ粒子の表面欠陥に起因した発光であり，バンド端発光は非常に微弱である。

　これまで逆ミセル法により作製したCdSナノ粒子において，バンド端発光が主発光帯として観測されたという報告例はない。そこで我々は，逆ミセル法により作製したCdSナノ粒子の表面修飾を試みた。これまで，コロイド法により作製したCdSナノ粒子表面を$Cd(OH)_2$層で修飾した試料において，強いバンド端発光が観測されている[11]。その表面修飾の方法は，試料溶液のpHを11.3に調整し，過剰のCd^{2+}を添加することにより行う。この過程により，CdSナノ粒子の表面が$Cd(OH)_2$層で覆われ，表面での無輻射再結合過程が抑制されることによって，バンド端発光の強度が増大する。この表面修飾方法を逆ミセル法により作製したCdSナノ粒子に適用する場合，逆ミセル溶液に水を加える必要がある。しかし，逆ミセル溶液に一定量以上の水を加えると，試料溶液が白濁するという問題が生じる。そこで，加える水の量を少なくするために，水酸化ナトリウム水溶液，過塩素酸カドミウム水溶液の濃度を濃くするという工夫を行った。図3は$W=4$で作製した逆ミセル溶液5 mlに5.0 mol/lの水酸化ナトリウム水溶液を10 μl添加後，さらに0.6 mol/lの過塩素酸カドミウム水溶液の添加量を変化させたときの発光スペクトルを示している。Cd^{2+}の添加量が増えるにしたがってバンド端発光強度が増大し，添加量が90 μlの場合，バンド端発光が最も顕著に観測される。なお，バンド端発光の強度は表面修飾によって250倍増強された。また，表面修飾後も，溶液は全く白濁せず，透明性を保持したまま

図2　逆ミセル法により作製したCdSナノ粒子（$W=4$）の吸収・発光スペクトル

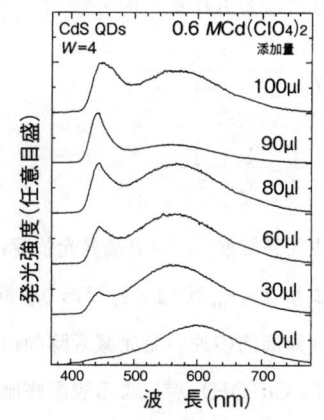

図3　逆ミセル法により作製したCdSナノ粒子（$W=4$）の表面修飾過程における発光スペクトル

CdSナノ粒子の表面修飾に成功した[12]。

表面修飾の過程におけるCdSナノ粒子の発光特性について発光減衰プロファイルから考察する。図4は逆ミセル法により作製したCdSナノ粒子における表面修飾前後のバンド端発光の発光減衰プロファイルである。破線は励起レーザー光の時間プロファイルを示しており，測定系の時間分解能が～10 nsであることがわかる。CdSナノ粒子における表面修飾前のバンド端発光は10 ns以下の速い減衰時間を示すのに対し，表面修飾後は数百 nsオーダーの遅い減衰時間を示しており，両者の発光減衰プロファイルは全く異なっている。表面修飾による発光減衰時間の大きな変化は，表面修飾によるバンド端発光強度の劇的な変化と対応している。一般に，発光効率 η と実験的に観測される発光減衰レート $1/\tau$ は量子力学的に決定される輻射再結合レート $1/\tau_r$ と温度に依存する無輻射再結合レート $1/\tau_{nr}$ を用いて次のように与えられる。

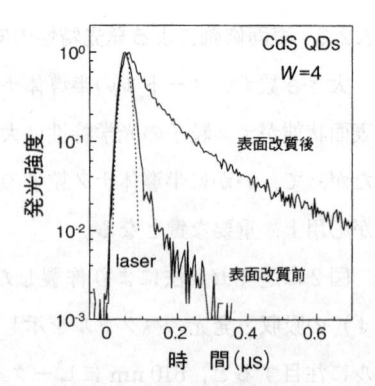

図4 逆ミセル法により作製したCdSナノ粒子（$W=4$）における表面修飾前後のバンド端発光の発光減衰プロファイル

$$\eta = \frac{1/\tau_r}{1/\tau_r + 1/\tau_{nr}} \tag{2}$$

$$\frac{1}{\tau} = \frac{1}{\tau_r} + \frac{1}{\tau_{nr}} \tag{3}$$

表面修飾前，バンド端発光強度は微弱である。つまり発光効率 η は小さい。したがって，（2）式より $1/\tau_{nr} \gg 1/\tau_r$ であり，観測される減衰時間 τ は，τ_{nr} によって決定される。すなわち，表面修飾前の速い発光減衰時間は，CdSナノ粒子表面における無輻射再結合レートを反映している。Cd(OH)$_2$層による表面修飾により，表面での無輻射再結合過程が大きく抑制された結果，発光効率が増大するとともに発光減衰時間の劇的な変化が生じるものと考えられる[12]。この結果は，ナノ粒子の表面修飾により発光特性が大きく向上することを示している。

2.2.4 発光中心をドープした"ドープ型ナノ粒子"の作製と発光特性

蛍光体では母体に発光中心として Mn^{2+}（遷移金属イオン）や Eu^{3+}，Tb^{3+}（希土類イオン）をドープしたものが用いられている。ZnSに Mn^{2+} をドープしたZnS：Mn^{2+} ナノ粒子における発光量子効率が粒子サイズが小さくなるほど増大し，粒径3 nmの粒子において18％にも達するというBhargavaらの報告が引き金となり[13]，ドープ型ナノ粒子の研究が盛んに行われてきた。ここでは，ドープ型ナノ粒子の一例として，CdS：Mn^{2+} ナノ粒子の結果を紹介する。

逆ミセル法によるCdS：Mn^{2+} ナノ粒子の作製方法は，陽イオン源として Cd^{2+} と Mn^{2+} の混

合水溶液（Mn^{2+}モル濃度比0.5%）を用いる以外は，CdSナノ粒子の作製方法と同様である。図5(a)は，逆ミセル法により作製したCdSナノ粒子（$W=4$）の吸収・発光スペクトル，(b)は，CdS：Mn^{2+}ナノ粒子（$W=4$）の吸収・発光スペクトルを示している。いずれの試料も表面修飾は行っていない。両者の吸収スペクトルを比較すると，ピーク波長はほとんど変化していないのに対し，発光スペクトルにおいては，ピーク波長が変化しているだけでなく，その形状も大きく異なっていることがわかる。CdSナノ粒子においては，610 nmに欠陥発光が観測される。CdS：Mn^{2+}ナノ粒子において観測される発光帯は，ピーク波長（584 nm）がCdS：Mn^{2+}バルク結晶におけるMn^{2+}発光（Mn^{2+}内のd-d遷移）のピーク波長と一致する[14]。さらに，CdSナノ粒子における欠陥発光の減衰時間はマイクロ秒オーダーであるのに対し，CdS：Mn^{2+}ナノ粒子のMn^{2+}発光は2 msという長い減衰時間を示す[15]。CdS：Mn^{2+}ナノ粒子におけるミリ秒オーダーの長い減衰時間は，CdS：Mn^{2+}バルク結晶におけるMn^{2+}発光の減衰時間にほぼ対応する[16]。

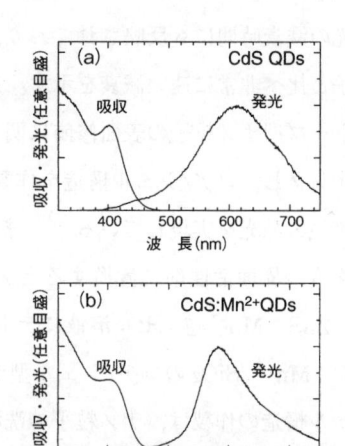

図5 逆ミセル法により作製した(a)CdSおよび(b)CdS：Mn^{2+}ナノ粒子（$W=4$）の吸収，発光スペクトル
いずれも，表面修飾前のスペクトル。

　すなわち，CdSナノ粒子においては欠陥発光が主発光となるのに対し，CdS：Mn^{2+}ナノ粒子においてはMn^{2+}発光が主発光として観測される。このことは，母体からMn^{2+}への励起エネルギー移動がナノ粒子内部において支配的であることを示している。なお，後述するコロイド法によりCdS：Mn^{2+}ナノ粒子の作製を試みたが，CdSナノ粒子の欠陥発光のみが観測され，Mn^{2+}内のd-d遷移に起因したMn^{2+}発光は観測されなかった。すなわち，コロイド法ではMn^{2+}をCdSにドープすることができなかった。water poolという"ナノ反応場"を利用する逆ミセル法がドープ型ナノ粒子の作製に適していることが示唆される。

　図6は，CdS：Mn^{2+}ナノ粒子（$W=4$）における表面修飾前の発光スペクトル（破線）と，$Cd(OH)_2$層により表面修飾を行った試料の吸収・発光スペクトル（実線）を示している。CdS：Mn^{2+}ナノ粒子に対し表面修飾を施した結果，Mn^{2+}発光の強度が10倍増強された。さらに，CdS：Mn^{2+}ナノ粒子におけるバンド端発光の観測に初め

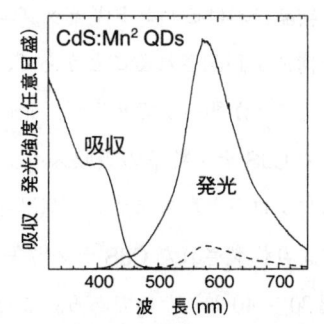

図6 逆ミセル法により作製したCdS：Mn^{2+}ナノ粒子（$W=4$）における表面修飾前の発光スペクトル（破線）と表面修飾後の吸収・発光スペクトル（実線）

て成功した。CdS：Mn^{2+}ナノ粒子におけるMn^{2+}への高効率エネルギー移動過程は，バンド端発光の減衰時間にも反映されており，CdS：Mn^{2+}ナノ粒子におけるバンド端発光は，CdSナノ粒子と比べ非常に速い減衰を示す。定量的な議論などの詳細は参考文献[15]を参照されたい。

ドープ型ナノ粒子の表面修飾に関して，YangらはCdS：Mn^{2+}ナノ粒子表面をZnS層でコーティングし，コア/シェル構造を作製することによるMn^{2+}発光強度の顕著な増大[17]，さらには電流注入発光を実現している[18]。また，Isobeらは界面活性剤の一部をカルボキシル基やリン酸基をもつ界面活性剤に置換するとZnS：Mn^{2+}ナノ粒子の発光強度が増大すること[19]，さらには，ZnS：Mn^{2+}逆ミセル溶液にテトラエトキシシランとアンモニア水を添加することにより，ZnS：Mn^{2+}/SiO_2のコア/シェル型ナノ粒子を作製できることを報告している[20]。安定なコア/シェル構造の作製は，ナノ粒子の洗浄過程や他のマトリックス中への分散過程における発光特性の低下を防ぐために必要不可欠であり，ナノ粒子の実用化において重要な鍵となる。

2.3 コロイド析出法

次に，コロイド析出法（コロイド法）によるCdSナノ粒子の合成とそのサイズ・表面構造制御の結果について紹介する。

2.3.1 CdSナノ粒子の作製とサイズチューニング

溶媒である超純水に，分散剤であるヘキサメタリン酸ナトリウムを加える。この分散剤は，ナノ粒子の凝集を防ぎ，ナノ粒子を安定に分散させる役割を果たす。次に，Cd^{2+}源である過塩素酸カドミウム水溶液を加え，最後に硫化水素ガスを注入することにより，水溶液中にCdSナノ粒子が生成される。

図7(a)は，コロイド法により作製したCdSナノ粒子の作製直後の吸収および発光スペクトルを示している。バルク結晶におけるバンドギャップエネルギーの短波長側に吸収構造が観測されることからCdSナノ粒子が生成されていることが明らかであるが，先述の逆ミセル法により作製したCdSナノ粒子の吸収スペクトル（図1）と比べ，非常にブロードなスペクトルが得られる。これはコロイド法により作製されたCdSナノ粒子の粒径分布が広い（分布幅30～40％）ためである。また発光スペクトルにおいては，大きくストークス・シフトした欠陥発光が主発光帯として観測され，バンド端発光は非常に微弱である。図7(a)に示す吸収・発光スペクトルが，従来のCdSナノ粒子

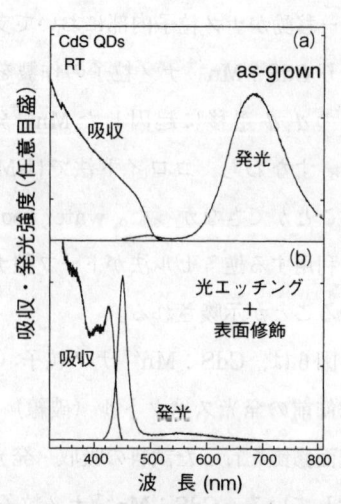

図7 コロイド法により作製したCdSナノ粒子の吸収・発光スペクトル
(a)試料作製直後，(b)光エッチングおよび表面修飾後のスペクトル。

が示す典型的なスペクトルである。

サイズ分布が非常に広いという問題点は"光エッチング"により解決できる。溶存酸素下でCdSに光を照射すると，生成された電子と正孔は表面近傍で以下に示す化学反応を起こし，CdSが自己溶解することが知られている[21]。

$$CdS \rightarrow CdS(nh^+, ne^-) \tag{4}$$

$$CdS(nh^+, ne^-) + 2O_2 \rightarrow Cd^{2+} SO_4^{2-} \tag{5}$$

この光化学反応とサイズが小さくなるほどナノ粒子の最低励起子エネルギー（励起子：電子と正孔がクーロン相互作用により束縛された状態，電子−正孔対）が高くなる量子サイズ効果を利用し，粒径分布幅の狭いCdSナノ粒子試料を作製することができる。具体的には，まず図7(a)に示す吸収スペクトルの吸収端に対応する波長の光を照射する。すると，照射光エネルギーに共鳴する大きなナノ粒子の表面でのみ上記の光化学反応（光エッチング）が生じる。光エッチングにより粒子サイズが小さくなり，照射光に対して透明になるまで光エッチングは進行する。照射光のエネルギーを吸収端から順次高くしていき，大きなナノ粒子の表面を順にエッチングしていくことにより，最終的に均一サイズのナノ粒子が得られる[22,23]。光エッチングの方法は非常にシンプルであり，CdSナノ粒子溶液にレーザー光やXeランプと干渉フィルターの組み合わせによって得られる単色光を照射するだけである。

図7(b)に示す，光エッチング後の吸収スペクトルに着目すると，420 nmに鋭い吸収ピークが観測される。この結果は，光エッチングにより，ナノ粒子のサイズ分布が狭くなっている（分布幅5%）ことを明確に示している。この光エッチングの大きな特長は，均一サイズのナノ粒子を作製できるだけでなく，光エッチングに用いる照射光の波長を選択することによって，ナノ粒子の平均粒径を制御できることである。

2.3.2 CdSナノ粒子の表面修飾

次に，発光スペクトルに着目すると，図7(a)に示すように，コロイド法により作製したCdSナノ粒子の発光スペクトルにおいて吸収端近傍のバンド端発光は微弱であり，吸収端から大きくストークスシフトした欠陥発光が主発光バンドとなる。しかし，図7(b)に示す表面修飾後の試料では，バンド端発光が主発光帯として明確に観測される。この表面修飾は，光エッチング後の試料溶液のpHを11.3に調整し，過剰のCd^{2+}を添加することにより行う。これによってCdSナノ粒子の表面が$Cd(OH)_2$層で覆われ，バンド端発光強度が顕著に増大する。特筆すべきは，表面修飾によりバンド端発光強度は3桁から4桁も増強される[24]。このように，コロイド法により作製したCdSナノ粒子に光エッチングと表面修飾を施すことにより，粒径分布および表面構造が制御されたCdSナノ粒子を作製することができる。

2.3.3 ナノ粒子のフィルム分散と光学特性の温度依存性

コロイド法により作製したCdSナノ粒子は水溶液中に分散しているため，光学スペクトルの温度依存性を測定することは不可能である。分散剤としても利用されるポリビニールアルコール（PVA）等の高分子は，乾燥するとフィルムになり，かつCdSナノ粒子に対して光学的に透明である。このことを利用し，CdSナノ粒子が分散したフィルム試料を作製した。具体的には，光エッチングと表面修飾を施したCdS試料溶液と，PVA水溶液の混合溶液を乾燥させることにより，PVAフィルム中にCdSナノ粒子を分散させた[24〜26]。フィルム試料を作製することにより，光学スペクトルの温度依存性を調べることが可能となる。その結果の一例を紹介する。

図8は，CdSナノ粒子分散PVAフィルム試料の吸収・発光スペクトルの温度依存性を示している。吸収スペクトルに注目すると，全ての温度において，最低励起子遷移だけでなく高次の励起子遷移に起因したピーク構造も明確に観測される。また，各構造が温度の上昇とともに長波長側にシフトしていく様子が明確に観測される。また，全ての温度でバンド端発光が主発光バンドとして観測される。図9(a)は最低吸収ピークエネルギーの温度依存性をまとめたものである。一般的に，直接遷移型半導体における励起子エネルギーの温度依存性は，次式のようなVarshni則で表される[27]。

$$E(T) = E(0) - \alpha T^2/(T + \beta) \tag{6}$$

ここで，$E(0)$は0Kでの励起子エネルギー，αとβは解析パラメーターを示す。図9(a)中の実線は，CdSバルク結晶における値$\alpha = 3.9 \times 10^{-4}$ eV/K，$\beta = 219$ Kを代入した計算結果であり，CdSナノ粒子における実験結果（○印）を説明できる。このことは，CdS固有の光学遷移を観測していることを示している。

図9(b)は，バンド端発光強度の温度依存性を表している。強度は10Kにおける発光強度で規格化した。室温においても，10Kでの発光強度の50％を有しており，熱消光が非常に小さい。バルク結晶においては，温度上昇による熱消光のために，室温においてはほとんど発光しないのが一般的である。図8に示したCdSナノ粒子においては熱消光が非常に小さく，ナノ粒子における"エネルギー散逸の抑制"という，ナノ粒子の特長が顕在化した結果である。ただし，ナノ粒子においては表面原子の割合が高いので，安定な表面構造を作製することが必要不可欠である。

コロイド法によっても，逆ミセル法と同様にZnS–CdS混晶ナノ粒子を作製できる[28,29]。なお，組成比は過塩素

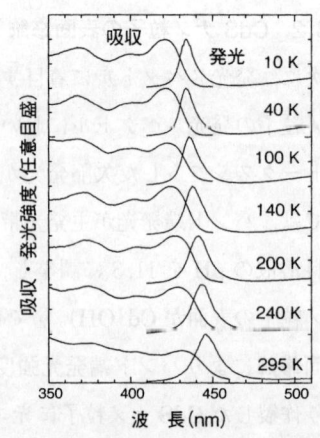

図8 PVAフィルムに分散させたCdSナノ粒子の吸収・発光スペクトルの温度依存性

酸カドミウム水溶液と過塩素酸亜鉛水溶液の混合モル比により制御でき，さらに光エッチングにより均一サイズの混晶ナノ粒子の作製も可能である。他に，ナローギャップ半導体であるPbSナノ粒子の作製も報告されている[25,30,31]。ナローギャップ半導体は，他の半導体に比べて有効質量が小さい，励起子の有効ボーア半径が大きいなどの特徴をもつ。したがって，そのナノ粒子を作製すれば，非常に大きな量子閉じ込め効果が生じると期待できる。実際，PbSバルク結晶におけるバンドギャップエネルギーは室温で赤外域の0.4 eV（～3μm）に位置するが，分散剤としてPVA，Pb^{2+}およびS^{2-}源としてそれぞれ過塩素酸鉛，硫化ナトリウムを用い，80℃の温度で作製したPbSナノ粒子は可視発光（～600 nm）を示す[25]。Muraseらはコロイド法によりCdTe，ZnSeナノ粒子を作製し，さらにはガラス中に均一に分散させた"ナノ粒子分散ガラス蛍光体"の作製に成功している[32,33]。

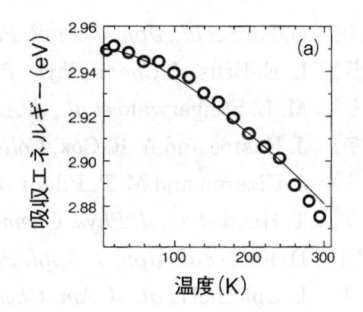

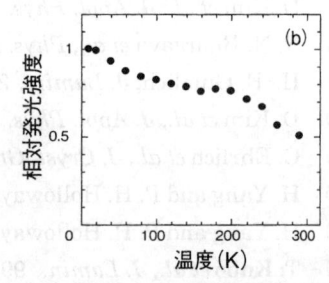

図9 (a)CdSナノ粒子における吸収エネルギーの温度依存性。実線はVarshni則による計算結果。(b)バンド端発光強度の温度依存性。いずれも図8の実験結果を解析した結果。

2.4 おわりに

化学的方法により作製された半導体ナノ粒子の光学特性に関する研究は，溶液試料もしくはキャストフィルム試料を用いた室温での測定がほとんどであり，温度依存性を調べた基礎物性研究は非常に限られている。しかし，ナノ粒子の真の発光メカニズムを解明するためには，上で述べた吸収・発光特性に加え，発光減衰プロファイルの温度依存性を系統的に調べることが極めて重要である。その結果を試料作製にフィードバックすることにより，さらなる高効率化・高機能化が可能となるであろう。

文 献

1) T. Dannhauser *et al.*, *J. Phys. Chem.*, 90, 6074 (1986)
2) S. Modes and P. Lianos, *J. Phys. Chem.*, 93, 5854 (1989)
3) T. Nakanishi *et al.*, *Jpn. J. Appl. Phys.*, 36, 4053 (1997)

4) D. Kim *et al.*, *Jpn. J. Appl. Phys.*, 41, 5064 (2002)
5) L. E. Brus, *J. Chem. Phys.*, 80, 4403 (1984)
6) M. L. Steigerwald *et al.*, *J. Am. Chem. Soc.*, 110, 3046 (1988)
7) J. Eastoe and A. R. Cox, *Colloids Surfaces*, A 101, 63 (1995)
8) J. Cizeron and M. P. Pileni, *J. Phys. Chem.*, B 101, 8887 (1997)
9) T. Hirai *et al.*, *J. Phys. Chem.*, B 103, 10120 (1999)
10) D. Kim *et al.*, *Jpn. J. Appl. Phys.*, 44, 1514 (2005)
11) L. Spanhel *et al.*, *J. Am. Chem. Soc.*, 109, 5649 (1987)
12) D. Kim *et al.*, *J. Appl. Phys.*, 98, 083514 (2005)
13) R. N. Bhargava *et al.*, *Phys. Rev. Lett.*, 72, 416 (1994)
14) H.-E. Gumlich, *J. Lumin.*, 23, 73 (1981)
15) D. Kim *et al.*, *J. Appl. Phys.*, 100, 094313 (2006)
16) C. Ehrlich *et al.*, *J. Cryst. Growth*, 72, 371 (1985)
17) H. Yang and P. H. Holloway, *Appl. Phys. Lett.*, 82, 1965 (2003)
18) H. Yang and P. H. Holloway, *J. Phys. Chem.*, B 107, 9705 (2003)
19) T. Kubo *et al.*, *J. Lumin.*, 99, 39 (2002)
20) H. Takahashi and T. Isobe, *Jpn. J. Appl. Phys.*, 44, 922 (2005)
21) D. Meissner *et al.*, *Ber. Bunsen-Ges. Phys. Chem.*, 89, 121 (1985)
22) H. Matsumoto *et al.*, *J. Phys. Chem.*, 100, 13781 (1996)
23) D. Kim *et al.*, *Int. J. Mod. Phys.*, B 15, 3829 (2001)
24) D. Kim *et al.*, *Physica*, E 21, 363 (2004)
25) D. Kim *et al.*, *J. Lumin.*, 119/120, 214 (2006)
26) K. Tomihira *et al.*, *J. Lumin.*, 122/123, 471 (2007)
27) Y. P. Varshni, *Physica*, 34, 149 (1967)
28) D. Kim *et al.*, *Jpn. J. Appl. Phys.*, 44, 1514 (2005)
29) K. Tomihira *et al.*, *J. Lumin.*, 112, 131 (2005)
30) Y. Wang *et al.*, *J. Chem. Phys.*, 87, 7315 (1987)
31) A. A. Patel *et al.*, *J. Phys. Chem.*, B 104, 11598 (2000)
32) C. L. Li *et al.*, *J. Non-Cryst. Solids*, 342, 32 (2004)
33) C. L. Li *et al.*, *Colloids Surfaces*, A 294, 33 (2007)

3 ホットソープ法

野瀬勝弘[*1]，小俣孝久[*2]

3.1 はじめに

　ホットソープ法はその名称のとおり，高温の界面活性剤を含む非水溶媒中で反応が進行する液相合成法の一つである。この方法は1990年代の前半に良質な半導体ナノ結晶蛍光体の合成に成功したのを契機に発展を遂げた合成法であり，今日では化合物半導体に限らず金属や酸化物などあらゆる物質のナノ結晶の合成に用いられている。本書の趣旨に照らすと，この合成法の主なターゲット物質は化合物半導体のナノ結晶蛍光体となる。ここではホットソープ法とそれにより合成される化合物半導体のナノ結晶蛍光体について述べる前に，その準備として化合物半導体のナノ結晶蛍光体の特徴と，ホットソープ法の登場以前の課題について簡単に述べることとする。そのことはホットソープ法の優れた特徴を理解するのに大いに役立つはずである。

　大きさ数nm以下の半導体の結晶では，電子や正孔は狭い結晶内に閉じ込められ量子準位を形成する。その準位間のエネルギーは結晶が小さいほど大きく（量子サイズ効果），電子－正孔対が輻射過程で再結合できる直接遷移型の半導体では，結晶の大きさに応じて蛍光波長が変化する（図1）。図2に有効質量近似[1~3]により計算した，結晶の大きさに対する電子－正孔対の再結合エネルギーを示す。例えばCdSeでは数nmの各種大きさの結晶で，可視光のフルカラー蛍光体を実現できる。電子－正孔対の寿命はピコ秒からナノ秒であり，希土類元素の蛍光寿命（～マイクロ秒）に比べ格段に短いのでレスポンスが速く，強い励起に対して輝度が飽和しない。たった1つの物質で，各色の高輝度で高速応答性の蛍光体を作れること，それが化合物半導体ナノ結

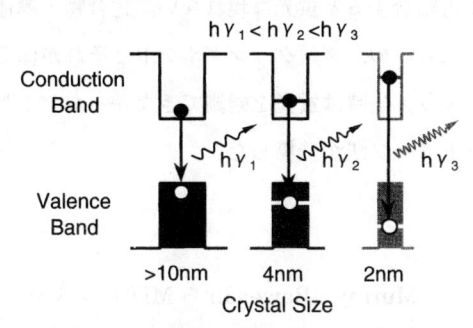

図1　半導体ナノ結晶での量子準位の形成と，蛍光波長の量子サイズ効果

---

*1　Katsuhiro Nose　大阪大学　大学院工学研究科　マテリアル生産科学専攻，
　　　日本学術振興会　特別研究員

*2　Takahisa Omata　大阪大学　大学院工学研究科　マテリアル生産科学専攻　准教授

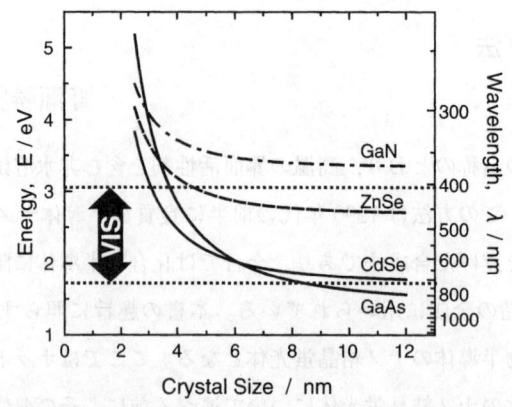

図2　有効質量近似により計算した，化合物半導体の
蛍光波長の結晶サイズに対する変化

晶蛍光体の特徴である。

　大きさ数 nm の化合物半導体の結晶は，1980年代に水や低沸点のアルコールを溶媒とした液相法により合成されている[4,5]。それらのナノ結晶では量子サイズ効果による光学吸収端や量子準位間の電子励起による光吸収帯のシフトは観測されたが，電子－正孔対の再結合による蛍光は観測されなかった。数 nm の結晶は僅か百～数千個の原子から構成され，相当数の原子が表面に露出する。例えば Si の場合，ナノ結晶での表面原子数／全原子数は 5 nm の球状結晶で 900/3700，2 nm で 105/270 となる。すなわち，5 nm の結晶では 25％の，2 nm ではおよそ 40％の原子が表面原子となり，切断された結合（ダングリングボンド）を有する。ダングリングボンドは結晶内部の結合とは異なるエネルギーに準位を形成する。励起された電子や正孔がこの表面準位を介して無輻射過程で再結合すると蛍光は現れない。化合物半導体のナノ結晶は潜在的な高性能蛍光体と認識されていたものの，ダングリングボンドとそれが作る表面準位というナノ結晶では避けて通れない障害により，当時は蛍光を観測できなかった。それを解決した革新的なナノ結晶の合成法として，ホットソープ法が登場した。

3.2　ホットソープ法

　ホットソープ法は 1993 年に Murray, Bawendii ら MIT のグループにより，カドミウムセレナイド（CdSe），カドミウムテルライド（CdTe）ナノ結晶の合成法として最初に報告された[6]。得られたナノ結晶はその表面をトリオクチルホスフィンオキサイド（TOPO）が覆い，無輻射過程での電子－正孔対の再結合を引き起こす表面準位を不活性化（passivate）し，再結合に伴う蛍光と量子サイズ効果によるその波長シフトが観測された。彼らの報告した CdSe ナノ結晶の合成法を例に，ホットソープ法の概略を述べる。図 3 に示す装置の TOPO の入ったフラスコを

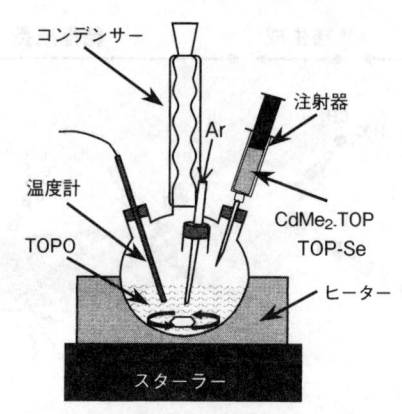

図3 ホットソープ法による CdSe ナノ結晶の合成装置

　300 ℃に保ち,一旦加熱を停止するとともにジメチルカドミウム (CdMe$_2$) のトリオクチルホスフィン (TOP) 溶液とセレン (Se) の TOP 溶液 (TOP-Se) との混合溶液を,注射器を用いて TOPO 中に短時間で注入する。注入によりフラスコ内の溶液の温度は約180 ℃まで下がるので,その後230 〜260 ℃までゆっくりと昇温し結晶を成長させ,室温に冷却することで反応を停止する。このときの反応を模式的に表したのが図4である。注射器内の原料溶液はTOPO 中への注入により300 ℃付近まで急速に加熱され,CdMe$_2$ や TOP-Se は熱解離し一時的に Cd や Se の高い過飽和状態が作り出され CdSe の核生成が生じる。240 〜260 ℃では,熱解離した Cd や Se が核に堆積し結晶成長が進行する。このとき結晶表面は図4のように TOPO が吸着・被覆（キャッピング）しているため,個々の結晶は凝集を免れコロイド溶液が形成される。キャッピングにより結晶の成長速度も抑制され,数 nm の非常に小さなサイズ領域で,大きさの制御が容易となる。反応は熱解離により Cd や Se が生成する高温でのみ進行するので,溶液を室温に冷却すると完全に停止できる。100 ℃以下の低温で進行する水溶液や低沸点アルコールを使用した反応では,室温でもゆっくりと結晶が成長し,欠陥の増大,結晶性の低下,粒径分布の広がりなどが生じ蛍光体としての性能を劣化させるが,ホットソープ法ではその心配がない。

　Murray, Bawendii らの報告以来,種々の反応溶液を出発とした合成経路が開発されてきた。溶液を構成する各成分の作用や特徴と代表的な物質のいくつかを表1に示す。溶媒,錯形成剤,キャッピング剤は,一つの物質がそれらを兼ねた作用をすることが多い。実際の合成例を参照する場合には,各種原料成分の作用に注意しながら反応全体を理解する必要がある。また,半導体の原料として,例えば ZnS の場合にはジエチルジチオカルバミン酸亜鉛 ($[(C_2H_5)_2NCS_2]_2Zn$) 等を使用すると[7],原料中に Zn と S がともに含まれるので溶液の調製が簡便となる上,熱分解によって必ず Zn と S が同時に供給されるので,個別の原料を使用した場合に起き得る熱解離の程度の差から生じる原料供給量の不均衡を心配する必要がない。このような原料は単一前駆体

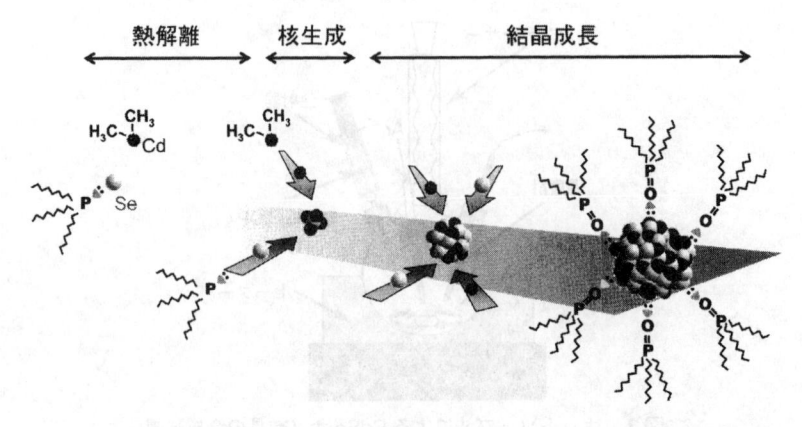

図4 ホットソープ法によるCdSeナノ結晶の反応過程の模式図

表1 ホットソープ法の原料溶液を構成する各種成分とその作用

成分	特徴・作用	例
溶媒	沸点200℃程度以上の高沸点有機溶媒，反応温度で液体であれば室温では固体でも良い	TOP，オクタデセン（ODE），オレイルアミン（OLA），ヘキサデシルアミン（HDA），TOPOなど
錯形成剤	二元系半導体AXの合成であれば，AやXと低温では安定で，反応温度では熱解離する錯体を生成する，極性の強い官能基を有する有機分子	TOP，ODE，酢酸・オレイン酸・ステアリン酸などのカルボン酸，HDA・OLA・トリオクチルアミン（TOA）などのアミン類，トリブチルホスホン酸（TBPA）などのホスホン酸類
界面活性剤（キャッピング剤）	生成したナノ結晶の表面に高温でも吸着し，ナノ結晶の凝集を防ぐとともに，結晶の成長速度を抑制する作用を持つ，極性の強い官能基を持つ高沸点有機分子	TOP，オレイン酸，ステアリン酸，HDA，OLA，TBPA，TOPOなど（錯形成剤や溶媒を兼ねて使用されることが多い）
半導体原料	ターゲットとなる化合物半導体の構成元素を供給する	VI族元素の場合は硫黄，セレン，テルルの単体が，II族元素はそのカルボン酸塩，ハロゲン化物，酸化物など，窒化物，酸化物の場合は単一前駆体が用いられる

(single-source precursor) と呼ばれ，酸化物[8]や窒化物[9]などの合成では多用されている。

蛍光波長は言うまでもなく蛍光体の重要な性質である。半導体ナノ結晶の場合蛍光波長は結晶の大きさに依存するので，それは合成温度や反応時間により制御できる。図5に酢酸カドミウム，TOP-Se，オレイン酸，オクタデセン（ODE）からなる原料溶液を用い，250℃で合成したCdSeナノ結晶の蛍光スペクトルを示す。反応時間が長いと結晶が大きくなることにより蛍光波長が長波長へとシフトする様子が見てとれる。蛍光のバンド幅（光の純度，単色性）は結晶の大きさのばらつき，すなわち粒径分布に依存するので，シャープな粒径分布（単分散）とすること

第1章 ナノ蛍光体の合成方法

で単色性を向上できる。粒径分布をシャープにする最も単純な方法は，合成されたナノ結晶を分級することである。ホットソープ法で得られるナノ結晶は，コロイド溶液にエタノールやメタノールを添加し凝集し回収される。沈殿は大きな結晶から順次生じるので，アルコールを少量添加しナノ結晶を回収した後，再びアルコールを添加すると最初に回収した結晶より小さな結晶が回収される。Size selective precipitation と呼ばれるこの操作を繰り返すことにより，粒径分布のシャープなナノ結晶に分けることができる[6]。

粒径分布をシャープにするもう一つの方法は，反応温度と反応時間を精密に制御することである。ホットソープ法の反応温度は200℃以上の高温で室温では反応が停止するので，原料溶液を反応温度へ急速に昇温し，所定時間経過の後室温へと急冷し，結晶の成長時間のばらつきを小さくすれば粒径分布はシャープになるはずである。しかし，図3のような合成装置を用いる限り，そのような急速昇温や急冷は難しい。Nakamura, Maedaらはマイクロリアクターを使用することでこの問題を解決した[10,11]。図6に示すような細いキャピラリー中に反応溶液を連続的に通じると，溶液は0.3秒足らずの間に昇温・冷却できる。反応溶液のオイルバス中での滞留時間

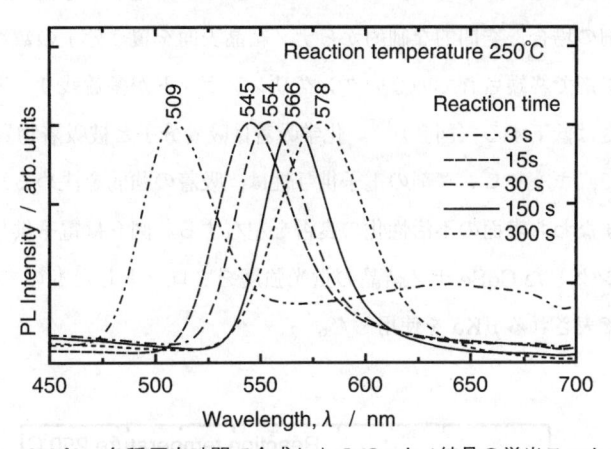

図5 250℃，各種反応時間で合成したCdSeナノ結晶の蛍光スペクトル

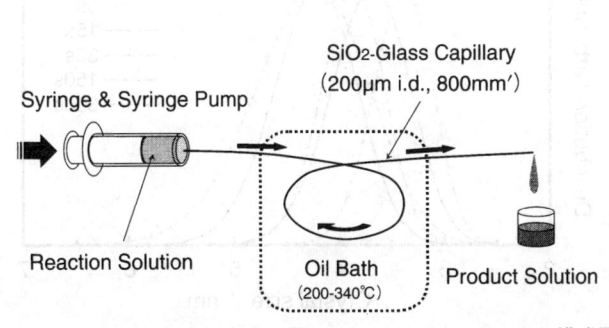

図6 CdSeナノ結晶の合成に用いたマイクロリアクターの模式図

すなわち反応時間は反応溶液の流速で制御できる。図5に示した蛍光スペクトルはマイクロリアクターを用いて合成した試料であり[12]，X線小角散乱から求めたその粒径分布は図7のように非常にシャープである。図5，7はマイクロリアクターが半導体ナノ結晶蛍光体に適した合成装置であることを示している。

ホットソープ法では前記のCdSe，CdTe，ZnSの他，ZnSe，ZnO等のII-VI族半導体やInP，GaP，GaNなどのIII-V族半導体が合成されている。この方法により合成されたナノ結晶は国内外の数社から販売されている[13〜15]。

3.3 キャッピング

化合物半導体ナノ結晶の蛍光体への利用の道を拓いたのは，ホットソープ法がダングリングボンドが作る表面準位の不活性化に成功し，無輻射過程での電子ー正孔の再結合を防いだためである。その主役を担ったのがキャッピング剤と呼ばれるアミノ基やカルボキシル基など極性の高い官能基を持つ有機分子であり，そのナノ結晶表面への化学吸着が鍵となっている。蛍光の輝度はキャッピング剤の吸着状態に影響され，それは分子の大きさや電子供与性に依存する。大きく嵩高いキャッピング剤の場合，空間的な制約からナノ結晶表面を覆う分子の数が少なくなる。その結果，キャッピング剤で終端されていないダングリングボンドが多数残り，表面の不活性化の効果は小さくなり輝度は低下する（図8）[16]。化学吸着は吸着分子と被吸着物質との間での電子の移動を伴う。従って，キャッピング剤の電子供与性は，吸着の強弱を決めるだけでなくダングリングボンドの終端すなわち表面の不活性化の良否を左右する。図9は電子供与性の異なる各種のアミンでキャッピングしたCdSeナノ結晶の蛍光強度をプロットしたものである[16]。電子供与性の指標には次式で表されるpKaを使用した。

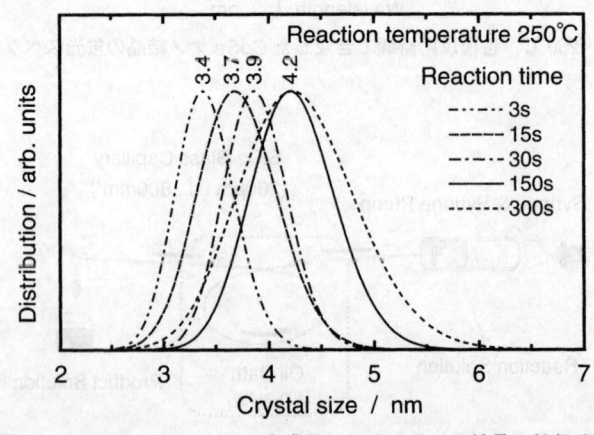

図7　マイクロリアクターで合成されたCdSeナノ結晶の粒径分布

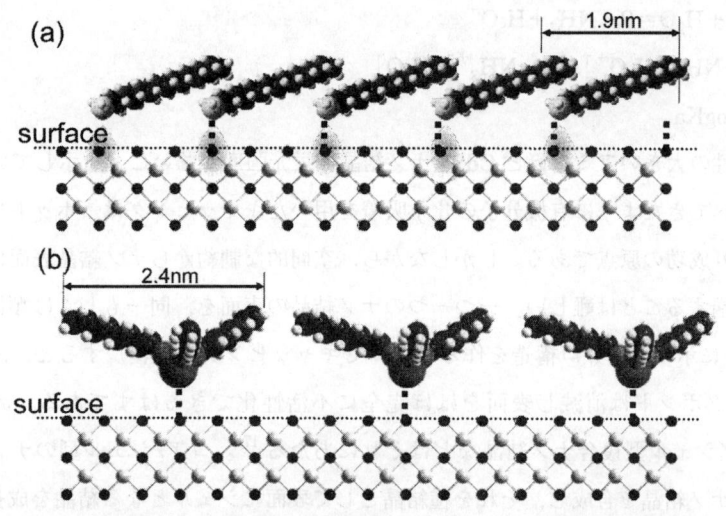

図8 模式的に表した化合物半導体表面へのキャッピング剤の吸着の様子
(a) ヘキサデシルアミン (HDA), (b) トリオクチルホスファイト (TOOP) の場合。大きなTOOP分子の場合, 隣接する分子間でアルキル鎖の接触を避けるため, 表面原子の一部しかキャッピングされない様子がわかる。

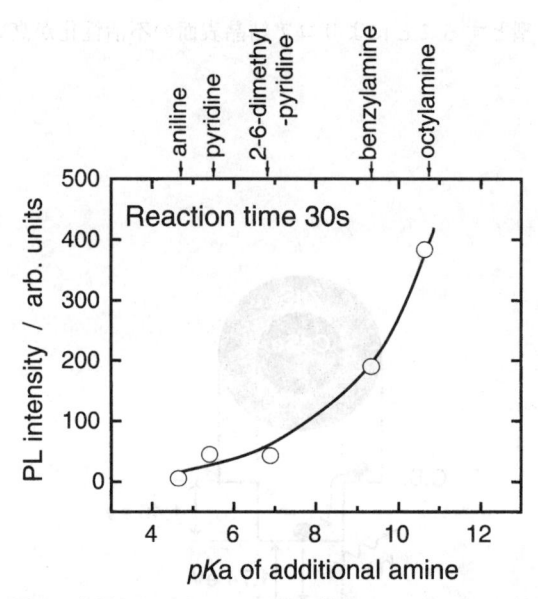

図9 pKa の異なる各種アミンをキャッピング剤とした CdSe ナノ結晶の蛍光強度

$$R-NH_3^+ + H_2O = R-NH_2 + H_3O^+ \quad (1)$$
$$Ka = [R-NH_2][H_3O^+]/[R-NH_3^+][H_2O] \quad (2)$$
$$pKa = -\log Ka \quad (3)$$

図は電子供与性の大きいアミンほど CdSe ナノ結晶の蛍光強度が強いことを示している。

これまで述べてきたように有機分子の化学吸着を用いたキャッピングは，ホットソープ法の大きな特徴であり成功の原点である。しかしながら，空間的な制約からナノ結晶表面に露出した全ての原子を終端することは難しい。一つ一つのナノ結晶の表面を，同一もしくは類似の結晶構造を有し，図10に示す量子井戸構造を作る半導体でキャッピング（被覆）すると，内側の半導体のダングリングボンドは消滅し表面をほぼ完全に不活性化できるはずである。例えば CdSe/ZnSe のコア／シェル型複合ナノ結晶などはそれにあたる[17]。コア／シェル型のナノ結晶は，まずコアとなるナノ結晶を合成し，それを種結晶として表面にシェルとなる結晶を成長させれば完成する。ホットソープ法で得られるナノ結晶は，表面が有機分子のキャッピング剤により覆われており，粉末として回収した後でも有機溶媒中に再び分散しコロイド溶液を生成する。合成したコア結晶をシェル結晶の原料溶液中に分散した後反応を行なうと，コア結晶の表面にシェル結晶がエピタキシャル様に成長し，コア／シェル型の複合ナノ結晶が得られる。コア／シェル型 CdSe/ZnS や CdSe/ZnSe 複合ナノ結晶では蛍光量子効率が80％以上もの高輝度が達成されており[17]，コア／シェル型とすることによりコア結晶表面の不活性化が高いレベルで実現されていることがわかる。

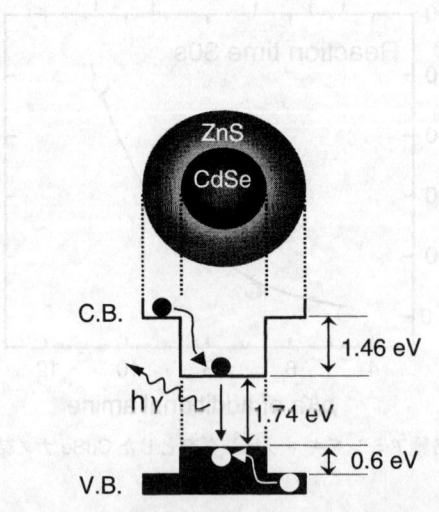

図10 コア／シェル型の CdSe/ZnS における量子井戸構造の模式図
電子と正孔はエネルギー的に安定な CdSe 内に閉じ込められ，再結合はコアの CdSe 内で起きる様子が示されている。ZnS と CdSe のバンドオフセットは文献[29]の値を用いた。

3.4 ホットソープ法の最前線と今後の課題

ホットソープ法により合成されるCdSeおよびコア／シェル型のCdSe/ZnSナノ結晶は可視光の蛍光体として優れた性能を有し，表示素子などへの応用が期待されている。しかしながら，カドミウムは毒性が高くCdSeをベースとした蛍光体は民生機器に搭載できそうもないという障害がある。毒性の高い元素を含まない直接遷移型半導体のナノ結晶により，この問題の解決を目指す研究が進展している。(In, Ga)P[18～21]やCuInS$_2$[22,23]がその候補物質である。ホットソープ法に限らず多くの液相法では，不定比性の小さい化合物は容易に合成できるが，CuとInの広い組成範囲においてカルコパイライト型もしくは閃亜鉛鉱型の化合物が生成するCuInS$_2$のような化合物を化学量論組成で合成するのは難しい。そのような場合に便利なのが前述のsingle-source precursorである。CuInS$_2$の場合には(PPh$_3$)$_2$CuIn(SEt)$_4$が用いられ[22]，熱分解によりCuとInは常に同量が反応に供給されるので，化学量論組成のCuInS$_2$が合成できる。一方で，図4に模式的に示した可逆的な熱解離による原料供給と異なり，熱分解反応は不可逆的で比較的急激に進行する。このような場合，ゆっくりと結晶が成長し欠陥の少ない良質なナノ結晶が得られるという，ホットソープ法の特徴は活かされない。多元系で不定比性の大きな化合物半導体の良質なナノ結晶を合成するには更なる工夫が必要である。

ホットソープ法により合成されるナノ結晶は有機溶媒に容易に分散が可能であり，ポリマーなどとの複合体を作製するのに適した蛍光体の粉末である。これまで報告されている半導体ナノ結晶を用いた発光素子では，ナノ結晶蛍光体をポリマーなどと複合化しスピンコートやディップコートにより薄膜化して使用されている[24,25]。素子全体の長寿命化の視点にたつと，無機化合物のみからなる素子構造が好ましい。ごく最近報告されたナノ結晶のコロイド溶液をイオンビームとし薄膜化する方法[26]を用いると，そのような素子の実現が近づくのかもしれない。

3.5 おわりに

本節では，ナノ蛍光体の合成方法の一つと知られるホットソープ法について紹介した。ホットソープ法は化合物半導体のナノ結晶蛍光体を中心に展開されてきた合成方法であり，それとの関係を無視してホットソープ法を理解することは難しい。このため本節ではホットソープ法により合成される化合物半導体のナノ結晶蛍光体に関する記述がかなりの部分を占めることとなった。合成法の具体例の詳細は，本文中に挙げた文献や成書[27]を参照していただきたい。なお，ホットソープ法で希土類イオンを発光中心としたナノ結晶蛍光体を合成した例もある。それらについても文献[28]を参照されたい。

文　献

1) M. L. Stegerwald and L. E. Brus, *Acc. Chem. Res.* 23, 183 (1990)
2) L. E. Brus, *J. Chem. Phys.*, 79, 5566 (1983)
3) L. E. Brus, *J. Chem. Phys.*, 80, 4403 (1984)
4) A. Henglein and M. Gutierrez, *Ber. Bunsenges. Phys. Chem.*, 87, 852 (1983)
5) R.Rossetti et al., *J. Chem. Phys.*, 82, 552 (1985)
6) C.B.Murray et al., *J. Am. Chem. Soc.*, 115, 8706 (1993)
7) N. Pradham et al., *J. Phys. Chem. B*, 107, 13843 (2003)
8) P.D.Cozzoli et al., *J. Phys. Chem. B*, 107, 4756 (2003)
9) O.I.Micic et al., *Appl. Phys. Lett.*, 75, 478 (1999)
10) H. Nakamura et al., *Chem. Lett.*, 1072 (2002)
11) H. Nakamura et al., *Chem. Commun.*, 2844 (2002)
12) T. Omata et al., *Jpn. J. appl. Phys.*, 44, 452 (2005)
13) http://www.invitrogen.com/
14) http://www.evidenttech.com/
15) http://www.ns-materials.com/
16) K. Nose et al., *J. Lumi.*, 126, 21 (2007)
17) D.V. Talapin et al., *Nano Lett.*, 1, 207 (2001)
18) D.W. Lucey et al., *Chem. Mater.*, 17, 3754 (2005)
19) D.V. Talapin et al., *J. Phys. Chem. B*, 106, 12659 (2002)
20) O.I. Micic et al., *Appl. Phys. Lett.*, 78, 4022 (2001)
21) O.I. Micic et al., *J. Lumi.*, 70, 95 (1996)
22) S.L. Castro et al., *J. Phys. Chem. B*, 108, 12429 (2004)
23) H. Nakamura et al., *Chem. Mater.*, 18, 3330 (2006)
24) H. Mattoussi et al., *J. Appl. Phys.*, 83, 7968 (1998)
25) S. Coe et al., *Nature*, 420, 800 (2002)
26) S. Kobayashi et al., *Jpn. J. Appl. Phys.*, 46, L 392 (2007)
27) G. Schmid (Ed.), "Nanoparticles: From Theory to Application", John Wiley & Sons, New York (2004)
28) H. Wang et al., *Adv. Mater.*, 17, 2506 (2005)
29) S. -H.Wei and A. Zunger, *Appl. Phys. Lett.*, 72, 2011 (1998)

4　超臨界水熱法

大原　智[*1]，名嘉　節[*2]，阿尻雅文[*3]

4.1　はじめに

　水の物性は，臨界点近傍で大きく変化し，そのため水中での反応の平衡や速度も大きく変化する。また，この物性変化にともない相の状態も大きく変化する。さらには，ガスとも均一相を形成する。筆者らは，この超臨界場を水熱合成の反応場とすることで，金属酸化物微粒子合成に今までにない特性が期待できると考え研究開発を進めてきた。これまでの研究を通して，ようやく超臨界水熱合成法の特徴も明らかとなり，広い分野への適用性も示すことができるようになってきた。ここでは，超臨界水熱合成法について，その原理と特徴，特にナノ粒子生成メカニズムについて述べる。

4.2　超臨界水の物性と相挙動

　相の状態は分子間ポテンシャルエネルギーによる凝集構造（液相）形成と熱運動エネルギーによる無秩序化（気相）の大小関係により決まる。温度が低く分子運動エネルギーがポテンシャル深さより低い場合，分子間距離を短くすると，分子間引力により液相を形成する。したがって，気体を圧縮していくと凝縮が生じる。ところが，ある温度以上では任意の分子間距離で分子間ポテンシャルエネルギーに比して，運動エネルギーが大きくなる。このため，流体を圧縮しても液化せず，臨界圧力以上では高密度のガス状態となる。この非凝縮性流体が超臨界流体である。臨界点は物質に固有の値であり，水の臨界温度は，374℃，臨界圧力は，22.1 MPaである。水の密度の温度，圧力依存性を図1に示す。臨界点以下では気液間の相転移が生じるが，臨界点以上では，凝縮が生じず，流体密度が圧力とともに連続的に変化する。臨界点近傍では若干の温度，圧力変化にともない密度が大きく変化することが分かる。流体物性は，分子間相互作用で決まり，分子間距離すなわち密度の直接の関数であるから，水の流体物性は，臨界点近傍では液体状態から気体状態まで連続的にしかも大きく変化する。一例として，相挙動，反応平衡・速度や溶解度の支配因子の一つである誘電率を図2[1)]に示す。水は，分子間の水素結合を組み，大きなクラスター構造を形成している。それが室温の水が78という極めて大きな誘電率を示す要因であり，水素結合性とともに水の極性溶媒としての重要な特性となっている。温度を上げると水分子の運動が激しくなり，液相の水のクラスター構造は崩壊し，それとともに誘電率も低下する。図

---

* 1　Satoshi Ohara　東北大学　多元物質科学研究所　助教
* 2　Takashi Naka　東北大学　多元物質科学研究所　准教授
* 3　Tadafumi Adschiri　東北大学　多元物質科学研究所　教授

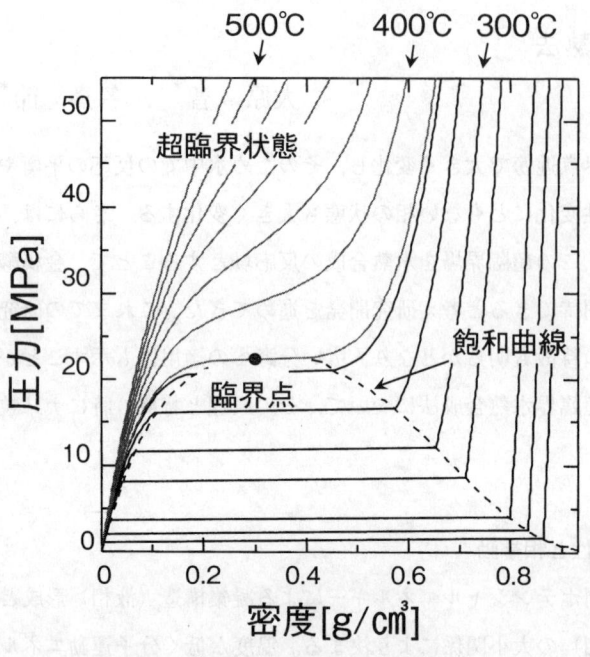

図1 水の密度の温度，圧力依存性

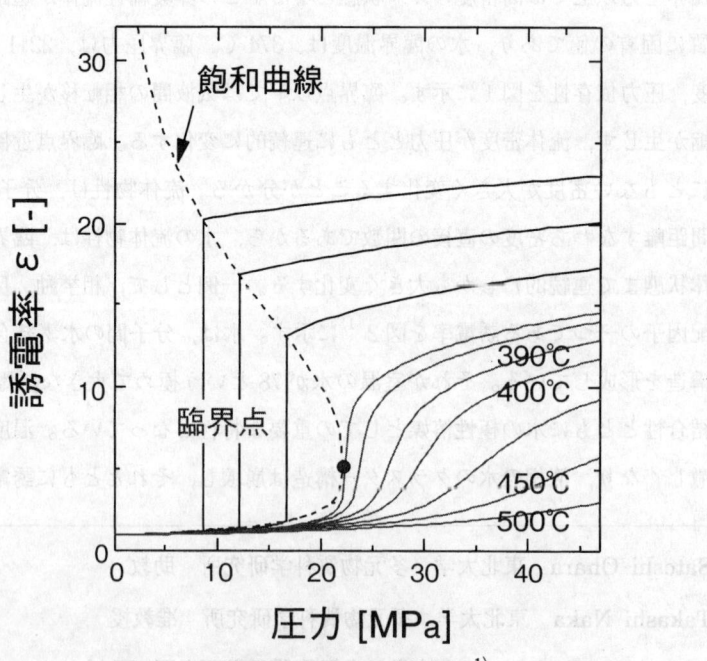

図2 水の誘電率の温度，圧力依存性[1]

図3 水と気体の2成分系の相挙動

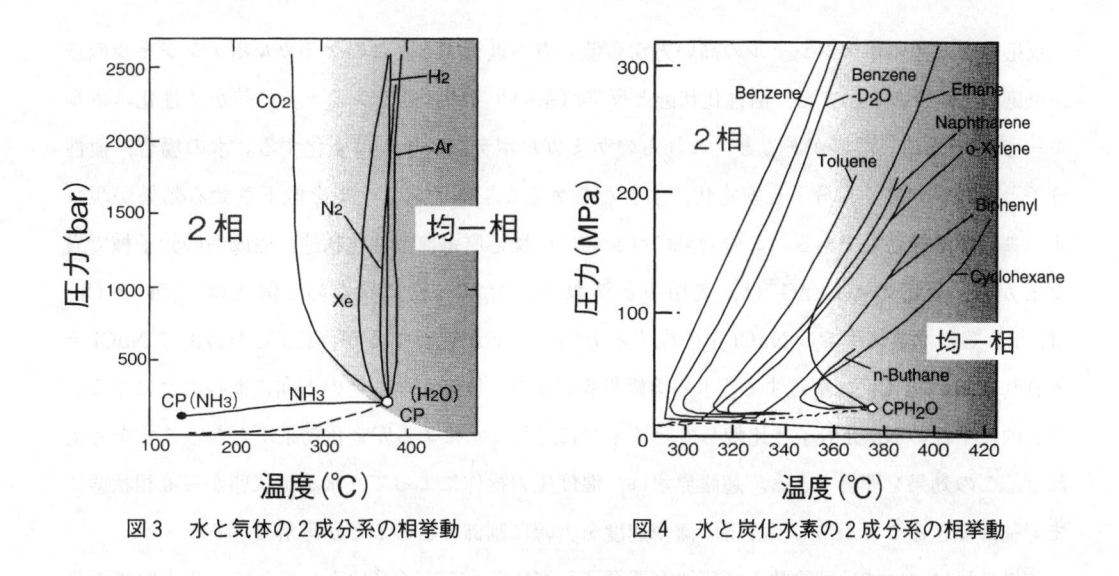

図4 水と炭化水素の2成分系の相挙動

2に示すように，一定圧力下では温度上昇とともに誘電率は低下し，また臨界点近傍で急激に低下する。超臨界水の誘電率は2～10程度と非極性の有機溶媒と同程度であり，「水」らしさが失われていることが理解できる。また，図1の密度と同様，水の誘電率は臨界点近傍で大きく変化する。後述するように，超臨界水中での反応，溶解度の大きな変化は，この誘電率の変化が要因である。

水の臨界点近傍での水－ガス2成分系の相挙動を図3[2)]に，また，水－有機物質2成分系の相挙動を図4に示す。図に示す曲線は，気液の臨界軌跡であり，より高温（曲線の右側）の領域では2成分が任意の組成で均一に混合することを示している。室温下で，水に気体を吹き込めば気泡となる。しかし，高温・高密度の水蒸気状態の超臨界水と気体とは完全に混合する。超臨界水が高密度の水蒸気状態であることを考えれば，気体と均一相を形成することも理解できる。この相挙動が超臨界水熱合成において酸化・還元場を制御するための重要な特性となる。また，「水と油」という表現は交じり合わないことを意味する慣用句であるが，高温高圧の状態では水と油は均一相を形成する。これは，高温場で水の誘電率が有機溶媒程度にまで低下し，「水」らしさが失われるためである。

4.3 高温高圧水中での化学平衡と酸化物の溶解度

金属塩水溶液を加熱すると平衡は水酸化物，酸化物側にシフトする。水熱合成反応は，加水分解と脱水反応と考えることができる。この平衡のシフトを利用して（水）酸化物を合成する手法が水熱合成法である。ここで紹介する超臨界水熱合成は，この水熱合成の反応場として超臨界水を用いるものである。

反応はケミカルポテンシャルの高い方から低い方へ進行する。このケミカルポテンシャルの差が反応の ΔG である。また，活性化状態と反応原系のケミカルポテンシャルの差が活性化エネルギー $\Delta G^{\#}$ である。溶媒があると，これらのケミカルポテンシャルは変化する。水の場合，極性分子と親和性が高く，分子を安定化，すなわちケミカルポテンシャルを低下させる効果が現れる。これが溶媒効果である。この効果の度合いは，反応原系，活性化状態，生成系の分子種で異なるから，反応の ΔG, $\Delta G^{\#}$ は，気相中と溶媒中とでは一般に異なる。例えば，Na^+ と Cl^- は，100 ℃の水蒸気中では NaCl を生成する方向に反応が進行するが，100 ℃のお湯に NaCl を入れれば Na^+ と Cl^- に解離する。水の溶媒効果により，反応が全く逆の方向に進むことになる。電気的に中性の NaCl 分子と比較して，イオンに対して水による安定化効果が大きいことを考えれば，この効果を理解できる。超臨界水は，温度圧力操作によって，水蒸気状態から液相状態にまで制御できることからも，反応平衡や速度を大幅に制御できることが理解できる。

溶媒効果については理論的な評価法が開発されている[3]。広く受け入れられている水中での反応平衡の評価式として修正 HKF モデル[4]がある。このモデルでは，イオンの電荷の安定化（静電的効果）については，Born 式を用いて誘電率の関数として評価し，それ以外の効果は，経験式で表現している。推算に必要なパラメーターのデーターベースも充実している。修正 HKF モデルは，広く受け入れられているが，部分モル体積のパラメーターを入手できない系も多い。陶ら[5,6]は，水熱合成の評価に必要なイオン反応系については，静電的相互作用項の寄与が支配的

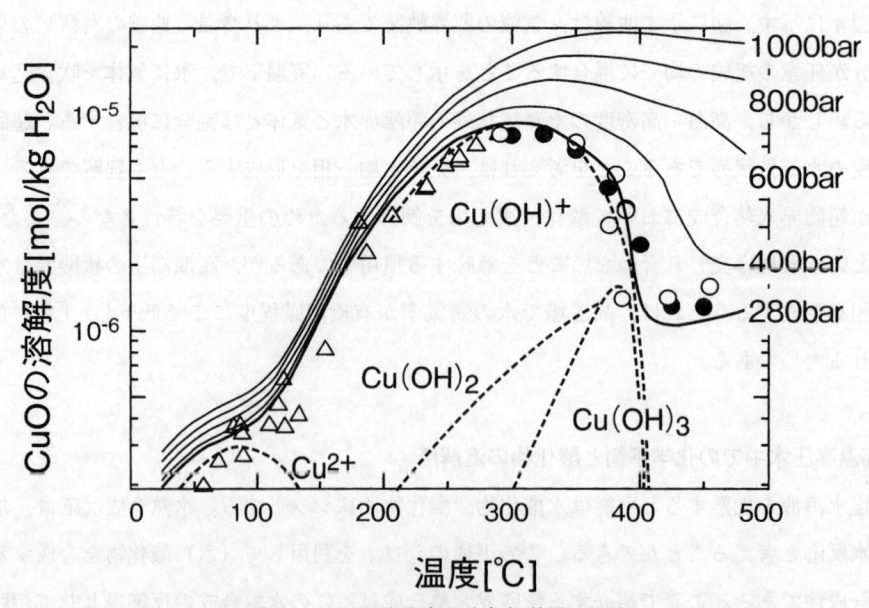

図5 CuO の溶解度と溶存化学種の推算
（図中の記号は実験結果（●陶ら，□および○Hearns ら））

であることに着目し，部分モル体積を含まない平衡定数評価式を新たに提案している。図5に液体の水から超臨界水中でのCuOの溶解度を示す。フィッティングパラメーターを一切用いなくとも溶解度を良好に実験結果を推算できている。図中には，推算した溶存化学種濃度も示している。反応平衡が温度とともに大きく変化し，それにともない溶存化学種分布も大きく変化している。臨界を越え，誘電率が低下すると電気的に中性の化学種が支配的となる。また，溶解度についてみると，温度の上昇とともにCuOの溶解度は増大するが，臨界温度近傍以上となると逆に大きく低下する。これも誘電率の急激な低下によるものである。この超臨界水中での低い溶解度は，水熱合成場の特性を支配する重要な特徴である。

4.4 急速昇温超臨界水熱合成装置

通常，水熱合成は，回分式装置（オートクレーブ）を用いて実験することがほとんどである。原料を仕込んだ後，反応器を昇温させて水熱合成を行う。しかし，この方法では，昇温中に水熱合成反応が進行してしまうので，最終的に超臨界条件となっても，得られる生成物は昇温時に生成した反応物を含んでしまう。そこで，昇温中の反応の影響を排除するために，図6に示すような流通式急速昇温反応装置を開発した[7]。金属塩水溶液を高圧送液ポンプにより供給し，別のラインから高温電気炉で加熱して得られた超臨界水を供給・接触させる。この方法で原料液は，急速に超臨界状態にまで昇温され，超臨界水中で水熱合成反応が生じる。反応器出口部では外部水冷し，生成した粒子はインラインフィルターで回収する。系内の圧力は，出口部の背圧弁により

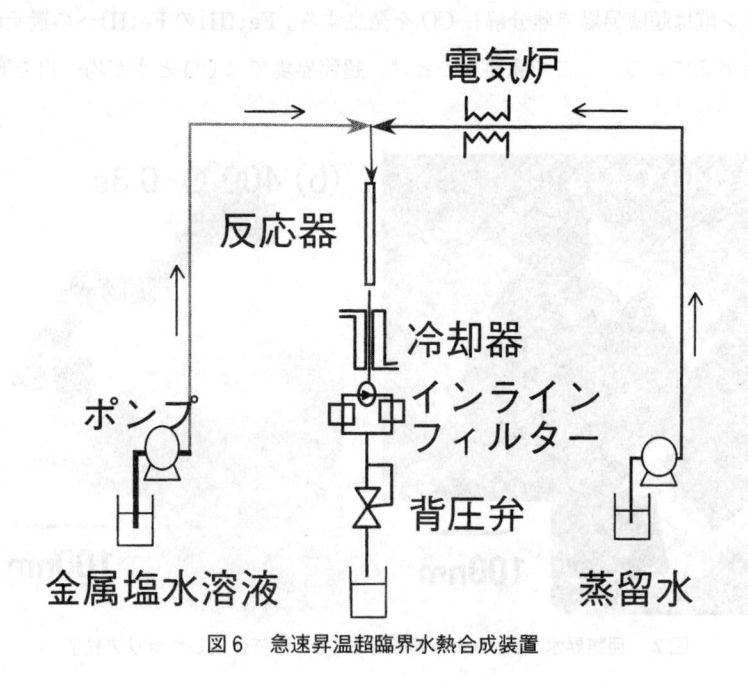

図6　急速昇温超臨界水熱合成装置

制御される。ナノ粒子合成の場合には，フィルターを通り抜け，背圧弁から回収される。この2流路混合型の流通式装置を用いることで，急速昇温が可能となることに加え，反応温度・反応時間を精密に制御することができ，ナノ粒子の高効率・高再現性・連続的な大量合成が実現できる。

4.5 超臨界水熱合成法の特徴

上述した流通式急速昇温反応装置を用いて行なった実験結果を，次に幾つか紹介する。単成分系の金属酸化物ナノ粒子のみならず，複合酸化物の合成も可能である。磁性材料（バリウムヘキサフェライト）[8]，蛍光体材料（YAG：Tb）[9]，リチウムイオン電池正極材料（$LiCoO_2$）[10]等の合成に成功し，本手法の応用分野の広さを示唆している。また，得られた粒子はほとんどの場合単結晶であり，図7に見られるように，亜臨界条件下で合成した場合と比較して粒子径は小さかった。この原因については後で考察したい。

臨界点近傍で反応条件を変えた時，得られたベーマイト粒子はひし形板状，六角板状，剣状，ひだのついたフットボール状と大きく変化した。結晶成長面は，溶存化学種により大きく影響を受けることが知られている。臨界点近傍では化学平衡が大きく変化するため，溶存化学種の分布も大きく変化する。臨界点近傍で様々な形状の粒子が得られたのは，この溶存化学種分布の変化によるものと考えている[11]。

クエン酸アンモニウム第二鉄水溶液を用いた場合，生成物はマグネタイト（Fe_3O_4）であった。この時，クエン酸は超臨界場で熱分解しCOを発生する。Fe(III)のFe(II)への還元は，このCOによるものと考えている。ここで重要なことは，超臨界場ではCOと水が均一相を形成すること

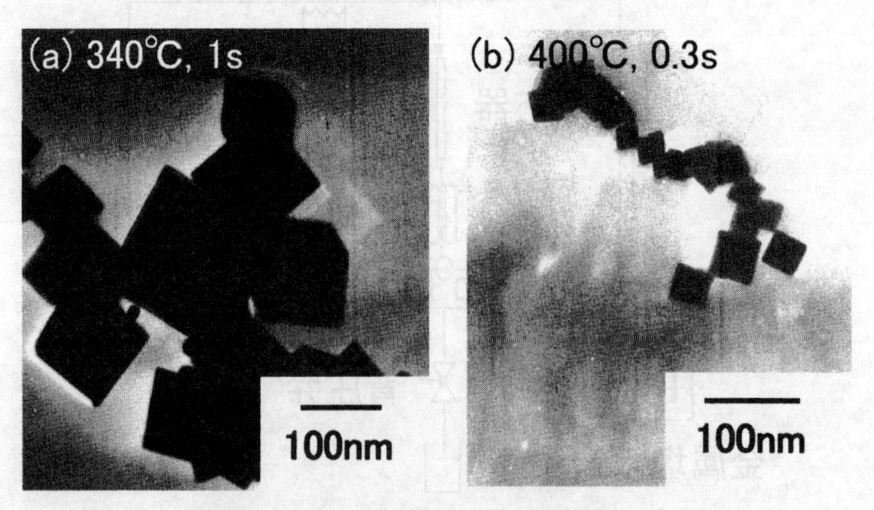

図7　亜臨界水（a）および超臨界水（b）中で合成したセリア粒子

である。これが，マグネタイトが単一相で得られた理由である。また，より積極的に H_2 を導入し還元反応場を形成させ，金属 Ni ナノ粒子を合成することにも成功している。

酸素を導入すれば酸化反応の制御も可能である。リチウムイオン電池正極材料（$LiCoO_2$）[10,12] の合成においては，$Co(NO_3)_2$ 水溶液と LiOH 水溶液を原料とした。安定に入手できる硝酸コバルトは2価であるのに対し，生成物 $LiCoO_2$ の Co は3価であり酸化を行なう必要がある。そこで過酸化水素を酸化剤として用いた。過酸化水素は高温場で熱分解し，酸素ガスと水が生成するが，超臨界条件下では均一相を形成するから良好な酸化反応場を期待できる。臨界温度以上の400 ℃の合成温度では，$LiCoO_2$ を単一相で合成できた。一方，臨界温度以下の300 ℃，350 ℃においては，主生成物は Co_3O_4 であった。生成物全体の Co の平均価数は2.5であり，十分な酸化が達成されていないことを示している。これは，亜臨界水中では酸素ガスが水溶液系と均一相を形成しないためと考えている[13,14]。$Mn(NO_3)_2$＋LiOH 水溶液からの $LiMn_2O_4$ 合成実験においても同様の結果が得られている。

超臨界水熱合成で得られた $LiCoO_2$ 粒子を電子線回折した結果，ドットが現れており単結晶であることが確認された。全ての系について確認はしていないが，非常にシャープなX線回折パターンを有し，また，TEM 観察結果は結晶面が明確なものが多いことから，合成粒子の高い結晶性は超臨界水熱合成の特徴の一つと考えている。$LiMn_2O_4$ 粒子を正極材料とした場合の充放電特性では，充放電を繰り返すと少しずつ電池容量が低下することが知られている。超臨界水熱法により合成された粒子は，通常の固相法により製造された粒子と比較し，充放電のサイクルにともなう電気容量の低下度が低い。これは，得られた粒子の結晶性の高さに起因するものと考えている[13]。蛍光体材料（YAG：Tb）[9] 合成で得られた粒子の蛍光強度を評価したところ，通常行なう熱処理を行わなくても，比較的高い蛍光強度が得られていた。また，磁性材料（バリウムヘキサフェライト）[8] について熱重量分析を行ったところ，亜臨界条件で得られた粒子と比較して，水の脱離がほとんど見られなかった。一般に，粉体の結晶性の向上や表面処理を目的として，熱処理が行われることがあるが，超臨界水熱法によれば，粒子合成時に *in-situ* で熱処理効果が加わっているものと考えている。

4.6 超臨界水中でのナノ粒子生成機構

表1に示すように，本手法により得られたナノ粒子は，10 nm～数10 nm 程度であった。図6の装置と同じ装置を用い，同じ濃度，同じ流速条件下で亜臨界水中での実験を行なったところ，図8に示すように，より大粒径の粒子が得られた[15]。また，反応管体積を大きくし，処理時間を長くしたところ，超臨界水熱合成では粒子径に変化は見られなかったが，亜臨界条件下では処理時間とともに粒子成長が見られた。これは，溶解度のより高い亜臨界水中ではオストワルドラ

表1　超臨界水熱法により合成されたナノ粒子

Starting Materials	Products	Particle size [nm]	Morphology
$Al(NO_3)_3$	AlOOH	$80 \sim 1,000$	hexagonal plate rhombic needle-like
$Fe(NO_3)_3$	α-Fe_2O_3	~ 50	spherical
$Fe_2(SO_4)_3$	α-Fe_2O_3	~ 50	spherical
$FeCl_2$	α-Fe_2O_3	~ 50	spherical
$Fe(NH_4)2H(C_6H_5O_7)_2$	Fe_3O_4	~ 50	spherical
$Co(NO_3)_2$	Co_3O_4	~ 100	octahedral
$Ni(NO_3)_2$	NiO	~ 200	octahedral
$ZrOCl_2$	ZrO_2(cubic)	~ 20	spherical
$Ti(SO_4)_2$	TiO_2	~ 20	spherical
$TiCl_4$	TiO_2(anatase)	~ 20	spherical
$Ce(NO_3)_3$	CeO_2	$20 \sim 300$	octahedral
$Fe(NO_3)_3, Ba(NO_3)_2$	$BaO \cdot 6Fe_2O_3$	$50 \sim 1,000$	hexagonal plate
$Al(NO_3)_3, Y(NO_3)_3, TbCl_3$	$Al_5(Y+Tb)_3O_{12}$	$20 \sim 600$	dodecahedral

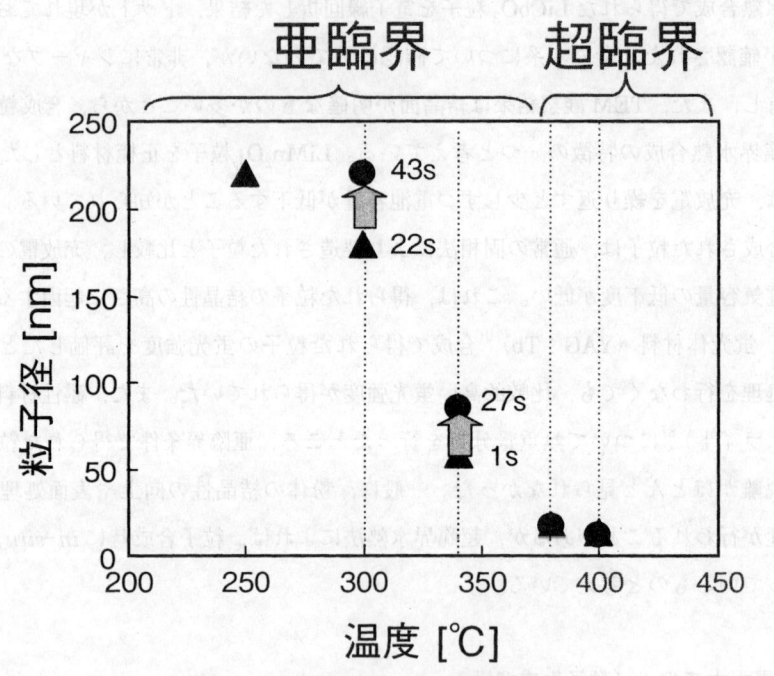

図8　粒子径の温度，反応時間依存性

イプニング（微小粒子の溶解，大粒子上への再析出）が生じるためである[16,17]。

　反応管体積をより小さくして，水熱合成反応と反応時間との関係より反応速度を評価した。図9にアレニウスプロットを示す[15]。亜臨界条件下では反応速度のアレニウスプロットは直線で表わされたが，超臨界水中では反応速度が飛躍的に増大した。水熱合成反応は，すでに説明した

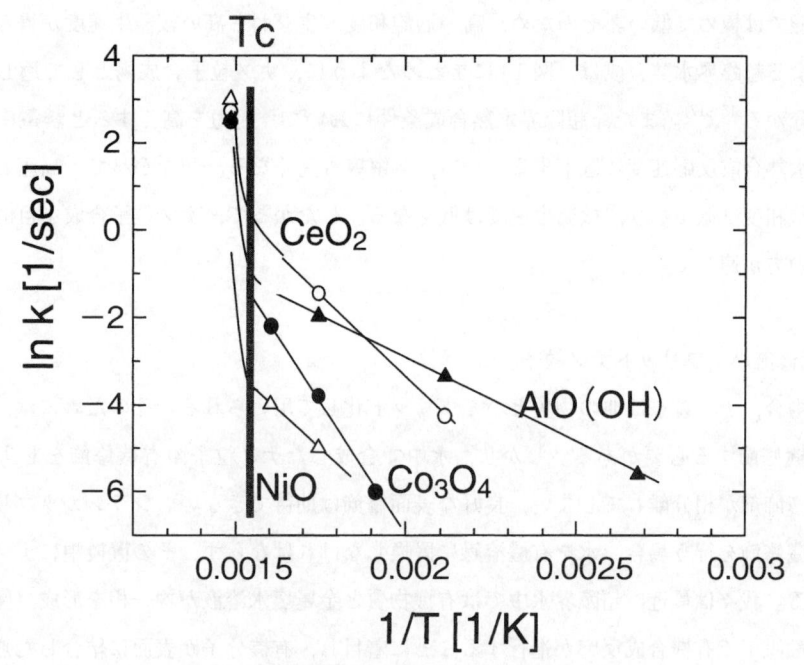

図9 水熱合成反応速度のアレニウスプロット

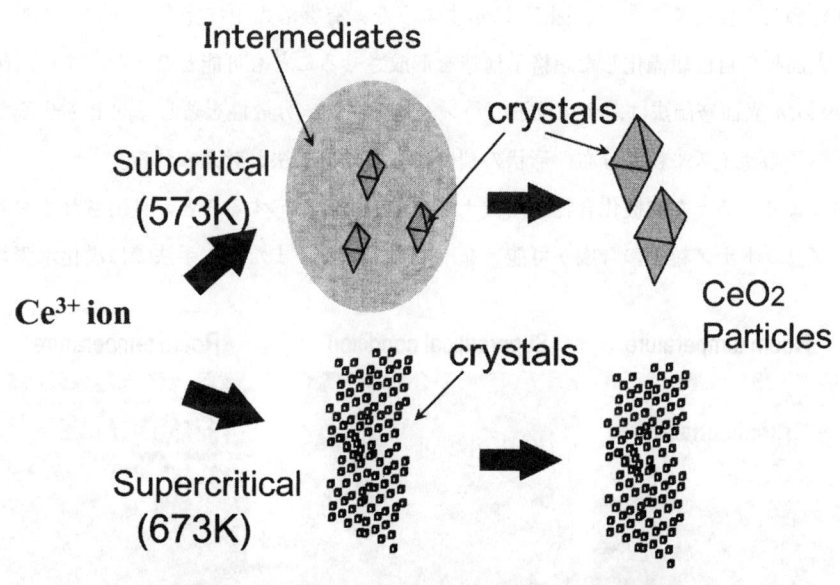

図10 亜臨界水および超臨界水中での粒子生成機構

ように，同じ温度では誘電率が低い方が進行しやすい。同一圧力で温度を変化させた場合，誘電率は臨界近傍以上で急激に低下するため，水熱合成反応速度は促進されることになる。

混合部で超臨界状態まで急速昇温された溶液は高速に反応する一方，生成物に対する溶解度は

超臨界状態では極めて低い。そのため，高い過飽和度，すなわち高い核発生速度が得られる。急速昇温による超臨界水熱合成は，図10にまとめたように，ナノ粒子合成場として適した場であることが分かる[15~17]。また，超臨界水熱合成条件において，圧力を高くすると誘電率が高くなるから，水熱合成反応速度は低下する。一方，溶解度も高くなる。したがって，高圧とすると得られる過飽和度は低くなり，核発生速度は低くなる。したがって，ナノ粒子合成を目的とする場合，低圧の方が適している。

4.7 表面修飾ハイブリッドナノ粒子

多くの場合，ナノ粒子は他の物質とハイブリッド化して用いられる。そのためには，ナノ粒子表面を有機修飾する必要がある。しかし，水中で合成したナノ粒子の有機修飾をしようとしても，水と修飾剤が相分離してしまい，良好な表面修飾は期待できない。シランカップリング剤を用いて有機修飾を行う場合，水を有機溶媒に置換しなければならず，その置換中にナノ粒子の凝集が生じる。我々は最近，超臨界水中では有機物質と金属塩水溶液が均一相を形成（図4）し，かつ，無触媒下で有機合成反応が進行することに着目し，有機分子が表面に結合した無機ナノ粒子（ハイブリッドナノ粒子）を創製しうることを初めて見出した[18,19]。この方法（図11）により，有機修飾基を変えることで，図12に示すような，有機溶媒中に完全に分散（透明）させることや，大面積で自己組織化した超格子構造を形成させることも可能となった。また，超臨界水熱合成 in-situ 表面修飾法は，ナノ粒子のハンドリング性，分散性を著しく向上させるだけでなく，ナノ粒子のサイズや粒度分布，形状の制御にも有効な手法と考えられる。

本手法により，様々な有機化合物が無機ナノ粒子表面と反応することが見出されており，高機能なハイブリッドナノ粒子の合成が可能となってきている。また，本手法では炭化水素類以外に

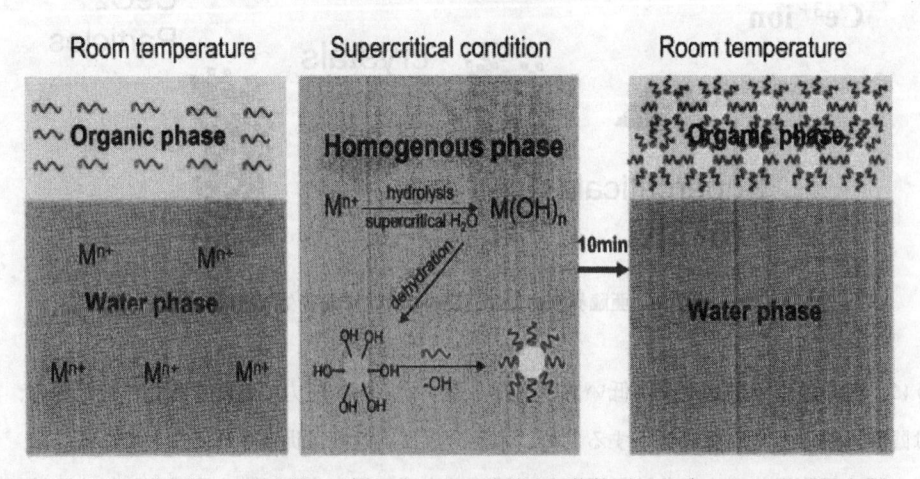

図11　超臨界水熱法による無機ナノ粒子の in-situ 有機表面修飾（ハイブリッドナノ粒子合成）

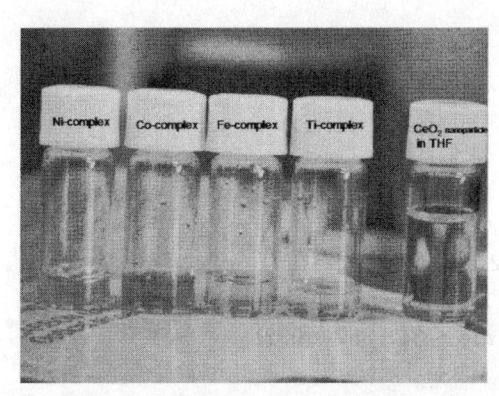

第1章 ナノ蛍光体の合成方法

図12 完全分散ハイブリッドナノ粒子 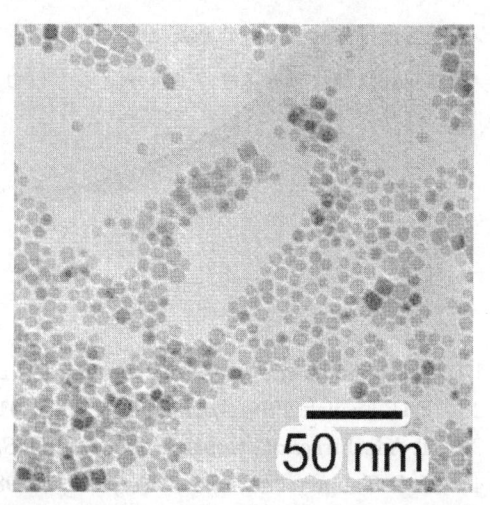　　図13 バイオイメージング用ハイブリッドナノ粒子

も，アミノ酸やペプチド等の生体分子による表面修飾が可能であり，基礎研究を精力的に進めている。また，表面修飾基を制御することで，水中への分散を制御することもできる。すなわち，DDS等，医療応用への高い成果が期待される。図13は医療応用を目指した蛍光イメージング用表面修飾 $GdVO_4$：Eu ナノ粒子である。また，中性子線を捕捉しγ線を放射するガドリニウムを利用した，癌中性子捕捉療法DDS用Gd系ハイブリッドナノ粒子の合成にも成功している。粒子サイズを30 nm程度に制御し，かつ表面修飾により血中分散性および生体親和性を付与することにより，腫瘍への蓄積量の増大が確認できている[20]。

4.8 おわりに

超臨界水熱合成は，従来の水熱合成にはない新たな特性，すなわち，ナノ粒子合成，形状制御，酸化・還元反応制御，さらには *in-situ* 熱処理といった特性が得られ，広い分野への展開が期待される。現在，世界各国で研究開発が進められ，学術領域が出来上がっているだけでなく，すでに韓国では実用化に至っている。従来，新材料創成は，いかに新物質を合成するか（Synthesis）に力点がおかれていた。しかし，ナノテクノロジーにおいては，サイズ，形状，構造の制御が重要となる。そのため，開発の中心がSynthesisからProcessing，Fabricationにシフトしている。すなわち，新たなプロセスの発案が新材料創成の「鍵」となると考えている。

一方，ナノ粒子を合成できても，最終製品の製造のために，回収やハンドリング，樹脂中への分散，配列・コーティングといった後段のプロセスにも革新的技術を要求するようでは，ナノテクによる産業の変革は限られたものとなってしまう。最後に紹介したハイブリッドナノ粒子は，目的とする最終製品の機能・構造を発現させ，また，その製造のためのハンドリング・プロセッ

シングも最適に行える理想形だと考えている。また，ハイブリッドナノ粒子は，ナノバイオテクノロジーの展開に繋がるナノビルディングブロック創製の可能性を示唆している。

文　献

1) M. Uematsu *et al.*, *J. Phys. Chem.*, 81, 1822 (1980)
2) E.U. Franck, *Pure Appl. Chem.*, 53, 1401 (1981)
3) T. Adschiri *et al.*, *Supercritical Fluids, Springer*, 347-357 (2002)
4) J. C. Tanger *et al.*, *Am. J. Sci*, 288, 19-98 (1998)
5) K. Sue *et al.*, *J. Chemical & Engineering Data*, 44, 1422-1426 (1999)
6) K. Sue *et al.*, *Industrial & Engineering Chemistry Research*, 41, 3298-3306 (2002)
7) T. Adschiri *et al.*, *J. Am. Ceram. Soc.*, 75, 1019-1022 (1992)
8) Y. Hakuta *et al.*, *J. Am. Ceram. Soc.*, 81, 2461-2464 (1998)
9) Y. Hakuta *et al.*, *J. Mater. Chem.*, 9, 2671-2674 (1999)
10) 阿尻雅文ほか，ナノ粒子の製造法　超臨界水を利用したナノ粒子の作製，新材料シリーズ ナノ粒子の製造・評価・応用・機器の最新技術，シーエムシー出版，編集：小泉光恵，奥山喜久夫，目義雄，30-39（2002）
11) T. Adschiri *et al.*, *J. Am. Ceram. Soc.*, 75, 2615-2618 (1992)
12) Y. Hakuta *et al.*, *Fluid Phase Equilibiria*, 158-160, 733-742 (1999)
13) K. Kanamura *et al.*, *Electrochem. Solid-State Lett.*, 3, 256-258 (2000)
14) T. Adschiri *et al.*, *High Pressure Research*, 20, 373-384 (2001)
15) T. Adschiri *et al.*, *J. Nanoparticle Research*, 3, 227-235 (2001)
16) Y. Hakuta *et al.*, *J. Mater.Sci. Lett.*, 17, 1211-1213 (1998)
17) T. Adschiri *et al.*, *Industrial & Engineering Chemistry Research*, 39, 4901-4907 (2000)
18) T. Mousavand *et al.*, *J. Mat. Sci.*, 45, 1445 (2006)
19) J. Zhang *et al.*, *Adv. Mater.*, 19, 203 (2007)
20) 佐々木隆史ほか，粉体工学会誌，43，440（2006）

5 ソルボサーマル法

細川三郎[*1], 井上正志[*2]

5.1 ソルボサーマル法

　水熱(hydrothermal)法とは，液体として（または臨界状態）の水の存在下，その沸点以上の温度での反応処方を意味し，従って水熱反応は，密閉加圧容器内での反応ということになる。ソルボサーマル(solvothermal)反応はその言葉の成り立ちから考えると，液体状態（または超臨界状態）にあるあらゆる媒体中での加熱反応を意味することになる。従って，媒体には水（水熱法）やNH_3やHFなど無機系化合物からアルコールやグリコールなど有機化合物まで含まれる。ソルボサーマル反応は本来は，媒体の沸点以上の温度での反応を意味するが，液体としての媒体の物性は沸点前後で連続的に変化するため，本質的には沸点以上か沸点以下かを区別する理由はない。また，液体中での反応の場合，その液体の物性に対する圧力の効果は極めて小さいため，密閉容器中（すなわち加圧反応）か否かを区別する本質的な理由もない。反応に対する圧力の効果を実証するためには通常GPaレベルの実験が必要である。ただし，反応系内に存在する低沸点不純物や，あるいは反応により生成する低沸点の副生成物が反応自体に影響を与える場合には圧力の効果が顕著にあらわれ，開放系での反応か密閉系での反応かにより，反応の様相が全く異なる場合がある。

　ソルボサーマル法，特に有機溶媒を用いる無機材料合成に関する報告が最近急激に増えている。その理由の一つは有機溶媒の多様性であり，トルエンのような無極性溶媒を用いた時とアルコールのような極性溶媒を用いた時では，反応機構が全く異なる場合があり，従って，用いる溶媒により生成物の物性が大きく変化する。現在，盛んに研究されているのは金属リン化物，窒化物，カルコゲニド等のソルボサーマル合成であるが，ソルボサーマル法による無機材料合成に関する報告は今後も増えることが予想される。著者らは，グリコールを溶媒に用いるソルボサーマル反応をグリコサーマル反応と呼び，特にグリコサーマル反応による材料合成の検討を続けてきた。このグリコサーマル反応を含むソルボサーマル反応で得られる生成物は，通常よく結晶化した超微粒子である。その粒子径の分布は狭く，粒子径が均一な単分散粒子が得られる場合もある。添加剤を反応系内に加えることで，その添加剤を特定の結晶面に吸着させて，その面の結晶成長を阻害することにより，特異な形態を有する化合物を合成することも可能である。また，水熱法と比較して低温で結晶が得られる場合や準安定相が生成する場合もある[1,2]。本節では，有機溶媒中でのソルボサーマル法による酸化物合成について紹介する。

---

*1　Saburo Hosokawa　京都大学大学院　工学研究科　物質エネルギー化学専攻　助教
*2　Masashi Inoue　京都大学大学院　工学研究科　物質エネルギー化学専攻　教授

5.2 ソルボサーマル法による酸化物の合成

イオンの還元電位が低い金属は，容易に水やアルコールにより酸化される。金属を水熱条件下で酸化する反応は材料合成としても検討されてきた。

$$M + H_2O \longrightarrow MO + H_2 \uparrow$$

例えば，金属アルミニウムを水熱酸化すると，反応条件により常法では得られない多様な構造を持つ生成物が得られることが報告されている[3]。反応が極めて大きいドライビングホースを持つためと説明されている。同様に金属をアルコール中で酸化すると興味ある生成物が得られる場合がある。例えば，Ce金属を酸化皮膜が付いたまま，2-メトキシエタノール中250-300℃で反応させ，酸化皮膜に由来する粗粒のCeO_2を除去すると，粒径2 nmのセリア超微粒子を含む濃褐色透明な溶液（コロイド溶液）が得られる[4]。この溶液に水を加えると変化は起こらないが，食塩等の電解質溶液を加えると直ちに沈殿が生成する。同様の処方で，Sm_2O_3，Yb_2O_3でも約3 nmの超微粒子を含むコロイド溶液が得られる。この反応のメカニズムは，酸化皮膜が高温で溶解し，金属と溶媒が急激に反応してアルコキシドを生成し，その濃度が極めて高くなるため，酸化物の結晶核が爆発的に発生し，コロイド溶液が得られると考えられる。

$$2\,RE + 6\,ROH \longrightarrow 2\,RE(OR)_3 + 3\,H_2$$

$$2\,RE(OR)_3 \longrightarrow RE_2O_3 + 3\,ROR$$

金属表面の酸化被膜の溶解を促進させることを目的にして，酢酸を添加した2-メトキシエタノール中で希土類金属を反応させることで，Sm_2O_3やCeO_2，Yb_2O_3の他に，Eu_2O_3やTb_2O_3，GdOOHや，Y_2O_3とYOOHの混合物のコロイド溶液が得られる[5]。

2-プロパノール中における酸化イットリウムと酸化ユウロピウムの超臨界ソルボサーマル反応（500℃，20時間）では立方晶$Y_2O_3:Eu^{3+}$が合成でき，エタノール中での超臨界ソルボサーマル反応では立方晶と単斜晶Y_2O_3の混合物が合成できると報告されている[6]。ただし，2-プロパノールのように第二級アルコールは250℃以上，エタノールのように第一級アルコールでは350℃以上脱水反応が顕著になるため，報告されている反応が本質的にアルコール中の反応か否かには検討の余地が残る。前者の溶媒中で得られた立方晶$Y_2O_3:Eu^{3+}$は5 μm程度の不規則な形態を有しており，これを900℃で焼成した試料は市販の$Y_2O_3:Eu^{3+}$と同等の発光挙動を示すことが認められている[6]。一方，Y_2O_3とEu_2O_3を硫黄共存下エチレンジアミン中80℃で12時間ソルボサーマル反応させると$Y_2O_2S:Eu^{3+}$が合成できると報告されている[7]。この蛍光体は，直径6 μm程度のオリーブのような形態を有しており，高い発光強度を有していることが報告されている。

アミン共存下におけるイッテルビウム塩化物の1,4-ブタンジオール中での反応（300℃，10時間）によって，幅200-600 nm 長さ5-15 μmの針状$Yb_2O_3 \cdot nH_2O$が生成する[8]。溶媒をアルコー

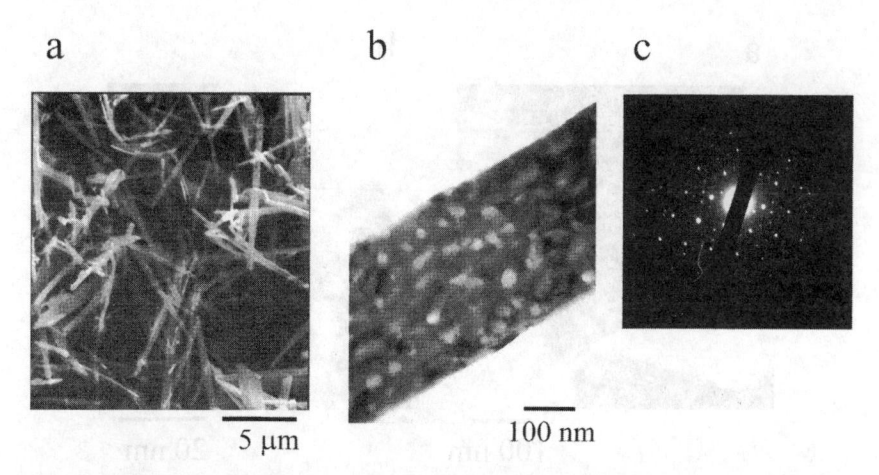

図1 Yb塩化物を1,4-ブタンジオール中で反応させ1100℃焼成することで得られたYb_2O_3の (a) SEM像や (b) TEM像, (c) 電子線回折像

ルやトルエン, 水に代えることで, グリコール中で得られたものより小さな結晶が得られ, トルエン溶媒中では幅80-190 nm長さ0.5-$1.0\mu m$の針状結晶が得られる。また, これらの生成物を500℃以上で焼成するとYb_2O_3が得られるが, 1100℃焼成しても針状の形態を維持している。興味深い事に, この針状結晶中には図1に示すようにメソ孔が存在するものの結晶の方位は一致しており, 電子線回折では単結晶パターンを与える[8]。

1,3-プロパンジオールや1,4-ブタンジオール中で酢酸イットリウムを, 300℃で2時間グリコサーマル反応させると$Y(CH_3COO)O$が生成し, この生成物は$Y_2O_2CO_3$を経由して600-700℃で酸化物に分解する。一方, 酢酸イットリウムをビシナルグリコール(エチレングリコール, 1,2-プロパンジオールや1,2-ブタンジオール)中で反応して得られる生成物は, グリコールとアセタトを配位子とする錯体であり, この生成物は, 炭酸塩酸化物を経由することなく400℃以下の低温で直接Y_2O_3に分解する。1,2-プロパンジオール中で合成した生成物を400℃で焼成して得られるY_2O_3の結晶子径は非常に小さく(2 nm), 極めて高い表面積($280\ m^2/g$)を持っている。同様に, イオン半径の小さなGd-Ybでは極めて高い表面積($>100\ m^2/g$)を持つ希土類酸化物が得られる[9]。また, 1,2-プロパンジオール中で合成した生成物を400℃焼成することで得られる高表面積Y_2O_3は外径7-18 nm, 内径2-8 nmの中空球状であり, それぞれの中空球状粒子を構成する結晶子間隙には多くのメソ細孔が存在する(図2)。同様の方法で合成したGd_2O_3はプレート状の外観をもつ多孔体であり, Dy_2O_3ではプレート状の多孔体と中空球状粒子が混在している。また, Er_2O_3とYb_2O_3は中空球状粒子(外径:約9 nm, 内径:約4 nm)である。

イットリウムとユウロピウムの塩化物をCH_3COONaと水を含むエチレングリコール中で反応させて得られる前駆体は, 4.3-$7.0\mu m$の直径を有する球状粒子である[10]。この前駆体を

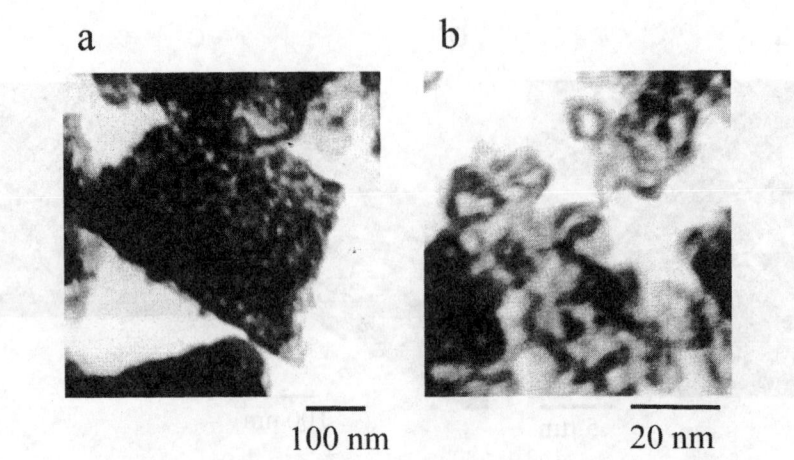

図2 1,2-プロパンジオール中で合成した生成物を400℃焼成することで得られた高表面積 (a) Gd_2O_3 と (b) Y_2O_3 の TEM 像

900℃で焼成することにより，球状の形態を維持したまま，直径3μm程度の $Y_2O_3:Eu^{3+}$ が合成でき，このように調製した $Y_2O_3:Eu^{3+}$ は高い発光強度を有していると報告されている。

5.3 ソルボサーマル法による希土類アルミニウムガーネットの合成

アルミニウムイソプロポキシドと酢酸イットリウムの化学量論混合物を1,4-ブタンジオール中に懸濁させ，280-300℃で2時間グリコサーマル反応させると，粒径約30 nmのイットリウムアルミニウムガーネット（$Y_3Al_5O_{12}$；YAG）微結晶が単一相で得られる[11]。同一原料を300℃で水熱反応させても単一相のYAGはできない。これは，アルミニウムイソプロポキシドが容易に加水分解されベーマイト（AlOOH）が生成し，これが反応条件で比較的安定なためである。アルミニウム酸化物と希土類酸化物の固相反応による単一相のガーネット合成は，1600℃という高温でも長時間の保持時間が必要である。出発物質として希土類イオンとアルミニウムイオンが均一に分散した前駆体を焼成することでYAGは低温で結晶化するが，このような方法でもガーネット相を生成するには800℃以上の温度が必要となる。このように，グリコサーマル法は他の合成法に比べはるかに温和な条件でYAGを合成することができる。また，他の希土類酢酸塩とアルミニウムイソプロポキシドのグリコサーマル反応ではGdからLuのすべてのランタニドで単一相のREAGが合成できる。

反応機構に関しては，以下のように考えられる。アルミニウムアルコキシドのみをグリコール中で反応させると，ベーマイトのグリコール誘導体が生成する。その生成物の結晶性は，グリコールの炭素数により2＜3＜6＜4の順に上昇する。この生成物を空気中で加熱して得られるアルミナの物性もほぼこの順に変化し，1,4-ブタンジオールを用いて得られる生成物から，常法

では得られない大きな細孔径を持つアルミナが得られる。つまり,生成物の結晶構造の発達のしやすさは,グリコキシド中間体のAl–O–C結合のO–C結合のヘテロリティックな解裂が支配することを示唆している。炭素数4すなわち1,4-ブタンジオールを用いた時の特異性は,分子内の水酸基の隣接基関与によりO–C結合の解裂が促進されるためと説明できる[12]。また,酢酸イットリウムのみを1,4-ブタンジオール中でグリコサーマル処理すると$Y(CH_3COO)O$が生成する。以上の事実は,酢酸イットリウムのみの反応では希土類イオンの配位座から酢酸イオンを完全に除去することは出来ないのに対し,アルミニウムアルコキシド共存下では酢酸イオンを完全に除去できることを示している。つまり,アルミニウムイソプロポキシドがグリコールと配位子交換を起こし,生じた中間体である>Al–O–$(CH_2)_4$–OHのO–C結合が解裂し,これにより生成する>AlO$^-$が>Y–OAcを求核攻撃することで反応が進行することが示唆される[11]。エチレングリコールを溶媒に用いた場合には,グリコキシド(>Al–O–$(CH_2)_2$OH)のO–Cの開裂が困難なため無定形生成物が得られる[13]。

　水熱反応による結晶成長では通常,溶解—再析出の平衡が成り立っており,この過程は成長しつつある結晶面の欠陥を解消する方向に進行する。これに対し,グリコサーマル法の場合,上述の反応機構からも解るように欠陥を解消する要素がない。さらに,アルコキシドから直接酸化物の結晶が生成するという過程のため,反応は非常に大きなドライビングホースを持つ。このため,合成直後の希土類アルミニウムガーネットでは,酸素欠陥やカチオン欠陥が極めて多く存在する。これらの欠陥構造は,焼成により徐々に解消される。また,本反応で合成し焼成したYAGは,図3に示すようにJCPDSカードで報告されているものに比べ,低角度側にピークが移動し

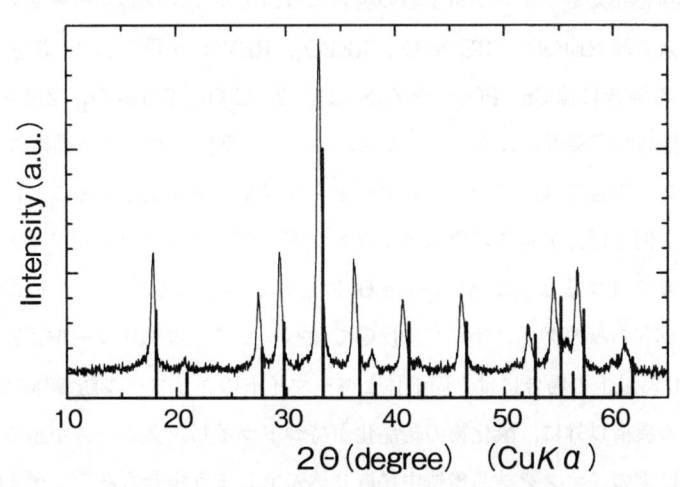

図3　グリコサーマル反応によって得られた$Y_3Al_5O_{12}$を1000℃焼成して得られた生成物とJCPDSカード(No. 8-178)に記載されている$Y_3Al_5O_{12}$のXRDパターン

ている。これは，アルミニウムの一部が容易にイットリウムにより置換され，常法では得られない固溶体が生成するためと結論している[14]。

Kasuyaらは，グリコサーマル反応で合成したYAG：Ce^{3+}は低い蛍光強度しか示さないが，系内にポリエチレングリコールを加えることにより，高い蛍光強度が得られることを報告している[15]。系内にポリエチレングリコールを加えることで（1）結晶表面の安定化（2）Ce^{3+}からCe^{4+}への酸化抑制（3）YAG結晶中へのCe^{3+}の固溶促進（4）Ce^{3+}周辺の歪んだ構造の緩和などが起こり，これにより発光強度が増加すると説明されている。一方，Nishiらはグリコサーマル法で合成したYAG：Er^{3+}の発光のスペクトル幅が固相法で合成したものに比べ広くなることを報告している[16]。

LiらはYイオンとAlイオン，Ceイオンを含む水溶液から，炭酸水素アンモニウムを沈殿剤に用いて共沈させて得られた生成物を，エタノール中でソルボサーマル処理すると，280℃という低温で粒径60 nm（結晶子径14.6 nm）の単一相YAG：Ce^{3+}が生成することを報告している[17]。この処方により，300℃で合成したYAG：Ce^{3+}は高い発光強度を有することを認めている。ただし，Liらの方法では前駆体中に多量の水が存在しており，本質的には水熱結晶化が進行しているものと思われる。すなわち，Liらの方法で得られたYAGとグリコサーマル法で得られたYAGでは，上述のように結晶格子（特に欠陥構造）が大きく異なっている可能性がある。

5.4 ソルボサーマル法による複合酸化物の合成

グリコサーマル反応による複合酸化物の生成は，YAGの生成機構で述べたように基本的に酸—塩基の反応であり，酸性酸化物と塩基性酸化物を与えるイオンの組合せで複合酸化物が得られる。塩基性酸化物を与えるイオンが希土類の場合には，アルミニウムガーネットの他に，ガリウムガーネットや六方晶$REFeO_3$，RE_3NbO_7，$REPO_4$，$REVO_4$が得られ[1]，塩基性酸化物を与えるイオンが亜鉛の場合には$Zn_3(PO_4)_2$や$ZnNb_2O_6$，$ZnAl_2O_4$，$ZnGa_2O_4$，$ZnFe_2O_4$，Zn_2TiO_4，Zn_2SiO_4などの結晶が直接得られる[1]。この他に，二つの原料が同一の結晶構造を持つ酸化物を与える可能性がある場合には，この二つの原料をグリコサーマル反応することにより，両者の固溶体が得られる。例えば，アルミニウムアルコキシドとガリウムアセチルアセトナートの混合物をグリコサーマル処理するとγ型Al_2O_3–Ga_2O_3固溶体が得られる[18]。ただしこの場合，アルミニウムアルコキシドのみのグリコサーマル反応ではベーマイトのグリコール誘導体が生成するため，Al割合が80％以上の場合には，固溶体とベーマイトのグリコール誘導体の混合物が得られる。これら二つの機構以外に，酸化物の結晶化が持つドライビングホースが極めて大きいため，取り込まれないはずのイオンを結晶構造中に取り込んでしまう場合もある。ケイ酸オルトエチルとチタンアルコキシドをグリコサーマル処理すると，アナターゼ型構造を持つシリカ修飾チタニ

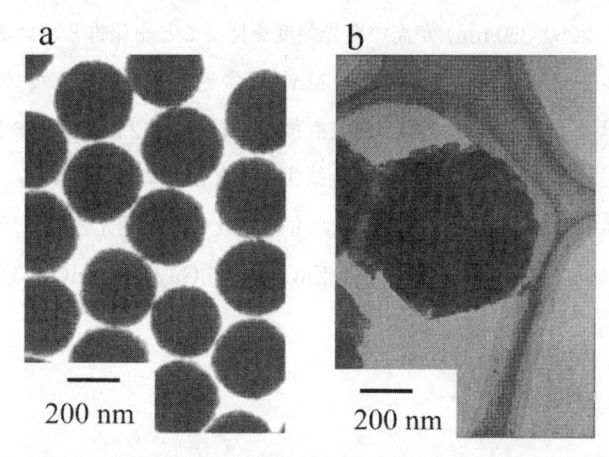

図4 グリコサーマル反応によって得られた (a) $Er_3Ga_5O_{12}$ と (b) 六方晶 $ErFeO_3$ の TEM 像

アが得られる[19]が，この生成物中の Si の一部は六配位構造を持っており，アナタースの結晶化段階で系内にある Si を構造中に取り込んだものと考えている。ただし，アナタース構造中に取り込まれる Si は Ti に対し約 10 %が上限である。

上述のように希土類酢酸塩とガリウムアセチルアセトナートを 1,4-ブタンジオール中 300 ℃で反応させると，RE＝Nd–Lu, Y の範囲で希土類ガリウムガーネット（REGG）が得られる[20]。グリコサーマル反応と同様の条件で希土類酢酸塩とガリウムアセチルアセトナートを水熱反応させると，少量のガーネット相とともに γ-Ga_2O_3 が生成する。グリコサーマル法で得られる REGG のうちイオン半径の大きい希土類を含むものは，0.5–2 μm の球状粒子であり，その表面は滑らかである。一方，Tb 以降のイオン半径の小さい元素の REGG の粒径は 0.1–0.3 μm であり，表面は粗い（図4）。どちらの REGG においても粒径分布は狭く，特に後者の場合には実験条件を調整することにより単分散粒子が得られる。また，TEM 観察によって，一つの結晶核から一つの球状粒子が生成しているが，欠陥によって小さな結晶子に分裂していることを認めている。

希土類酢酸塩と鉄アセチルアセトナートを 1,4-ブタンジオール中 300 ℃で反応させると，準安定相である六方晶 $REFeO_3$(RE＝Er–Lu) が合成できる（図4）[21]。この化合物は，六方晶の $REMnO_3$（空間群 $P6_3cm$）と同じ構造をもつ化合物であり，不純物として少量のマグネタイト（Fe_3O_4）が生成するが，他の方法では合成が困難である。同じ出発物質を用いて 300 ℃で水熱処理してもヘマタイト（Fe_2O_3）とアモルファス相の混合物しか得られない。

Miki らは Zn や Si, Mn を含むゾルを含水エタノール中でソルボサーマル反応させると，Zn_2SiO_4：Mn^{2+} が得られることを報告している[22]。水とエタノールの量を変化させたり反応温度を変化させることで複合酸化物の形態が変化する。その中でも，ロッド状の形態を持つ結晶（直

径：10-30 nm, 長さ：250-350 nm) が高い発光強度を持つことを報告している。一方, Takesadaらはグリコサーマル法で合成した $ZnGa_2O_4$: Mn^{2+}の蛍光特性を報告している[23]。1,4-ブタンジオール中でのグリコサーマル法では，合成直後から粒径約12 nm 程度の $ZnGa_2O_4$: Mn^{2+}が得られ，1200℃ 焼成すると 50 nm 程度まで焼結することが認められている。また，発光強度は焼成温度の上昇に伴い増加し，1200 ℃焼成したもので最も高い発光強度を示し，1400℃ 焼成により低下する。これは，高温焼成することで $ZnGa_2O_4$ が Ga_2O_3 と ZnO に分解するためと説明されている。

文　　献

1) M. Inoue, "Solvothermal Synthesis," in Chemical Processing of Ceramics, 2 nd Ed., Chap. 2, Ed. by B. Lee and S. Komarneni, Taylor & Francis, Boca Raton. FL. (2005)
2) 井上正志, 触媒便覧, 掲載予定
3) K. Torkar et al., Monatsh. Chem., 91, 658 (1960)
4) M. Inoue et al., Chem. Commun., 957 (1999)
5) T. Kobayashi et al., J. Am. Ceram. Soc., 89, 1205 (2006)
6) M. R. Davolos et al., J. Solid State Chem., 171, 268 (2003)
7) J. Kuang et al., Electrochem. Solid-State Lett., 8, H 72 (2005)
8) S. Hosokawa et al., J. Am. Ceram. Soc., 90, 1215 (2007)
9) S. Hosokawa et al., J. Alloys Compd., 印刷中
10) J. Yang et al., Cryst. Growth Des., 7, 730 (2007)
11) M. Inoue et al., J. Am. Ceram. Soc., 74, 1452 (1991)
12) 井上正志, 触媒, 44, No.1, 12 (2002)
13) 井上正志ほか, マテリアルインテグレーション, 19, No.1, 13 (2006)
14) S. Hosokawa et al., Adv. Sci. Technol., 45, 691 (2006)
15) R. Kasuya et al., J. Phys. Chem. B, 109, 22126 (2005)
16) M. Nishi et al., Opt. Mater., 27, 655 (2005)
17) X. Li et al., Mater. Res. Bull., 39, 1923 (2004)
18) M. Takahashi et al., J. Am. Ceram. Soc., 89, 2158 (2006)
19) S. Iwamoto et al., Chem. Mater., 17, 650 (2005)
20) M. Inoue et al., J. Am. Ceram. Soc., 81, 1173 (1998)
21) M. Inoue et al., J. Am. Ceram. Soc., 80, 2157 (1997)
22) T. Miki et al., J. Sol-Gel Sci. Technol., 31, 73 (2004)
23) M. Takesada et al., J. Electrochem. Soc., 154, J 136 (2007)

6 スプレー熱分解法

奥山喜久夫[*1], 汪偉寧[*2], アグス・プルワント[*3]

6.1 はじめに

ナノ粒子の合成は,一般にはガス中および溶液中でのビルドアッププロセスにより製造されるが,ナノ粒子の機能の発現には,高い結晶性および制御された化学組成を保持していることが望まれる。しかしながら,製造直後のナノ粒子をそのまま加熱すると,凝集し,焼結現象により粗大粒子となり,ナノ粒子の特性が失われることになる。最近,この問題を解決するために各種の噴霧法を用いた高結晶性のナノ粒子材料の直接合成法に注目が集まっている。ここでは,スプレー(噴霧)熱分解法による蛍光体ナノ粒子の合成を中心に,液滴からのナノ粒子の新規合成法に関する最近の研究について述べる[1~3]。

6.2 噴霧熱分解法による微粒子の合成

噴霧熱分解法は,代表的な液滴-粒子転換プロセスであり,加熱および反応時間が数秒と非常に短く,連続的に微粒子が製造でき工業化への応用も進んでいる。まず,分子レベルで十分に混合された原料溶液を噴霧器(例えば,二流体ノズル,超音波噴霧器など)に送って,噴霧させて,発生した微小液滴の熱分解により結晶微粒子が製造されるので,化学量論的に制御された目的の微粒子を連続的に得ることができるという利点がある。噴霧熱分解法の代表的装置は,図1に示すような構成となる。主に,原料溶液を噴霧する噴霧器,温度が制御された反応炉(例えば管状加熱炉等),捕集器(例えば:フィルター,静電型捕集器など)から成る。

まず目的の固体粒子の化学成分を持つ金属塩(硝酸塩や酢酸塩など)が溶けている原料溶液を液滴化し,キャリアガスによってその液滴を直接加熱された反応炉などの高温場に導入する。反応炉内では,液滴中の溶媒は蒸発し,残った液滴内の原料の熱分解反応により,固体の粒子となる。

既往の研究により,噴霧熱分解法を用いて,酸化物,硫化物,金属などのサブミクロンサイズの微粒子製造が行われている[1~3]。特に,このプロセスは多成分系の微粒子材料の製造に非常に適しており,$(Y, Gd)_3Al_5O_{12}:Ce$, $SrTiO_3:Pr, Al$ などの一定の化学組成を持つ蛍光体微粒子の直接製造も報告されている[4~10]。

図2は,一例として,イットリウムおよびユーロピウムの硝酸混合水溶液の超音波噴霧法によ

[*1] Kikuo Okuyama 広島大学 大学院工学研究科 教授
[*2] Wei-Ning Wang 広島大学 大学院工学研究科 博士研究員
[*3] Agus Purwanto 広島大学 大学院工学研究科 博士課程後期

ナノ蛍光体の開発と応用

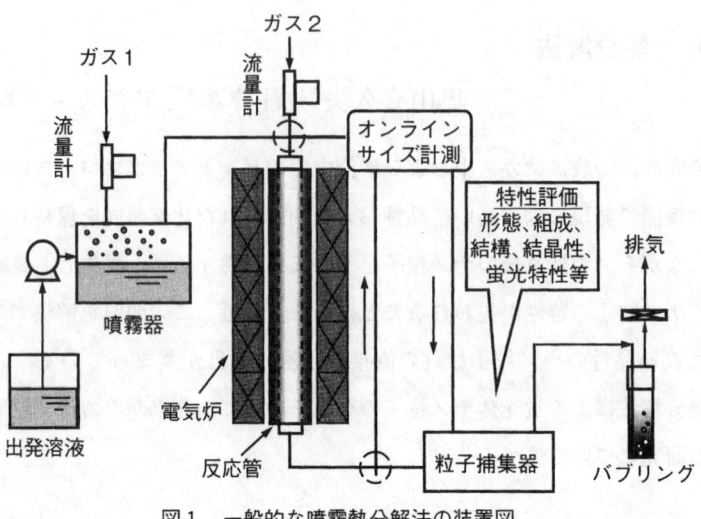

図1 一般的な噴霧熱分解法の装置図

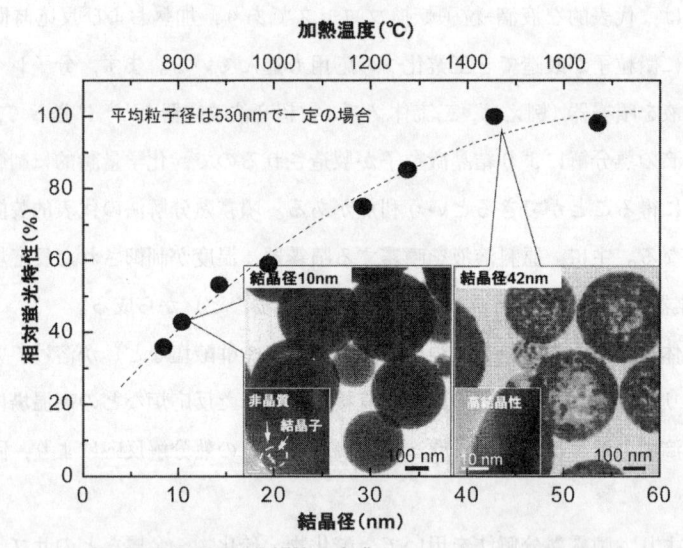

図2 通常の噴霧熱分解法で合成された Y_2O_3：Eu 微粒子

り発生した数ミクロンの液滴から製造された平均径が約 $0.5\mu m$ の Y_2O_3：Eu 微粒子の TEM 写真と蛍光特性を示す[10]。低温で合成された粒子の場合，構成する結晶のサイズは約数 nm と小さく，非晶質の部分も見られる。しかし高温で製造された場合は，結晶のサイズが数十 nm となっており，非晶質の部分は存在せず微結晶の集合体であることがわかる。この高温で製造された粒子は，十分な蛍光特性を持っており，結晶のサイズが 40 から 50 nm 以上と十分大きいことが重要であることがわかる。また，蛍光体微粒子の結晶径が同じでもサイズが異なると蛍光特性が大きく変化することもわかり，粒子サイズがサブミクロン以上である必要があり，蛍光強度の面か

ら必ずしも蛍光体ナノ粒子が優れていないようであり，これは今後の研究課題である．

6.3 蛍光体ナノ粒子の合成

スプレー熱分解法では，発生した液滴を加熱すると，ひとつの液滴より，ひとつの粒子が生成される（ODOP：one droplet to one particle）．現在，噴霧法として二流体噴霧ノズルや超音波噴霧器を用いるのが一般的であるが，これらの噴霧法により，発生する液滴の直径は約 1 μm から 50 μm 程度であり，したがって噴霧溶液中の原料濃度を低くしても 100 nm 前後またはそれ以下のナノ粒子を生成するのは困難であるといえる．図 3 (a) は，通常の噴霧熱分解法による微粒子の生成過程を示すもので，このとき合成される粒子は，一般には，ナノサイズの微小結晶体の凝集体であり，粒子の外径は液滴径との関係により，サブミクロン以上となり，一般にナノ粒子の合成は困難となる[3]．

しかしながら，凝集している高結晶のナノ粒子を何らかの方法により分離することが可能になれば単結晶のナノ粒子が合成されることになる．最近，液滴から噴霧法により高結晶のナノ粒子を直接合成する新規な方法が報告されている．まず，ナノ粒子を合成するために噴霧する液滴径を小さくすることが ODOP の原理に基づいた直接的なナノ粒子製造法であり，その最も代表的な方法として静電気力により噴霧液滴を微細にするのが静電噴霧法を用いる手法である．これとは別に，物理的・化学的方法によって，一次粒子の凝集や焼結を防ぎ，一個の液滴より，多数のナノ粒子を合成するという方法（ODMP：one droplet to multiple particles）も提案されている．後者の液滴中で生成されたナノ粒子の凝集や焼結を防ぐために，以下の二つの状態を作り出

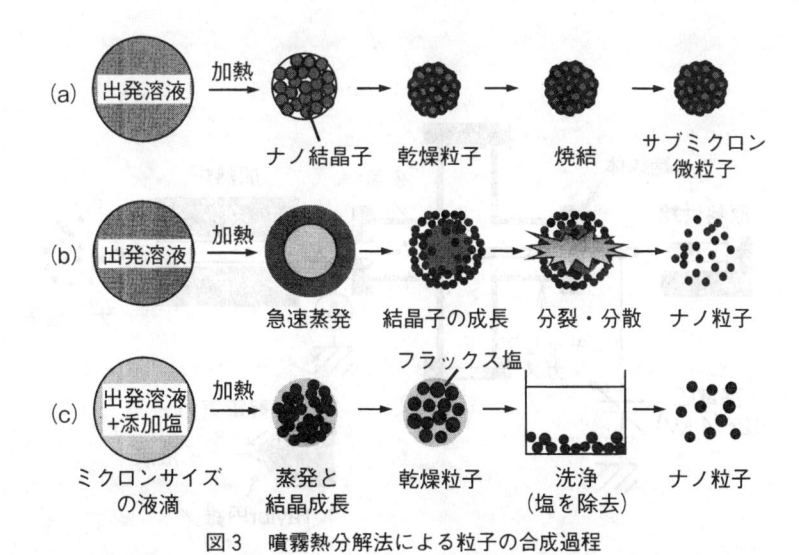

図3 噴霧熱分解法による粒子の合成過程
(a) 通常の噴霧熱分解法（常圧下），(b) 減圧噴霧熱分解法，(c) 塩添加噴霧熱分解法

すことが重要であると考えられている。i) 液滴を急速に加熱し，液滴中の溶媒の蒸発速度を大きくする（例　減圧噴霧熱分解法，図3(b)）。ii) 生成された結晶ナノ粒子間に溶融塩や高分子を存在させ，液滴中でのナノ粒子の凝集を抑制する（例　塩添加型噴霧熱分解法（図3(c)），高分子添加型噴霧熱分解法，火炎噴霧熱分解法）。静電噴霧熱分解法を論じた後，これらの二つの手法について述べる。

6.3.1　静電噴霧熱分解法（Electrospray Pyrolysis, ESP）

静電噴霧法は静電気力により，微小液滴（数nmから数μm）を発生させるための方法であるので，いろいろな分野に応用されている。図4に示すように溶液の噴霧部となる微小管の先端に高電圧を印加することで，噴霧溶液が円錐状になる。液滴はこの円錐から伸びた溶液の噴出部分の先端が破裂することで安定的に形成される。静電噴霧法により発生した微小液滴を加熱管に送り熱分解により微粒子を合成する静電噴霧熱分解（ESP）法により，直径が約10 nmからミクロンメートル範囲の各種の無機系のナノ粒子および微粒子の合成が報告されている[11~13]。

静電噴霧熱分解法により，硝酸亜鉛（$Zn(NO_3)_2$）とチオ尿素（$(NH_2)_2CS$）をアルコールに溶かしたものを噴霧溶液として，硫化亜鉛（ZnS）ナノ粒子の製造実験を行い，約20 nmのZnSナノ粒子の生成が可能となっている[11]。図5は静電噴霧法により製造されたZnSナノ粒子の電子顕微鏡写真を示す。静電噴霧法により発生する液滴のサイズは，噴霧する溶液の電気伝導度，粘度，流量に依存し，噴霧条件の選択により，非常に大きさの揃った粒子の発生が可能となり，相関式による平均サイズの評価も可能である。しかし，静電噴霧熱分解法により生成する粒子の濃度または粒子の生成速度は非常に低くなり，ナノ粒子を製造する報告もそれほど多くないのが現状である。

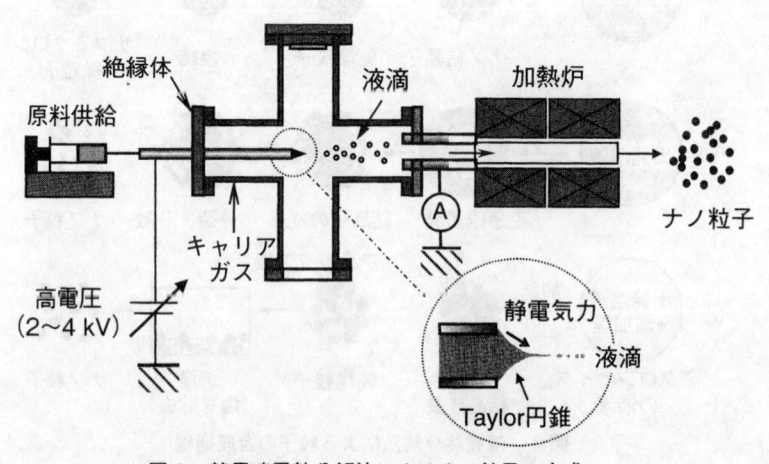

図4　静電噴霧熱分解法によるナノ粒子の合成

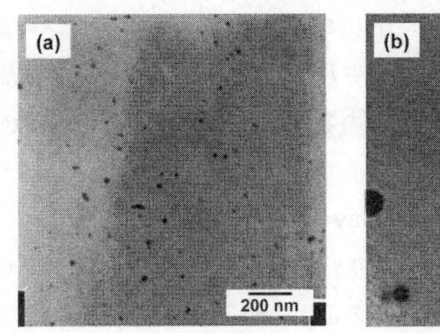

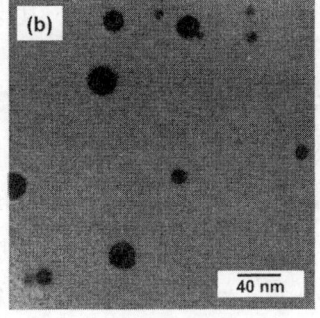

図5 静電噴霧熱分解法で合成されたZnSナノ粒子

6.3.2 減圧噴霧熱分解法（Low-pressure Spray Pyrolysis, LPSP）

減圧噴霧熱分解法（LPSP）では，二流体ノズルで生成された液滴をガラスフィルター上に注ぎ，ガラスフィルター上で溶液の薄膜を形成させ，キャリアガスによりかかる圧力差を駆動力としてミクロンサイズの液滴をまず発生させる。発生した液滴は，減圧状態となった加熱管に供給され，熱分解により粒子が生成される。この減圧噴霧熱分解法では粒子の製造速度は原料溶液の供給量または液滴の発生量に比例するので，この噴霧熱分解プロセスの工業化が期待できる。

減圧噴霧熱分解法により，これまで金属・単純金属酸化物・複合金属酸化物など各種のナノ粒子の合成が行われている[14〜17]。図6に本法で合成されたY_2O_3：Eu 蛍光体ナノ粒子のSEMお

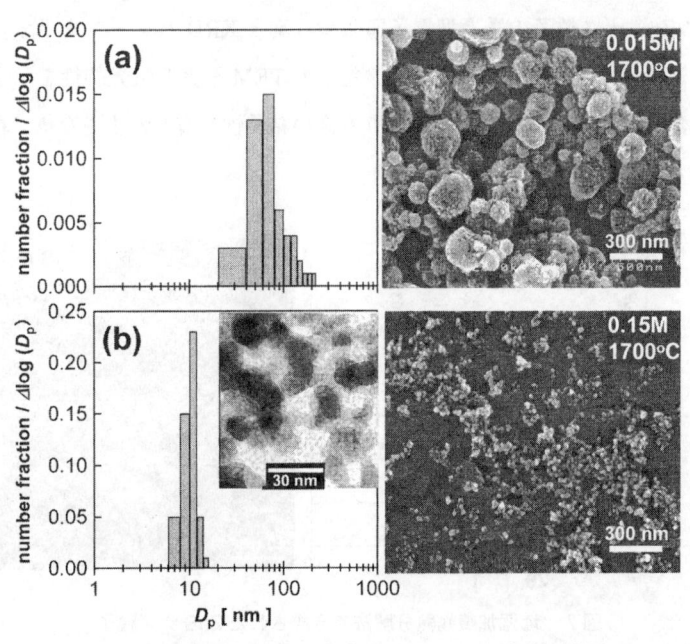

図6 減圧噴霧熱分解法で合成されたY_2O_3：Euナノ粒子

よびTEM写真を示す[16]。LPSP法では，減圧場に導入されたミクロンサイズの液滴は，減圧により溶媒の蒸発が速くなり，核生成により生成された一次粒子が凝集する前に結晶化が速やかに行われ，ナノ粒子が合成される。したがってこの手法では，1個の液滴から無数のナノ粒子が合成されることになる。(図3(b))

6.3.3 塩添加噴霧熱分解法（Salt-assisted Spray Pyrolysis, SASP）

6.2で述べたように一般に噴霧熱分解法により製造される粒子は，ナノサイズの微結晶が凝集し，三次元のネットワークを持つため，個々の結晶ナノ粒子を個別に分離することは容易ではない。そこで，これらの結晶ナノ粒子の凝集を抑制させるために塩（フラックス）を添加した噴霧熱分解法（SASP）が提案された[18〜20]。図3(c)に示すようにフラックス塩（塩化物，硝酸塩等）を添加すると，加熱温度が添加したフラックス塩の融点より大きくなった際に，フラックス塩が溶融して高温の溶媒となる。そして，この溶媒中に粒子の原料や化合物が存在するので，熱分解反応を経て，核生成によりナノ粒子が生成され成長するときに，フラックス塩が結晶同士の凝集を抑制し，ナノ粒子が凝集せずにフラックス塩と多数のナノ粒子のコンポジット粒子が生成される。したがって，この粒子を洗浄すると，フラックス塩は洗浄により簡単に除去することができ，結果として高い結晶性のナノ粒子が合成される。

このSASP法では，微小なミクロンオーダーの液滴がマイクロリアクター（微小反応器）となり，液滴内の温度がほぼ一定となるために，均一な温度をもつマイクロリアクター内での熱分解・反応・核生成により非凝集状態で，大きさの揃ったナノ粒子が合成されることになる[18〜20]。図7にZnSナノ粒子の透過型電子顕微鏡写真とXRDパターンを示す。図8には，塩添加噴霧熱分解法で合成されたY_2O_3:Euナノ粒子のTEM写真と蛍光特性を示す。この結果から，通常の噴霧熱分解法で得られた微粒子よりも高い結晶性を有した小さなナノ粒子が合成できていることがわかる。

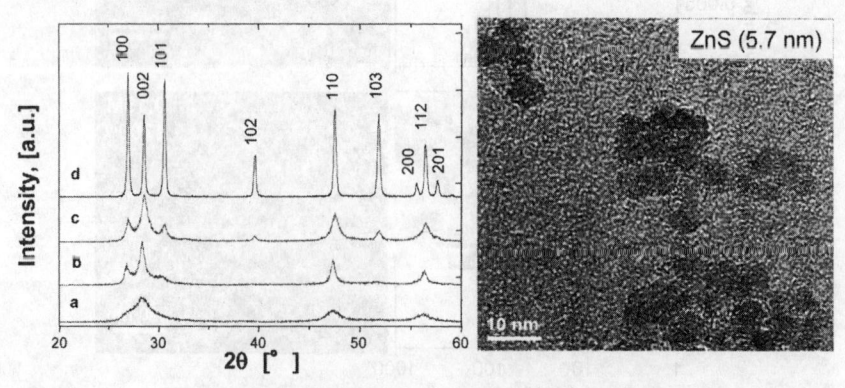

図7 塩添加噴霧熱分解法で合成されたZnSナノ粒子
(a) 通常の噴霧法，700℃，(b) 通常の噴霧法，800℃，(c) 塩添加法，550℃，(d) 塩添加法，700℃

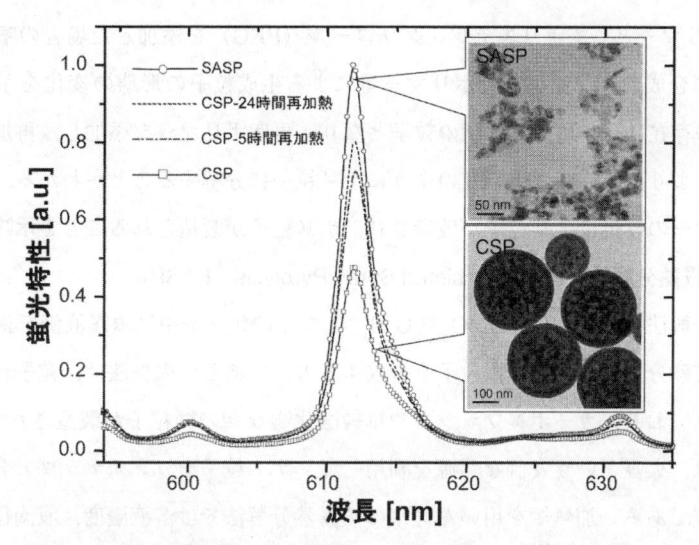

図8 塩添加噴霧熱分解法で合成された Y_2O_3:Eu ナノ粒子と通常の噴霧熱分解法で合成された粒子の蛍光特性の比較

6.3.4 高分子添加噴霧熱分解法（Polymer-assisted Spray Pyrolysis, PASP）

噴霧熱分解法において 6.3.3 のフラックス塩の代わりに，図9に示すような，噴霧液にポリマーを添加し，低温で合成すると，ポリマーの燃焼により，非晶質のポーラス状の粒子が得られる[3]。次に，得られたポーラス状の低温噴霧熱分解粒子に，再度ポリマーを添加して，再加熱すると，結晶化が促進され，さらに，ポリマーの存在により，凝集が抑制されて，ナノ粒子が合成される[9]。

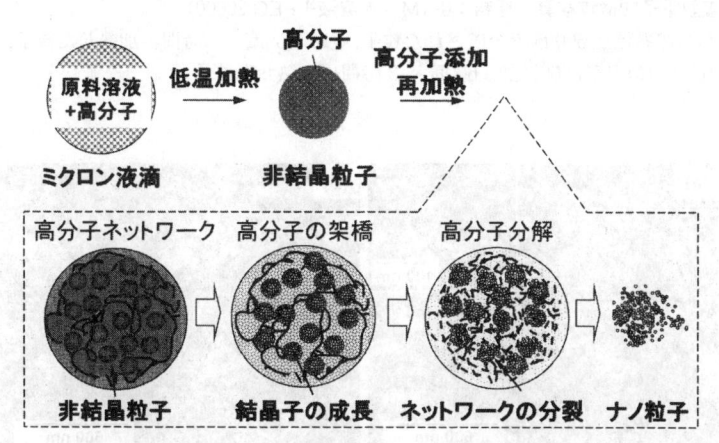

図9 高分子添加噴霧熱分解法および高分子添加再加熱法によるナノ粒子の合成過程

図10は，ポリマーとしてポリエチレングリコール（PEG）を添加した場合の噴霧熱分解法によるナノ粒子の合成および添加したポリマー量による生成粒子の形態の変化を示す。(a) のようにポリマーの存在によりポーラス状の粒子となり，再度ポリマーを添加し，再加熱すると，ポリマーの燃焼により，(b) および (c) のようにナノ粒子に分解することがわかる。この現象は，添加したポリマーの燃焼により粒子が破砕され，ナノ粒子が製造されることを示唆している。

6.3.5　火炎噴霧熱分解法（Flame-assisted Spray Pyrolysis，FASP）

火炎噴霧熱分解法（FASP）は H_2–O_2 や C_xH_y–O_2 などの化学炎中に噴霧液滴を送り，火炎の燃焼熱を利用して熱分解反応により微粒子を合成する方法である。火炎法は，粒子合成法として古くから用いられており，カーボンブラックや単純酸化物などの微粒子が製造されている。FASPの大きな特徴は，火炎という安価な熱源を利用して，ナノ粒子をワンステップで合成することができるという点である。加熱炉を用いた従来の噴霧熱分解法では溶液濃度，液滴径の関係から数百 nm 以上の微粒子が合成されるのに対して，FASP法を用いると粒子径が数十 nm のナノ粒子が合成されるので，工業化が可能なナノ粒子製造法といえる[21]。

最近，火炎噴霧熱分解法により蛍光体ナノ粒子の合成も報告されている[22]。図11は，火炎噴

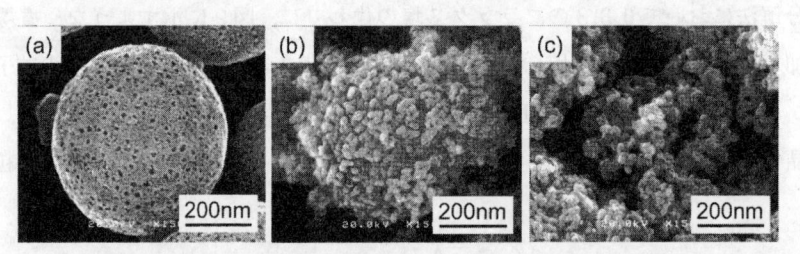

図10　高分子添加噴霧熱分解法および高分子添加再加熱法で合成された $SrTiO_3$：Pr, Al 粒子の走査型電子顕微鏡写真（原料：0.1M（水溶液＋PEG 20000））
　　　(a) 噴霧温度600度で合成された粒子，(b) 600度，3時間再加熱した粒子，
　　　(c) 0.1M PEG 200添加，600度，3時間再加熱した粒子

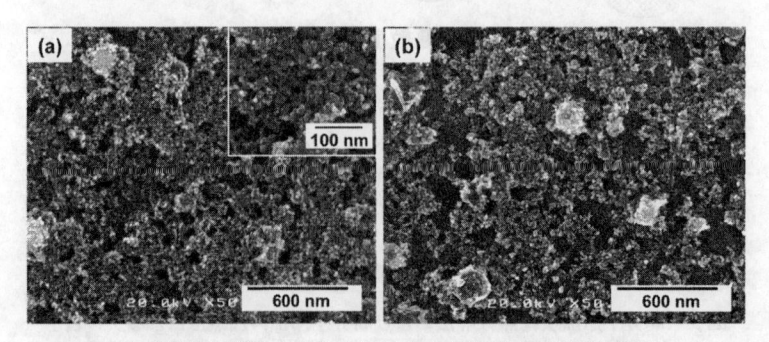

図11　火炎熱分解法で合成された Y_2O_3：Eu 粒子の SEM 写真

霧熱分解法で合成されたY_2O_3：Eu粒子の電子顕微鏡写真である．この結果より，火炎噴霧熱分解法を用いて，水溶液から約30 nmの蛍光体ナノ粒子ができることがわかり，これは非常に興味深い結果といえる．

6.4 おわりに

蛍光体ナノ粒子は，現在，LEDやディスプレーの性能向上の観点から，次世代の機能性材料として各方面で注目されているが，機能を向上させるために所定の化学組成および高い結晶構造を保持していることが望まれている．化学組成が量論的に調整された噴霧溶液を用いるスプレー熱分解法は，化学組成の制御が正確に調整することができ，製造された微粒子中の組成が均一に存在している．また，高温の加熱プロセスであるために，今後安価なナノ粒子の製造法になると期待される．ここで述べた，新規な噴霧熱分解法によるナノ粒子の合成法は，これまで，主に無機系の蛍光体ナノ粒子の製造が検討されて来たが，結晶のサイズによる蛍光特性の改善がナノ粒子で実現されると大変，工業的に有用なナノ粒子製造法といえる．

文　献

1) K. Okuyama *et al.*, *Chem. Eng. Sci*., 58, 537（2003）
2) I. W. Lenggoro *et al*., "Handbook of Luminescence, Display Materials, and Devices–Inorganic Display Materials", p. 327–359, American Scientific Publishers, California（2003）
3) 奥山喜久夫ほか，ファルマシア，43, 315（2007）
4) K. Vanhensden *et al.*, *J. Lumin*., 75, 11（1997）
5) Y. C. Kang *et al.*, *J. Phys. Chem. Solid*, 60, 379（1999）
6) Y. C. Kang *et al.*, *J. Electrochem. Soc*., 146, 1227（1999）
7) I. W. Lenggoro *et al.*, *Mater. Lett*., 50, 92（2001）
8) K. Y. Jung *et al.*, *J. Lumin*., 105, 127（2003）
9) W.-N. Wang *et al.*, *J. Am. Ceram. Soc*., 90, 425（2007）
10) W.-N. Wang *et al.*, *Chem. Mater*., 19, 1723（2007）
11) I. W. Lenggoro *et al.*, *J. Aerosol Sci*., 31, 121（2000）
12) T. Doi *et al.*, *Chem. Mater*., 17, 1580（2005）
13) J. van Erven *et al.*, *Aerosol Sci. Technol*., 39, 941（2005）
14) Y. C. Kang *et al.*, *J. Aerosol Sci*., 26, 1131（1995）
15) W.-N. Wang *et al.*, *Mater. Sci. Eng. B*, 111, 69（2004）
16) I. W. Lenggoro *et al.*, *J. Mater. Res*., 19, 3534（2004）

17) W.-N. Wang et al., J. Mater. Res., 20, 2873 (2005)
18) B. Xia et al., Adv. Mater., 13, 1579 (2001)
19) B. Xia et al., J. Mater. Chem., 13, 2925 (2001)
20) B. Xia et al., Chem. Mater., 14, 4969 (2002)
21) H. K. Kammler et al., Chem. Eng. Technol., 24, 583 (2001)
22) A. Purwanto et al., J. Chem. Eng. Jpn., 39, 68 (2006)

第2章　ナノ蛍光体開発に有効なキャラクタリゼーション

1　近接場光学顕微鏡による単一ナノ蛍光体分光

斎木敏治[*]

1.1　はじめに

　ナノ蛍光体や半導体量子ドットの観察・評価手段として光学的手法，とりわけ顕微鏡下での蛍光測定はもっとも簡便で直接的な方法である。ただし，ナノ蛍光体の性質を徹底的に解明するためには，1つ1つの蛍光体を個別に観察対象とする必要がある（ここではこれを広い言葉で単一粒子分光とよぶ）。なぜならば，個々の蛍光体はそれぞれ異なるサイズ，形状をもち，さらに異なる環境に置かれているため，多数を集団で観察してしまうと，性質の平均値とばらつきの情報しか得られないからである。例えば，図1(a)に示すようにスペクトル領域で見ると，集団観察の場合，いわゆる不均一広がりをもつスペクトルが測定されるが，1つ1つの蛍光体を分離して観察すると，本来のスペクトルの鋭さや強度が明らかとなる。また時間領域では，個別観察によってはじめて発光の明滅などの特異な現象が見出される（図1(b)）。このような単一粒子分光を実現するにあたっては，特に空間分解能や感度（励起・集光効率）に細心の注意を払った高度な顕微分光技術が必要となる[1]。本節では，近接場光学顕微鏡を用いた分光計測・イメージン

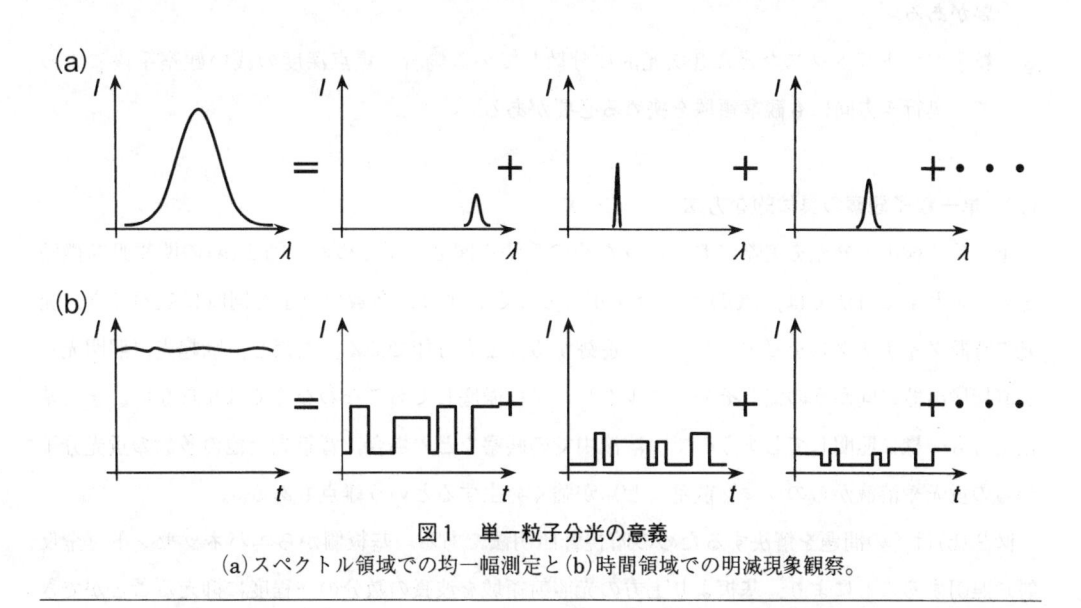

図1　単一粒子分光の意義
(a)スペクトル領域での均一幅測定と(b)時間領域での明滅現象観察。

[*] Toshiharu Saiki　慶應義塾大学　理工学部　電子工学科　准教授

グを中心として，その技術的なポイントと具体的な測定例を紹介したい。

1.2 単一粒子分光に必要な空間分解能

単一粒子分光の多くは，基板上に適当な密度で分散させた粒子を観察対象とする。個々の粒子を分離して観察するという目的だけからすれば，粒子を十分に低密度で分散させておけば，空間分解能には特段の注意を払う必要はないということになる。しかし一般に，単一のナノ蛍光体からの発光は微弱であるため，高い集光効率を有する高開口数（NA）レンズを使用しなければならず，自ずと高い空間分解能が付随する。

一方，無機半導体の量子ドットに多く見られるように，基板上へのエピタキシャル成長によってドットを作製する場合，その面密度を任意に調整することは必ずしも容易でない。個々のドットを観察するには，密度に応じて高い空間分解能を有する測定手段を選択する必要がある。

また，試料の状況や取得したい情報によっては，以下の理由によって高空間分解能が要求される場合も多い。

① 粒子を分散させた基板，あるいは粒子を取り囲むバリア層，マトリックスなどからの発光が粒子からの発光と比べて相対的に強い場合，励起光の照射領域や発光の集光領域を極力狭めることが必要である。

② 発光だけでなく，その吸収（散乱）スペクトルを測定する場合，粒子の吸収（散乱）断面積と観察領域面積との比が測定のS/Nを上回る必要があるため，観察領域を極力制限する必要がある。

③ 粒子がマトリックスなどに3次元的に分散している場合，焦点深度の浅い観察手段によって，奥行き方向にも観察領域を狭める必要がある。

1.3 単一粒子観察の具体的な方法

単一粒子検出・分光を実際におこなうための手法を図2にまとめる。図2(a)の明視野顕微鏡をベースとする方法では，CCDカメラを用いることにより，多数の粒子を同時に観察でき，発光の時間ダイナミクスをビデオレートで追跡することも可能である。ただし，励起光（照明光）が直接検出器に向かうので，そのフィルタリングは徹底しておこなわなくてはならない。また基板上方も一様に照明してしまうので，溶液中での観察などの場合，背景光（他の多数の蛍光分子からの蛍光や溶液からのラマン散乱など）が強く発生するという難点もある。

図2(b)はその問題を解決するための暗視野照明法である。基板側からエバネッセント（全反射）照明することにより，基板より上方の光照射領域を波長の数分の一程度に抑えることができる。そのため明視野照明法と比較して，背景光を大幅に低減できる。また，基板表面に金属膜を

第2章　ナノ蛍光体開発に有効なキャラクタリゼーション

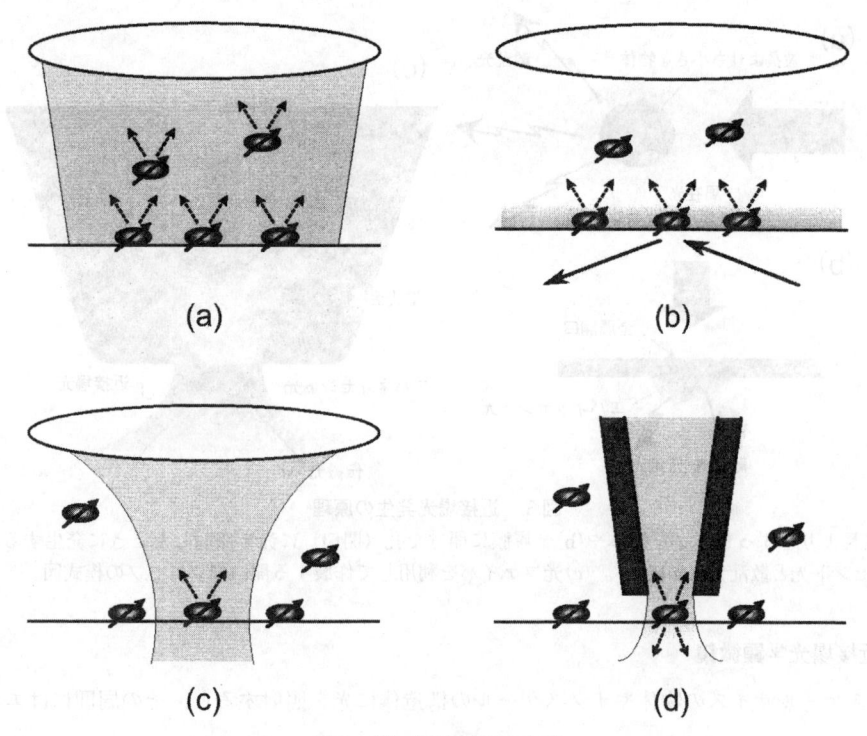

図2　単一粒子観察の方法
(a)明視野顕微鏡，(b)暗視野（エバネッセント照明）顕微鏡，
(c)共焦点顕微鏡，(d)近接場光学顕微鏡

施し，表面プラズモンを励起するとさらに効果的である。ただし，金属へのエネルギー移動による蛍光の消光についても注意しなくてはならない。

上記の2つの手法に対して空間分解能とコントラストをさらに向上させるために利用するのが，図2(c)の共焦点顕微鏡である。2次元画像を得るためにはビームの走査が必要であるが，定点にて興味のある粒子に対して分光計測をおこなったり，高速なダイナミックスを観察したりすることができる（検出器としてアバランシェフォトダイオード（APD）などを使用）。

(a)〜(c)の方法は基本的に光の回折限界によって空間分解能が制限されている。この限界を超えた分解能が必要となる場合は，図2(d)の近接場光学顕微鏡を利用するのが適当である。詳細は後述するが，光照射領域が非常に狭いため，背景光の除去も有効におこなわれ，高いS/N（コントラスト）が得られる。また，プローブ（探針）を使用するため，試料の表面形状の高分解能観察や，局所的な電場印加やマニピュレーションも可能である。ただし，プローブを走査することにより画像を構成するため，1枚の画像を得るのに数10秒〜数10分程度の時間を要する。

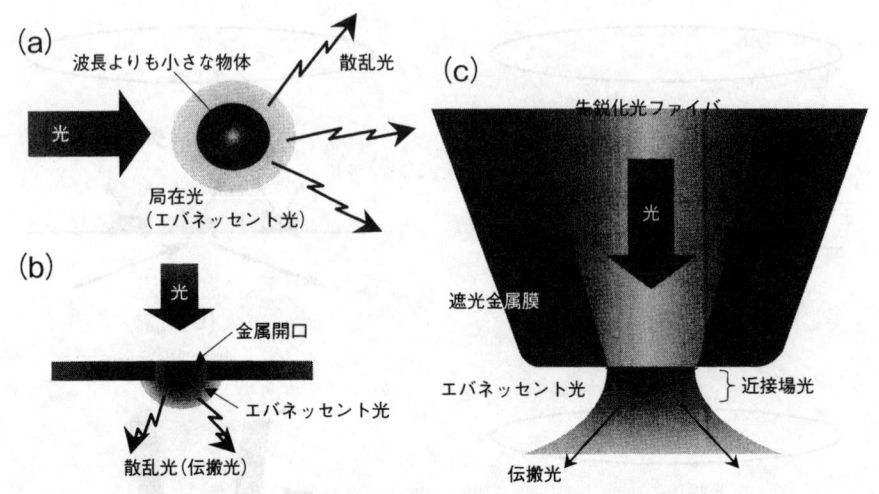

図3　近接場光発生の原理
(a)波長よりもずっと小さな物体や(b)金属膜に開けた孔（開口）に光を照射したときに発生するエバネッセント光と散乱光（伝搬光）。(c)光ファイバを利用して作製する開口型プローブの模式図。

1.4　近接場光学顕微鏡

　ナノスケールサイズの物体やナノスケールの構造体に光を照射すると，その周囲にはエバネッセント光とよばれる局在光が発生する（図3(a)）。光によって誘起される分極が，波長よりも小さな空間分布（構造）をもつことがこのエバネッセント光発生の本質である。物体や構造が小さければ自ずと分極の分布もその大きさで物理的に制限される。この局在光を光源として観察対象を照らし，光源の位置の関数として光学情報を取得し，画像化する装置が近接場光学顕微鏡（Near-Field Scanning Optical Microscope；NSOM）である。光の局在領域は，基本的にはその波長に依らず，物体・構造のサイズで決定されるため，いわゆる回折限界を克服した空間分解能を達成する。具体的な数値は後述するが，これがNSOMの最大の魅力である。

　局在光の発生方法，つまりNSOMで用いられるプローブの形態はいくつか提案されているが，ここでは頻繁に用いられる「開口型プローブ」について説明する。図3(b)のように薄い金属膜に開けた小さな孔（開口）に光を照射すると膜の裏側には，開口サイズ程度に局在したエバネッセント光が生じ，同時に一部の光は伝搬光として漏れ出していく。これらの光が開口直下で形成する光スポット（近接場光）が局所光源として機能する。ただし，開口から遠ざかるにしたがい，光スポットは回折によって速やかに広がるため，開口を観察対象に対して十分に接近させた状態で走査する必要がある。そこでプローブとしては，図3(c)のように光ファイバを細く尖らせ，その先端に金属開口を設けるといった形態のものが頻繁に用いられる。

　開口型NSOMの測定モードには，試料の照明のみを開口を通して局所的におこなう局所照明モード（図4(a)），信号の集光のみを局所的におこなう局所集光モード（図4(b)），照明と集

光をともに開口を通しておこなう局所照明・局所集光モード（図4(c)）が存在する。試料や得ようとする情報，プローブの性能などにより最適の測定モードを選択する。一般的には，空間分解能，汎用性，装置の簡便性などほぼすべての観点から局所照明・局所集光モードが最も優れた手法である。ただし，照明光と信号光がともにプローブを通過するため，光の透過効率（次項で詳述）が十分に高くないとそもそも機能しない。

　ここでは局所照明・局所集光モードを取り上げ，その装置構成を図5を用いて説明する。大半の場合，レーザ光を光源として用いる。プローブに導入したレーザ光は先端まで到達し，開口を通して試料に照射される。試料からの反射光，あるいは発光，ラマン散乱光を再び開口によって集光し，ファイバ内を伝搬させ，外に取り出す。バンドパスフィルターや偏光素子などで分光をおこなった後にフォトダイオードや光電子増倍管で信号を検出する。必要であれば，分光器とCCDによってスペクトルを一括計測する。

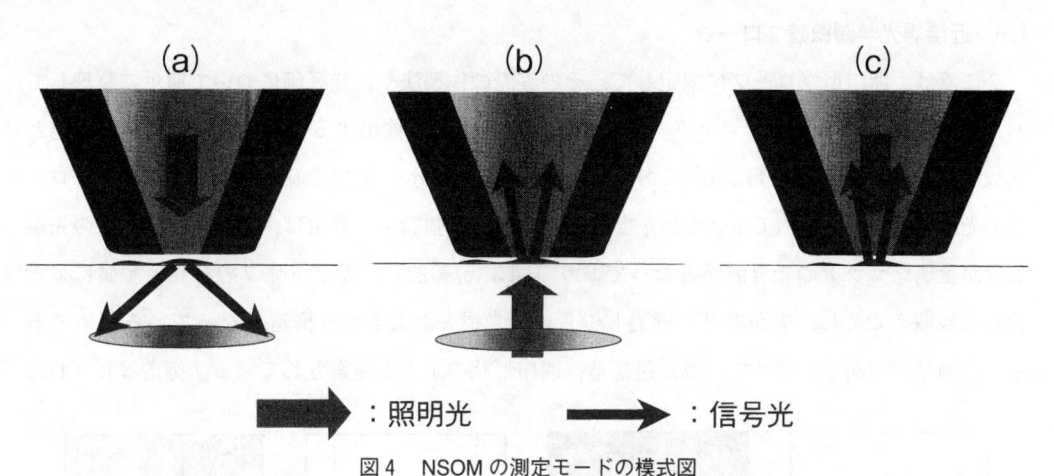

図4　NSOMの測定モードの模式図
(a)局所照明モード，(b)局所集光モード，(c)局所照明・局所集光モード

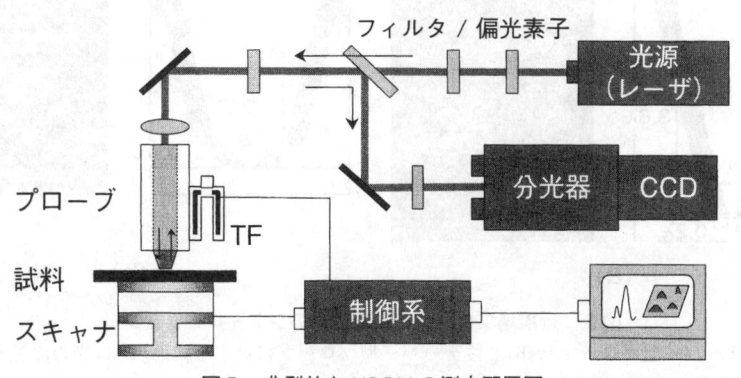

図5　典型的なNSOMの測定配置図

他のプローブ顕微鏡と同様，試料とプローブ先端との距離制御はNSOMにおいても必須である。上で述べたように開口直下に形成される光スポットは，開口から遠ざかるにしたがい急速に広がる。つまり開口サイズの空間分解能を得るためには，試料と開口との距離を10ナノメートル以下に保つ必要がある。最も頻繁に用いられる方法は，プローブ先端と試料との力学的な相互作用を信号としたフィードバック制御である。具体的には以下のようにおこなう。センサーとして水晶振動子（チューニングフォーク；TF）を使用し[2]，これにプローブ先端部を固定する（図5）。TFをその共振周波数（約32 kHz）で励振し，プローブ先端を振動させる。プローブ先端が試料表面に接近し，表面との相互作用による力を受けるとTFの共振状態が変化する。これを電気信号として検出し，フィードバック制御に利用する。こういった距離制御のもとで試料の走査をおこなうので，光学画像と同時に必ず試料の表面凹凸画像（トポグラフィック像）が取得できる。

1.5 近接場光学顕微鏡プローブ

ここでは，開口型プローブに限定して，その実際の作製法や性能評価について簡単に整理しておく。NSOMはそもそもナノスケールの領域からの信号を検出するため，通常のマクロ測定と比較すると，圧倒的に信号は微弱である。したがって，十分なS/Nを確保するためには，プローブの光透過効率がきわめて重要な因子となる。この点を強調する理由は，開口型プローブの先端部分が金属クラッドの光導波路となっており（図3(c)参照），カットオフの存在と金属による強い光吸収のために，光が非常に通過しづらい（光損失が大きい）構造となっているためである。透過効率の向上に向けて，導波路構造，開口形状の工夫が提案されている。例えばわれわれ

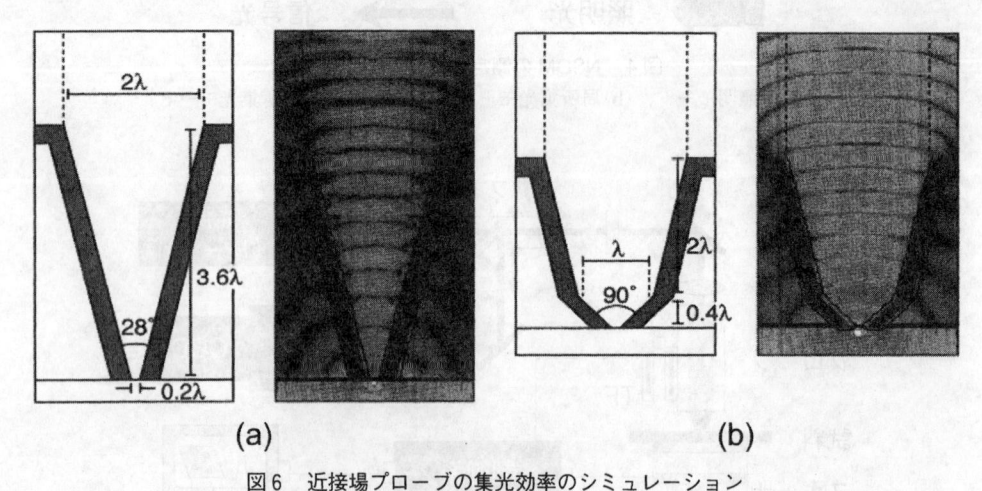

図6　近接場プローブの集光効率のシミュレーション
(a)単一テーパー型プローブと(b) 2段テーパー型プローブに対する結果。λは光の波長をあらわし，金属は完全導体を仮定している。

第2章 ナノ蛍光体開発に有効なキャラクタリゼーション

は，特に光損失が大きい箇所，すなわち開口近傍の導波路コアが細い領域をできる限り短くする構造を考案した。図6のシミュレーション結果が示すように，開口へ向かうテーパー構造を2段階にすることにより，透過効率は2桁向上する[3]。この効果は実験によっても確認している[4]。

このように設計した構造を実際に作製する上で最適な方法はおそらく化学エッチングによる先鋭化である[5]。緩衝フッ酸溶液を用いると，光ファイバのコアとクラッドの溶解速度の差によってテーパー構造が自然に形成される。しかも溶液の組成を調整するとテーパーの角度を制御することも可能である。したがって2種類の溶液を順次用いてエッチングすることにより，上記の2段階のテーパー構造も容易に実現できる（図7(a)）。ただし，テーパー角はファイバの組成にも依存するので，所望の構造を作製するにはファイバの選定も必要である。

光透過効率と並んで重要な因子は，開口の平坦性である。開口面に突起があると，開口と試料表面との間に空隙ができてしまい，開口サイズの光スポットで試料を照らすことができなくなる。また同時に，信号の集光効率も大きく劣化してしまう。平坦な開口面を作製する方法として，われわれは簡便な方法を採用している[5]。化学エッチングによってテーパー化した光ファイバの先端部に金属をコーティングし，これをサファイアなどの固い基板に押し付けることにより，平坦な開口面を作製する。試料そのものに押し付けることができれば，平坦性と同時に開口面と試料表面の平行性も確保でき，両者を十分接近させる上で効果的である。図7(b)は実際に作製した開口の電子顕微鏡写真である（開口直径は70 nm）。

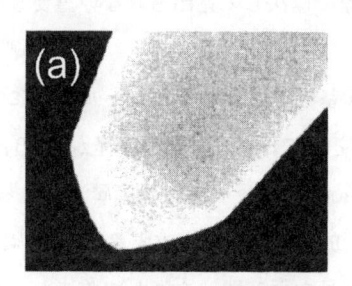

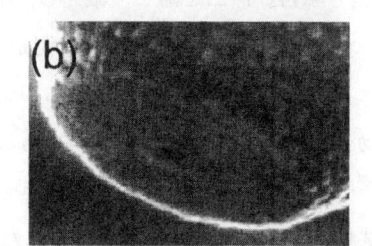

図7 2段テーパープローブの電子顕微鏡写真
(a)光ファイバを化学エッチングによって2段階にテーパー化したようす。
(b)金属膜をコーティング後，先端に作製した開口。

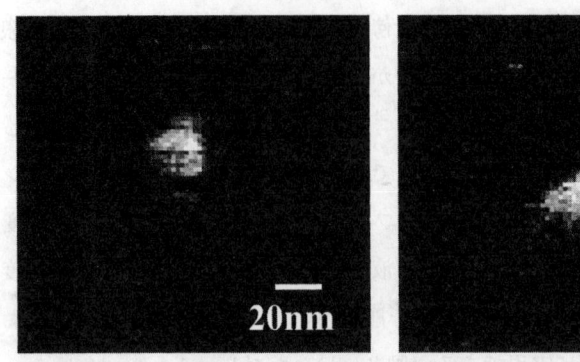

図8　単一色素分子の蛍光イメージング

実際の分解能の評価にあたっては，さまざまな試料が用いられているが，理想的な点光源として振る舞う単一蛍光分子は最適な評価用試料の一つである。図8はガラス基板上に分散させたCy 5.5分子（励起光：He-Neレーザ）の蛍光画像である。直径30 nmの開口プローブを用いており，期待通りの分解能が得られていることがわかる。なお，これまでにわれわれが得た最高分解能は約10 nmである[6]。

1.6　単一量子ドット分光の具体例

単一量子ドット分光の一例として，NSOMによるInGaAs量子ドットのPL分光を紹介したい[7]。多数の量子ドットに対してPLスペクトル測定をおこない，その結果をさまざまな視点から整理することにより，集団観察では決して見出されない重要な性質を浮かび上がらせるのがポイントである。

観察対象とした試料は，GaAs基板上にエピタキシャル成長により作製した自己形成InGaAs量子ドットである（円錐台形状をしており，底面の直径が約30 nm，高さが約8 nm）。ドット全体は厚さ70 nmのGaAs/AlGaAsキャップ層（保護層）によって覆われている。プローブ開口を通して励起光を照射し，局所的に励起子を生成する。励起子は拡散，緩和の後，主に量子ドットと濡れ層で再結合する。PL信号を再び開口を通して集光し，APD（PL強度測定）あるいは分光器＋CCDシステム（PLスペクトル測定）で検出する。測定は室温でおこなった。図9(a)はPL強度画像であり，1つ1つのスポットが単一ドットからの発光に対応している。

図9(b)はある単一のドットから得られたPLスペクトルである。ここで，最低準位（E_g）と第一励起準位（E_{ex}）のエネルギー差ΔE_{g-ex}は量子ドットの大きさで決まり，ドットが小さいほど，ΔE_{g-ex}は大きくなる。本試料のようにドットが埋め込まれた（キャップ層で覆われた）状態では，ドットの大きさを直接測定する手段がないため，この値が重要な目安となる。このようなPLスペクトルを約30個のドットについて測定し，それらを整理，解析した。

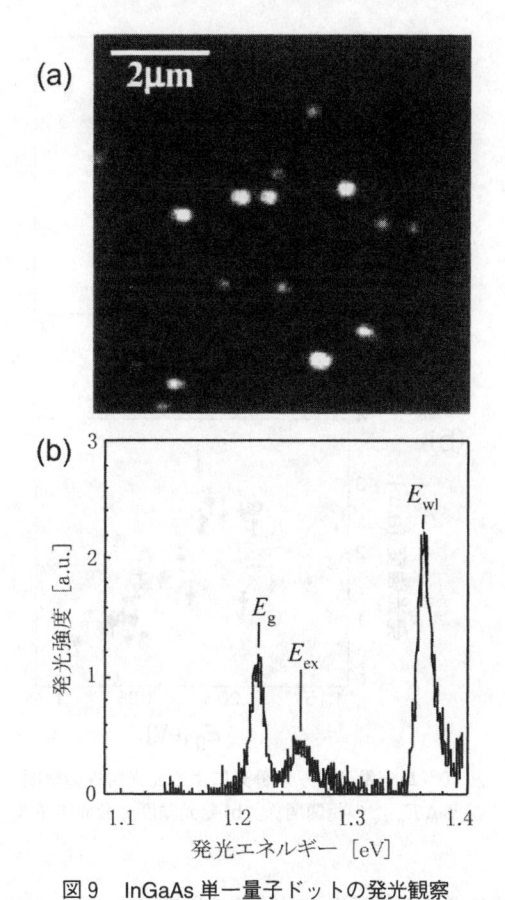

図9　InGaAs単一量子ドットの発光観察
(a)単一量子ドットの発光画像。(b)単一量子ドットの発光スペクトル（E_{wl}は量子ドットの下地となる濡れ層からの発光）。

まず，図10(a)にPLスペクトル幅と$\Delta E_{g\text{-}ex}$との相関を示す。ドットが小さいほどPLスペクトル幅が大きいことがわかる。スペクトル幅の起源は主に電子とフォノンとの相互作用による。ここで得られた相関は理論計算によっても再現されている。測定をおこなったドットサイズの範囲では，スペクトル幅はドットサイズとともに単調に減少している。ただし，サイズが大きくなりすぎると，連続的なエネルギー準位構造へと移行し，かえってフォノンとの相互作用は強くなってしまう。つまりスペクトル幅が最小となる最適なドットサイズが存在することとなる。

次に最低準位からの発光エネルギーと発光強度の相関をプロットしたのが図10(b)である。発光エネルギーが低くなるにつれて，発光強度が約4倍にまで増大することが明らかとなった。閉じ込めが浅い電子ほど，頻繁に高いエネルギー準位（濡れ層）へ熱励起がなされ，光を放たずに緩和する確率が高くなることがその理由と考えられる。

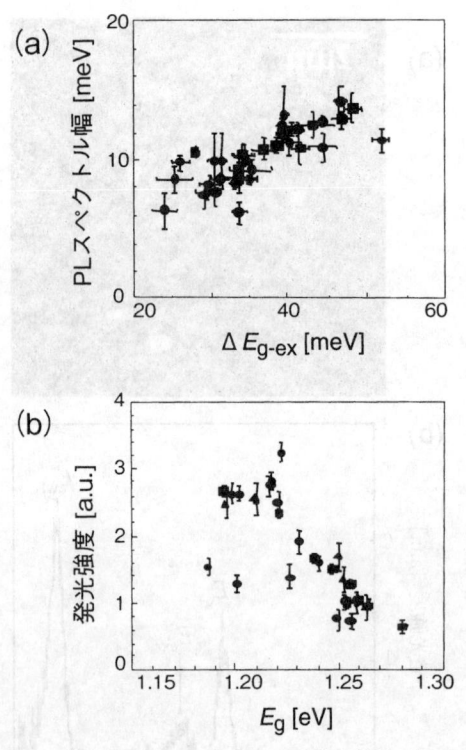

図10 単一量子ドット分光による発光特性の解明
(a)発光スペクトル幅とΔE_{g-ex}の相関関係。(b)発光強度と発光エネルギーの相関関係。

1.7 量子ドットに閉じ込められた電子の波動関数を見る

通常，量子ドットのサイズは光の波長と比べてずっと小さいため，これまでの光学顕微鏡技術ではドットの一部分だけを光で照らすことはできない。すなわち，図11(a), (b)に示すように量子ドットは空間的に一様な光（同位相の光）によって照らされ，電子（励起子）の波動関数に関してはその振幅をドット全体にわたって積分した「平均的な」情報しか得ることができない。しかし，ナノスケールの光源を提供するNSOMを利用すると，図11(c), (d)のように局所的に光を照射することができ，その場所での波動関数の振幅に応じた光学応答（光吸収など）を得る。さらにプローブをドット上で走査することにより，光学応答の空間分布を通して波動関数をマッピングすることが可能となる。また一様な光照射の場合，波動関数を積分した結果，その遷移が許されないエネルギー準位が存在するが（図11(b)），ナノ光源を利用すると，光源の位置での波動関数の値がゼロでない限り，あらゆる準位へ遷移させることができる（図11(d)）。

ここで研究対象とした量子ドットは，GaAs量子井戸の中に自然形成的にでき，100 nm前後のサイズをもつ比較的大きなものである。光によってこの量子ドットに生成される励起子は，その波動関数がドット全体にわたってきれいに広がっている。量子ドットの一部にだけ光を照らす

第2章 ナノ蛍光体開発に有効なキャラクタリゼーション

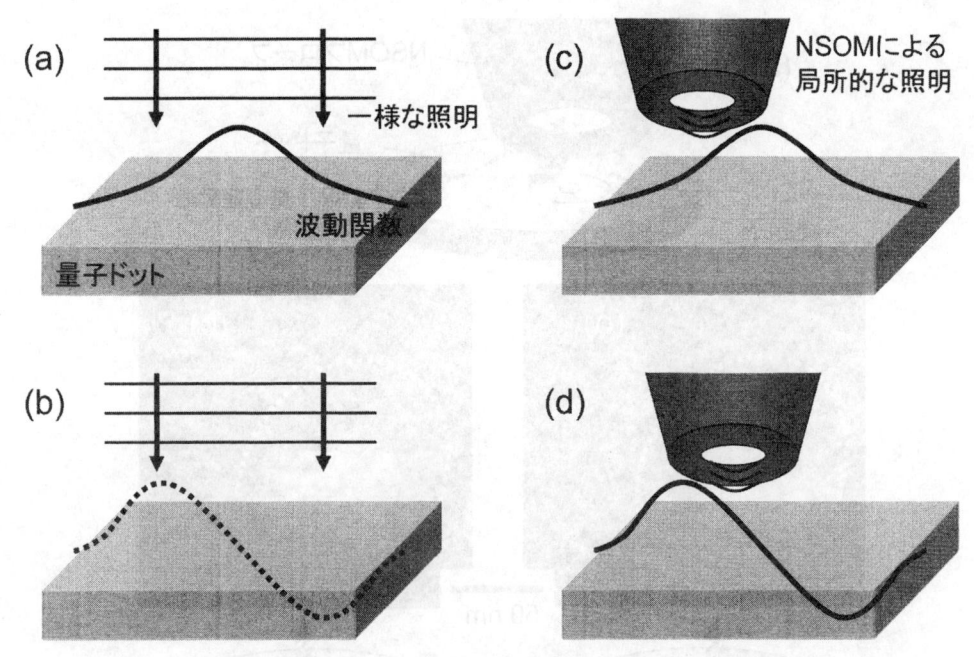

図11 ナノスケールの光による波動関数マッピングの原理
(a), (b)一様な光, (c), (d)局所的な光によって量子ドット中に励起子を生成するようす。(a), (c)には最低準位の(節のない)波動関数, (b), (d)には第一励起準位の(節のある)波動関数が描かれている。

ために，ここでは直径30 nmの開口をもつNSOMプローブを利用した。つまり，図12(a)のように励起子の波動関数よりも，光の方がより狭く閉じ込められた（30 nm）状況を実現している。図12(b)は，量子ドットに閉じ込められた励起子がドット内のどこで発光（再結合）しているかという分布を30 nmの精度（分解能）で調べた結果である[8]。点線がおおよその量子ドットの形である。理論的な考察により，この分布は励起子の重心運動の波動関数の形を直接反映することがわかっている。またここで同時に，励起子分子からの発光の分布も測定した（図12(c)）。励起子分子とは，2つの励起子が束縛状態を形成したもので，その発光エネルギーは1つの励起子からの発光よりも若干低い。図12(b)と(c)には明らかに大きさの違いがあり，励起子間の相関（2つの励起子が引力を及ぼしあっていること）を反映した波動関数のようすが，きちんと可視化されていることがわかる。これらの結果はすべて数値計算によって定量的に再現されており，今後の量子デバイス設計，評価，あるいは新しいデバイス動作機構に対する本手法の応用可能性を示唆している。

1.8 おわりに

近接場光学顕微鏡を中心に単一粒子分光法の基本技術を概説し，若干の測定例を紹介した。近

ナノ蛍光体の開発と応用

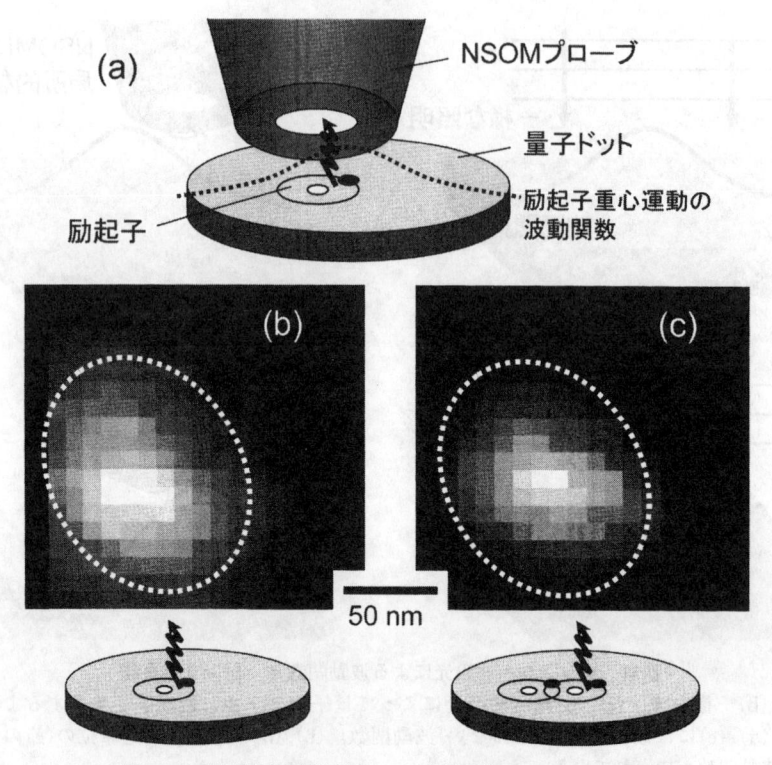

図12 近接場光学顕微鏡による波動関数マッピングの実例
(a) NSOMによって波動関数をマッピングする方法。
(b) 励起子発光, (c) 励起子分子発光の空間分布。

接場光学顕微鏡は高い空間分解能とリーズナブルな測定感度を有しており，蛍光分光だけでなく，ラマン分光，偏光分光においても威力を発揮する。また，低温，磁場などの特殊環境下での動作や，プローブを介した電場印加も可能であり，さまざまな外部制御パラメータの関数として，その発光特性を調べることができる。さらに，本文で述べたように高分解能を最大限に活用すると，量子ドットに閉じ込められた電子の波動関数を実空間でマッピングし，光学的な選択則を破ることも可能である。ナノ蛍光体は究極的なプローブとしても機能するので，同様の物理機構は，ナノ蛍光体間にも働く。このような機構は，ナノ蛍光の新しい観察手段や作製法，応用法を提供すると期待される。

文　献

1) 斎木敏治, 戸田泰則, ナノスケールの光物性, オーム社 (2004)
2) K. Karrai *et al., Appl. Phys. Lett*., 66, 1842 (1995)
3) H. Nakamura *et al., J. Microscopy*, 202, 50 (2001)
4) T. Saiki *et al., JSAP International*, 5, 22 (2002)
5) T. Saiki *et al., Appl. Phys. Lett*., 74, 2773 (1999)
6) N. Hosaka *et al., J. Microscopy*, 202, 362 (2001)
7) K. Ikeda *et al., J. Microscopy* 202, pp. 209 (2001)
8) K. Matsuda *et al., Phys. Rev. Lett*. 91, 177401 (2003)

2 フォトアコースティクによる光吸収法

豊田太郎*

近年，光の微小吸収や無輻射遷移過程を評価する方法として，フォトアコースティク（光音響）効果（photoacoustic，略して PA 効果）を利用する分光法（光音響分光法, photoacoustic spectroscopy，略して PAS）が見直されてきている。PAS は光熱変換現象を利用する分光法の 1 つで，この分光法の分野では主流を占めている。PA 効果は，断続光の照射で物質を周期的に加熱し，同期して起こる熱膨張振動が音源となり音響波あるいは弾性波が発生する効果である。この方法は歴史的にも古く，1880 年に電話の発明で有名な A. G. Bell が，光通信への応用を念頭に置いて PA 現象を発見している。Bell は，密封された容器の中に黒色化した試料を入れて太陽光線を音声信号で断続的に照射すると，容器内部に音波が発生することを確認している。1881 年には，J. Tyndall や W. Rontgen らも，気体試料に対して同様な PA 効果を観察している。しかし，その後長い間，PA 効果は忘れ去られていた。1938 年 M. L. Viengerov らが，PA 効果をマイクロフォンで検出する方法でガス混合物中の目的とするガス濃度の測定に応用したことから，次第にガス分析計として広く用いられるようになった。それ以後，PA 効果はもっぱら気体試料の測定に適用され，理論的な研究も活発に行われた。さらに高感度マイクロフォンをはじめとするエレクトロニクスの進歩と，レーザの発明とその後の発展は PA 効果の気体分析への応用を一層促進させることとなった[1]。一方 1973 年に入り，A. Rosencwaig により PA 効果が固体試料の分光測定に極めて有効であることが示されると，世界中の研究者の注目を集めた[2]。Rosencwaig は，従来の分光法では測定が困難であった固体試料（散乱体，生体系，粉末系）に対しても，そのままの形態で光吸収スペクトルが可能となることを示した。その後，PA 効果において音響波や弾性波は情報の伝播のみを主として担い，分光法として情報を持つのは，無輻射緩和に伴う光エネルギーの格子振動（フォノン）への変換による発熱であることが，多くの研究者により認識された。その結果，発熱に伴う熱波を検出する光熱変換分光法が活発に研究されて現在に至っている。一般に，PAS を含む光熱変換分光法は，次のような特徴を持っている。

① 従来の分光法では測定が困難であった粉末試料や，散乱光の強い試料に対しても光吸収測定が可能。
② 光源の変調周波数を変えることにより，非破壊で深さ方向の解析が可能。
③ 信号が入射光強度にほぼ比例して大きくなるので，レーザ等の強度の大きな光源を利用す

＊　Taro Toyoda　電気通信大学　電気通信学部　量子・物質工学科　教授

ることで,高感度分光分析が可能。
④ 光吸収の他に,緩和現象や熱的性質の測定が可能。

PASにおけるマイクロフォン検出法は,これらの長所を有する反面,欠点として,①応答速度をある程度以上には速く出来ない,②真空中では測定が出来ない,③温度変化測定が容易ではない,等が挙げられる。その後,マイクロフォン検出法の欠点を補う目的で,圧電素子や焦電素子を試料の光照射面の裏面に直接接触させる方法(トランスデューサ検出法)や[3],試料表面直上のプローブ光の偏向を利用する方法(光熱偏向法)[4],試料内に発生した熱分布に伴う熱レンズ効果によるプローブ光の拡がりを利用する方法(熱レンズ法)[5]等が開発された。しかし,マイクロフォン検出法では測定結果の解析が比較的単純で明快であるため,現在,光吸収を中心とした分光測定にはこのマイクロフォン検出法が多く適用されている。

図1に,マイクロフォン検出PASの基本構成を示す。励起光源から出射した光は分光器により単色化され,その後チョッパーにより変調され,光音響セルに導入する。励起光源の種類は目的に応じて選択されるが,一般に広い波長領域のスペクトルを得るためにはキセノンランプやヨウ素タングステンランプが広く適用されている。さらに目的に応じて,水銀ランプや気体・固体の各種レーザ(含,半導体レーザ)が適用されている。従来レーザ光源は光分解能は達成出来るため,微細構造を持つスペクトル測定には大変有効であるが,可変波長範囲は狭く,広領域のスペクトルを得ることには不向きであった。近年,固体レーザ系の発展に伴い光パラメトリック発振・増幅器の発展が著しく,その結果超短パルス光ではあるが近紫外から近赤外に及ぶ計測が可能となった。PA効果の理論によれば[2],励起光源の変調周波数を変化させることにより,固体や液体の深さ方向における光吸収係数の分布や,物質の熱拡散長等の物理的パラメータを評価す

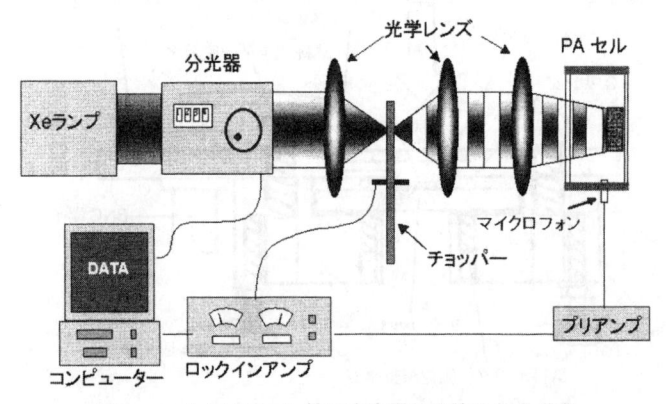

図1 マイクロフォン検出光音響分光法の基本構成

ることが出来る。このような目的のためには，変調周波数が可変なチョッパーが必要となる。通常の目的には機械式のものが使用されているが，最大変調周波数は数 kHz が限界となる。それ以上の励起光の変調が必要の場合は，電源変調方式を利用したものや，光変調器が用いられる。

　図2に，典型的な光音響信号測定用セルを示す。変調光が入射する窓材は，使用波長域において十分に透明である必要がある。窓材やセルの内壁面で入射光やその散乱光が吸収されると，PA信号が発生するため，バックグラウンド雑音の除去に留意する必要がある。試料室は十分に密封されており，検出感度を向上させるため容積は小さくおさえることが必要である。音響信号の検出にはエレクトレットマイクロフォンが良く用いられる。エレクトレットマイクロフォンは簡便かつ高感度であり，その周波数特性は 10 ～ 10 kHz の領域で平坦である。マイクロフォン検出法による信号については，1次元モデルを想定した熱の流れを仮定して解析が行われる[2]。PA信号が検出される過程は，①光の吸収による熱源分布の設定，②熱拡散方程式を解き，温度分布を求める，③試料と気体境界面における温度の交流振幅を求める，④境界層（気体の熱拡散長に対応）の平均温度を求める，⑤境界層が膨張する長さを求める，⑥残りの気柱の体積変化分から音圧の変化を求める，から成り立っている。その結果，試料長，光吸収長，熱拡散長の3つのパラメータの大小関係により，PA信号の物理的意味が異なってくる。光学的に透明な試料に対して光吸収信号を得るためには，3つのパラメータ間の強い束縛条件は無い。一方，光学的に不透明な試料に対して光吸収信号を得るためには，光吸収長が熱拡散長よりも大きく，試料長は熱拡散長よりも大きいことが要請される。熱拡散長は励起光の変調周波数で決定されるため，熱拡散長＜光吸収長の条件を満たすことが出来る。その結果，光学的に不透明な試料に対しても，光吸収情報を得ることが可能となる。検出された PA 信号はプリアンプで増幅された後，ロックインア

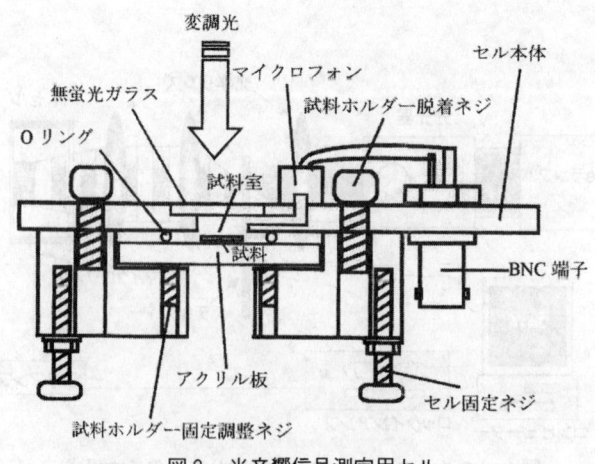

図2　光音響信号測定用セル

ンプ等を通してS/N比の向上がなされる。さらにコンピュータによる信号処理により各種の情報を出力することが可能であり，操作性の改善や測定の迅速化を図ることが出来る。一般的に装置を構成する上では，①PA信号の飽和，②PA信号のバックグラウンド，③暗雑音，④電気系雑音，等に十分留意する必要がある[1]。

　PASは，無輻射緩和過程に伴う光エネルギーが最終的に格子振動（フォノン）への変換による発熱を利用する手法の一つであるが，近年，超短パルスレーザの発展により，熱エネルギーに変換されるはるか以前の光励起キャリアの過渡応答特性（フェムト秒から数百ピコ秒）を測定出来るようになった。従来このような高速の過渡応答特性には，時間分解蛍光法や過渡吸収法が良く知られているが，前者は対象とする試料が蛍光物質である必要性のため汎用性に乏しい。後者は感度の点と試料形態が限定されること（光透過体），さらに分光システムの複雑性に問題が残っている。ここで，過渡応答測定手段の一つとして知られる過渡回折格子法は，無輻射緩和を利用する方法である。この手法は他の方法に比較して，試料形態への汎用性の高さと，バックグラウンドフリー計測による高感度測定が可能である。この手法は，試料を過渡的な格子状に光励起し，その過渡回折格子（光励起キャリアによる屈折率分布に対応）で偏向されたプローブ光強度を測定するものである。しかし，従来の過渡回折格子法は，レンズで絞った4本のビームの重ね合わせや，超短パルスレーザ光を試料に入射するタイミング操作が困難で，そのため過渡吸収法による測定と比べて普及してはいなかった。その後，2003年になって，**Katayama**らにより独創的な簡易型ヘテロダイン検出過渡回折格子計測システムが開発され，不透明かつ光散乱の大きな試料に対しても，十分に過渡応答評価が出来るようになった。またこのシステムでは，励起光強度を従来の千分の一以下に低減することが可能となり，レーザ照射に伴う損傷や非線形光学効果を無視出来るようになった[6~9]。図3に，簡易型ヘテロダイン検出過渡回折格子計測システ

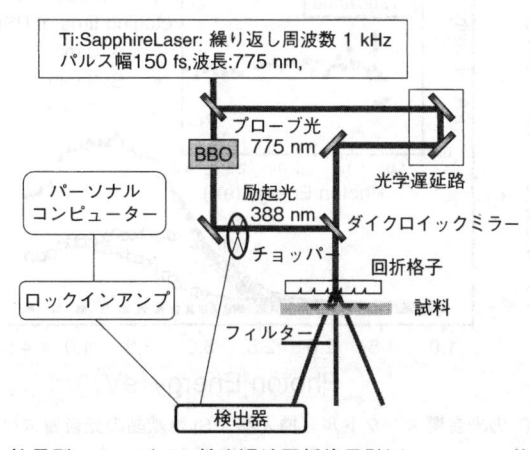

図3　簡易型ヘテロダイン検出過渡回折格子計測システムの基本構成

ムの基本構成を示す。光源にはチタン・サファイアレーザを用い，波長775 nm，パルス幅は150フェムト秒である。出射されたレーザパルスをビームスプリッタで2つに分け，一方を非線形光学結晶（BBO）に透過させ，波長を388 nmに変換して励起光とした。もう一方をプローブ光として，ダイクロイックミラーで励起光と同軸にして透過型回折格子に照射した。その結果，入射側と反対側の回折格子近傍に，干渉縞状の励起光による光強度分布が生成される。続いて，この光強度分布が生成されている領域へ試料を回折格子と平行に設定することにより，過渡的に試料が励起される。同軸に入射したプローブ光は，回折格子と試料表面のそれぞれで回折される結果，検出器でヘテロダイン計測を行うことが出来る。プローブ光を遅延路で制御することにより，時間分解計測が可能となる。プローブ光の回折光強度は，光励起キャリア密度の過渡応答に対応する。

図4に，ポーラスSiのPAスペクトルを示す[10]。ここで，ポーラスSiはSi表面がナノメートルサイズに多孔質化したSiで，1990年にL. T. Canhamによって室温で可視発光が起こることが発見された[11]。ポーラスSiの発光メカニズムは，ナノサイズ化に伴う量子閉じ込め効果説が最も有力であるが，未だにはっきりとは解明されていない。ポーラスSiは基板Si単結晶の上に陽極化成法で形成されるため，光吸収は従来の透過法では測定出来ない。このような系には，PASが有効となる。図4では，形成されたポーラスSiに対してその後にHF処理時間をパラメータとしたPAスペクトルを示す。また，Si単結晶のPAスペクトルの測定結果も挿入している。Si単結晶ではおよそ1.1 eV付近にPA信号の立ち上がりが見られ，従来報告されているSi

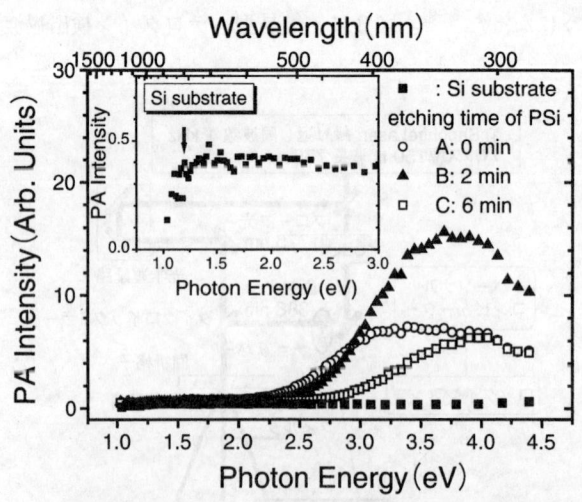

図4 ポーラスSiの光音響スペクトル（挿入部はSi単結晶の光音響スペクトルを示す）
　○：エッチング無し　▲：エッチング時間2分　□：エッチング時間6分

のバンドギャップエネルギーと一致し，PASの有効性が示される。ポーラスSiでは，Siのバンドギャップよりも高エネルギー側にPA信号の立ち上がりが見られ（2.0 eV以上），Siのナノメートル領域のサイズ化に伴う量子閉じ込め効果が示唆される。また，HF処理時間の増加に伴い，PA信号の立ち上がりが高エネルギー側にシフトすることがわかる。このように，従来の光吸収測定が不可能であった系に対しても，PASの適用により光吸収情報を得ることが可能となる。

図5に，バルクとナノ粒子のZnSのPAスペクトルを示す。この系は粉末で，光吸収は従来の透過法では測定出来ない。このような系には，PASが有効となる。ZnSナノ粒子はバルクに比べて高エネルギー側にブルーシフトしていることがわかる。これは，量子閉じ込め効果によ

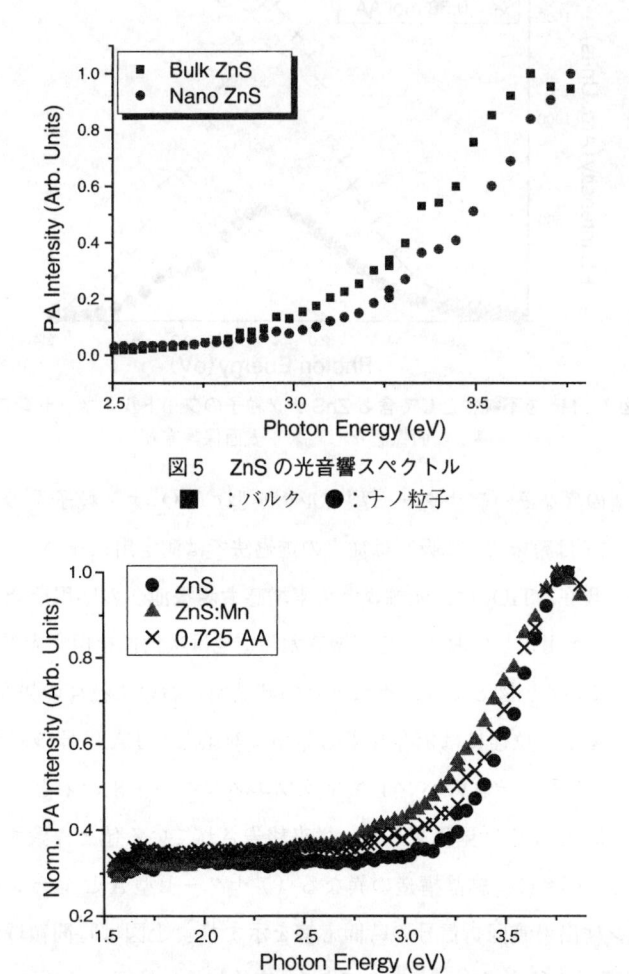

図5　ZnSの光音響スペクトル
■：バルク　●：ナノ粒子

図6　Mnを不純物として含むZnSナノ粒子の光音響スペクトル
○：ZnSナノ粒子　▲：表面保護なし　×：表面保護有り

る，バンドギャップエネルギーの増大に対応すると考えられる。図6に，Mnを不純物として含むZnSナノ粒子のPAスペクトルを示す[12]。このZnSナノ粒子系では，従来のバルクZnSにMnを不純物として含む場合に比べて，高い蛍光量子効率を報告したことから大きな注目を集めた[13]。図6から，Mn不純物を含んだ系では，PAスペクトルは低エネルギー側にレッドシフトしていること，また，PA信号強度は，Mn不純物量に比例して増加することがわかった。さらにアクリル酸による表面保護を施した系では，表面保護を施さなかった系に比べPAスペクトルが高エネルギー側にブルーシフトすることが判明した。図7に，表面保護の有無によるフォトルミネッセンス（PL）を示す。発光ピーク位置は両者で一致するが，表面保護を施した系では発光強度が4倍程度増大することがわかった。

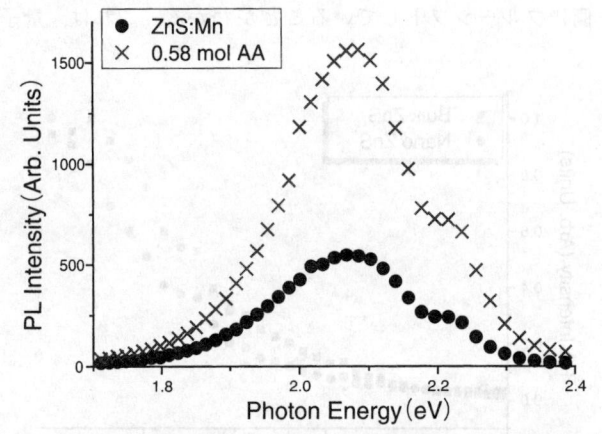

図7　Mnを不純物として含むZnSナノ粒子のフォトルミネッセンス
●：表面保護なし　×：表面保護有り

図8に，結晶構造の異なる（アナターゼ型とルチル型）TiO_2ナノ粒子系のPAスペクトルを示す[14]。TiO_2ナノ粒子は粉末で，光吸収は従来の透過法では測定出来ない。このような系には，PASが有効となる。現在，TiO_2は，光触媒と色素増感太陽電池への応用研究が活発に進行している。光触媒は一部で実用化しており，色素増感太陽電池は次世代を担う光電変換デバイスの一つとして有望視されている。図8では，それぞれの結晶型において粒径の異なるTiO_2ナノ粒子を測定対象としているが，粒径には依存せず結晶型に対応したPA信号の立ち上がりが見られる。PAスペクトルからそれぞれのバンドギャップエネルギーを求めると，アナターゼ型では3.2 eV，ルチル型では3.0 eVと見積もられ，従来報告されている値と一致することから，PASの有効性が示される。図9に，結晶構造の異なる（アナターゼ型Aとルチル型R）TiO_2ナノ粒子系のヘテロダイン検出過渡回折信号の時間応答を示す[14]。上図は時間領域が6ピコ秒まで，下図は時間領域を60ピコ秒まで広げたものである。応答特性は粒径サイズに依存せず，アナターゼ型Aはルチル型Rに比べて，光励起キャリアの応答がはるかに速いことがわかる。この時間

図8 結晶構造の異なる TiO_2 ナノ粒子の光音響スペクトル
●, ○：ルチル型； ■, □：アナターゼ型

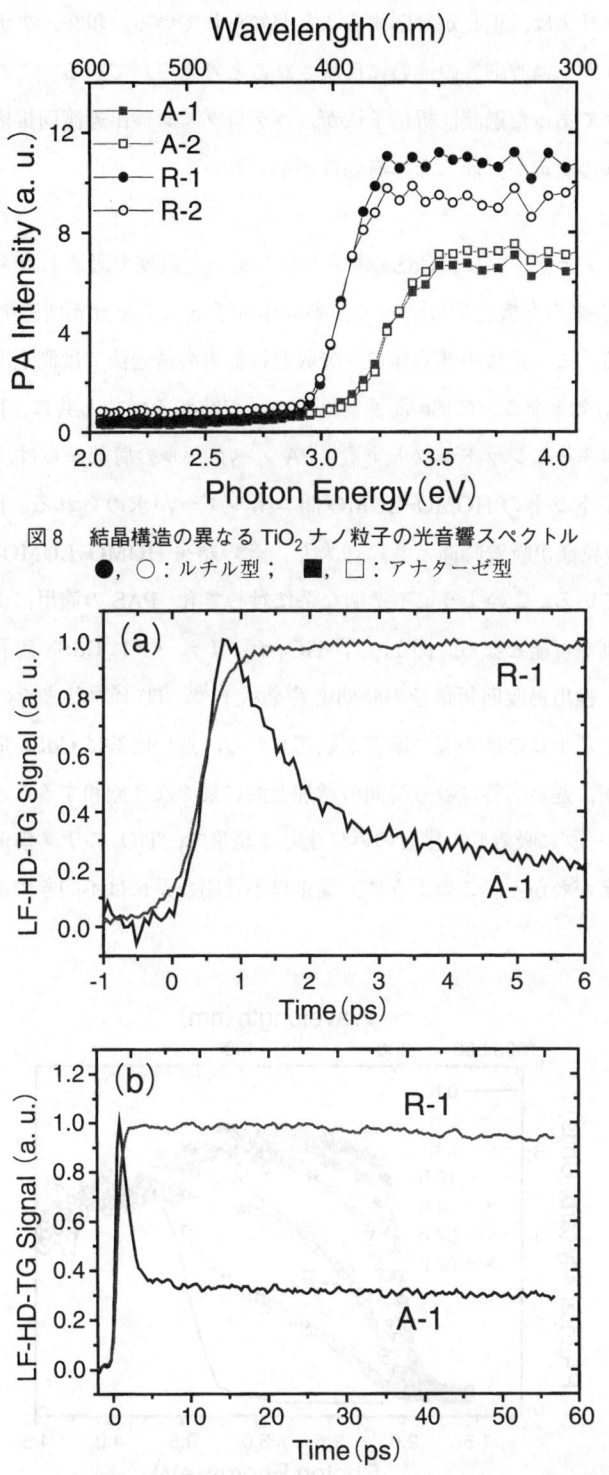

図9 結晶構造の異なる TiO_2 ナノ粒子の過渡回折信号の時間応答
R-1：ルチル型； A-1：アナターゼ型

領域での光励起キャリアは，正孔が対応することが知られている。現在，アナターゼ型とルチル型のバンドの曲がりが，過渡応答の違いに反映されると考えられている。このように，従来は不透明な系には不向きであった過渡回折格子法が，ヘテロダイン検出過渡回折格子計測システムの適用により過渡応答の測定が可能となり有効性が示される。

図10に，TiO_2 ナノチューブに，CdSe量子ドットを一定温度で吸着した系のPAスペクトルを示す[15]。現在，従来の有機色素に代って，半導体量子ドットを分光増感剤として適用する研究が活発化している。この系は不透明体で，光吸収は従来の透過法では測定出来ない。このような系には，PASが有効となる。CdSe量子ドットの吸着時間の増加と共に，PAスペクトルの肩部は次第に低エネルギーにレッドシフトする。PAスペクトルの肩部からは，量子閉じ込め効果に基づくCdSe量子ドットのHOMO-LUMO間エネルギーが求められる。図10の結果から，CdSe量子ドットの粒径が吸着時間と共に増大し，その結果HOMO-LUMO間エネルギーが減少することを示している。このように不透明な系に対しても，PASの適用により半導体量子ドットの電子状態の評価が可能となる。図11に，TiO_2 ナノチューブにCdSe量子ドットを吸着した系の，ヘテロダイン検出過渡回折信号の時間応答を示す[15]。60ピコ秒までの応答領域では，数ピコ秒の速い応答と数十ピコ秒の遅い応答が観測される。速い応答はCdSe量子ドットの吸着時間には依存しないが，遅い応答は吸着時間の増加と共に長くなり飽和することが見出された。これは TiO_2 ナノチューブに吸着した場合のみに生じる現象で，TiO_2 のナノ構造が過渡応答特性に大きく影響することがわかる。このように，従来は不透明な系には不向きであった過渡回折格子

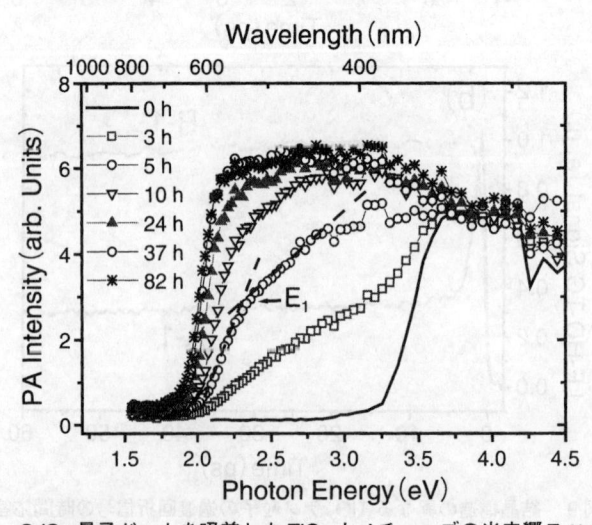

図10 CdSe量子ドットを吸着した TiO_2 ナノチューブの光音響スペクトル

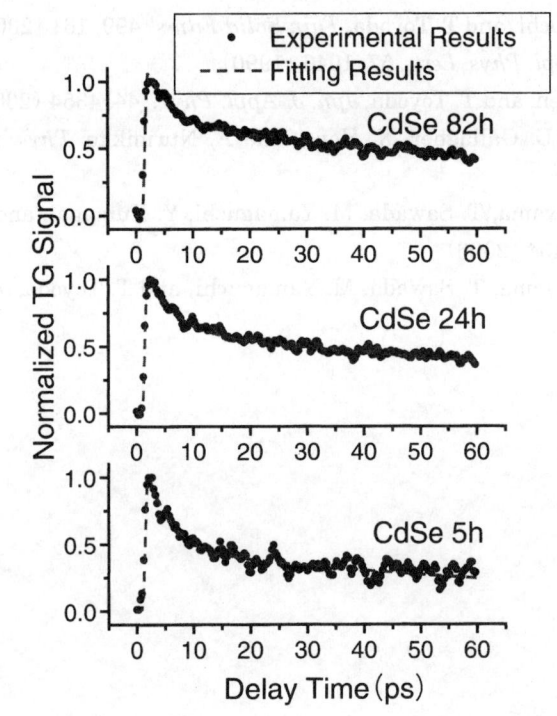

図11 CdSe量子ドットを吸着したTiO$_2$ナノチューブの過渡回折信号の時間応答

法が，ヘテロダイン検出過渡回折格子計測システムの適用により，光励起キャリアの過渡応答の測定が可能となった。

文　　献

1） 沢田嗣郎編，光音響分光法とその応用―PAS，学会出版センター　p.1（1982）
2） A. Rosencwaig and A. Gersho, *J. Appl. Phys*., 47, 64（1976）
3） W. Jackson and N. M. Amer, *J. Appl. Phys*., 51, 3343（1980）
4） L. C. Aamodt and J. C. Murphy, *J. Appl. Phys*., 52, 4903（1980）
5） A. C. Tam, *Rev. Mod. Phys*., 58, 381（1986）
6） M. Yamaguchi, K. Katayama, and T. Sawada, *Chem. Phys. Lett*., 377, 589（2003）
7） K. Katayama, M. Yamaguchi, and T. Sawada, *Appl. Phys. Lett*., 82, 2775（2003）
8） K. Katayama, M. Yamaguchi, and T. Sawada, *J. Appl. Phys*., 94, 4904（2003）
9） M. Yamaguchi, K. Katayama, Q. Shen, T. Toyoda, and T. Sawada, *Chem. Phys. Lett*., 427, 192（2006）

10) Q. Shen, M. Inoguchi, and T. Toyoda, *Thin Solid Films*, 499, 161 (2006)
11) L. T. Canham, *Appl. Phys. Lett.*, 57, 1046 (1990)
12) A. B. Cruz, Q. Shen, and T. Toyoda, *Jpn. J. Appl. Phys.*, 44, 4354 (2005)
13) R. N. Bhargava, D. Gallagher, X. Hong, and A. Nurmikko, *Phys. Rev. Lett.*, 72, 416 (1994).
14) Q. Shen, K. Katayama, T. Sawada, M. Yamaguchi, Y. Kumagai, and T. Toyoda, *Chem. Phys. Lett.*, 419, 464 (2006)
15) Q. Shen, K. Katayama, T. Sawada, M. Yamaguchi, and T. Toyoda, *Jpn. J. Appl. Phys.*, 45, 5569 (2006)

3 電子スピン共鳴法による局所構造解析

3.1 ナノ蛍光体の開発における電子スピン共鳴法の有用性

武貞正浩[*1], 磯部徹彦[*2]

ZnS:Mn^{2+}におけるMn^{2+}のように，発光中心が不純物イオンである不純物型蛍光体において，発光イオンの分布の均一性が発光効率に大きな影響を及ぼす。発光イオンが母体中に不均一に分散している場合，イオン間の相互作用が強くなり，励起時にイオン同士の励起エネルギーの回遊が起こり，最終的に欠陥などのトラップサイトで熱的に失活しやすくなり発光効率が著しく低下する。この現象を『濃度消光』という。また，ナノ蛍光体は単位体積あたりの表面積の割合（比表面積）がミクロンサイズ蛍光体よりも大きく，表面近傍の状態が蛍光体としての性質に大きく寄与する。粒子表面の原子は結合する原子が欠如したサイトができ，ダングリングボンドを形成している。このようなサイトは表面欠陥とよばれ，発光効率を低下させる発光キラーとして働く。表面近傍に発光イオンが分布すると，励起エネルギーが表面欠陥へ移動しやすくなり，熱的に失活して発光効率が低下する。

以上のことから，蛍光体母体内に固溶している微量の発光イオンの，場所的な分布の均一性を測定する手段が求められる。しかし，従来の電子線や蛍光X線を用いた局所元素分析では発光イオンの局所的な分布状態まで測定するのは困難である。発光イオンが常磁性である場合，電子スピン共鳴（electron spin resonance: ESR）を用いることで，イオンの分布状態を簡便に観測することができる。近接した常磁性イオン同士の相互作用や，イオンの存在状態によって，得られるスペクトルの形状が変化する。これを利用して，イオンの分布状態を定量的に議論することが可能となる。

3.2 電子スピン共鳴法

3.2.1 電子スピン共鳴

ESRは対象とする電子スピンが常磁性種の場合，常磁性共鳴（electron paramagnetic resonance: EPR）ともいわれる。ESRとは，電子が持つ磁気モーメントの運動を利用して，物質の中の電子の様子，電子が入っている環境の様子を調べる学問体系である[1]。

ESRの対象とする物質中には不対電子がなくてはならない。常磁性物質においては熱的なゆらぎによりすべての不対電子の磁気モーメントの方向はばらばらであり，すべての不対電子のエネルギー状態は等しい（図1(a)）。そこに外部磁場を印加すると，電子は磁場と逆平行（αス

[*1] Masahiro Takesada 慶應義塾大学 理工学部 応用化学科 博士課程

[*2] Tetsuhiko Isobe 慶應義塾大学 理工学部 応用化学科 准教授

(a) 外部磁場なし　　　(b) 外部磁場あり

不対電子の磁気モーメントは　　磁場と逆平行（αスピン）、平行（βスピン）
ばらばらの方向を向いている　　どちらかに向きが揃う

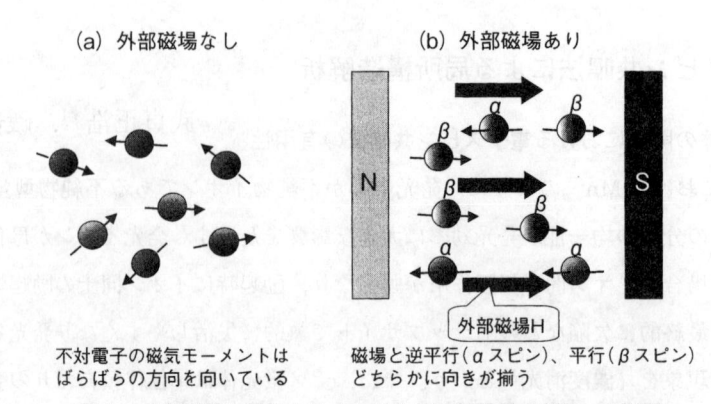

図1　外部磁場を印加することによる不対電子の挙動への影響

ピン）または平行（βスピン）のどちらかの向きに揃い，電子のエネルギー状態がαスピンとβスピンに対応するエネルギー状態に分裂する（図1(b)）。これを「ゼーマン分裂」という。電子は通常，安定なエネルギー状態を選ぶので，βスピンの状態となる。ここで図2に示すように，外部磁場がH_0の時，外部から周波数νを持つ電磁波（マイクロ波）を与えると，電磁波のエネルギー$h\nu$がゼーマン分裂のエネルギー差に等しくなると，βスピン電子は$h\nu$を吸収し，αスピンの状態に励起される。この現象を「電子スピン共鳴」という。その共鳴条件式は

$$h\nu = g\beta H_0 \tag{1}$$

（h：プランク定数，ν：電磁波の周波数，g：g値，β：ボーア磁子，H_0：共鳴外部磁場）

となる。

実際のESR測定では，マイクロ波のエネルギーを一定にして，磁場を変化させる方式をとる。そして，検体における不対電子のマイクロ波の吸収位置・強度からキャラクタリゼーション

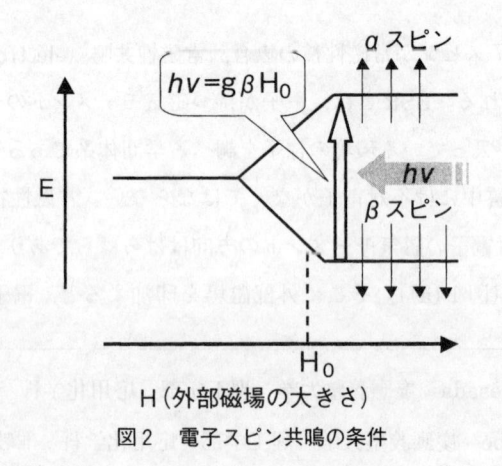

図2　電子スピン共鳴の条件

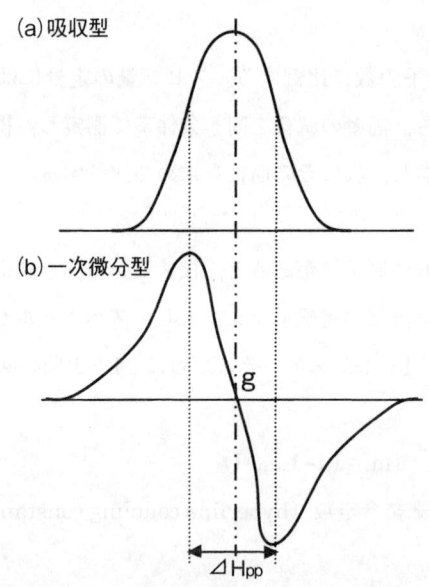

図3 ESR信号(a)吸収型，(b)一次微分型[1]

を行う。このとき，外部磁場に対して100 kHz程度の小さな交流磁場をかけている点に注意する必要がある。これは，図3に示すとおり，吸収型の吸収曲線を一次微分型にして信号を得るためで，検出感度・精度を上げるためである。よって，これ以降に示すESRスペクトルは一次微分型で示されている。

3.2.2 電子スピン共鳴から得られるパラメーター

ESRスペクトルから得られるパラメーターとしておもにa) g値，b)線幅，c)強度，d)超微細結合定数（hfc）があげられる。そのほかに不対電子間に働く相互作用を表すパラメーターとしてe)ゼロ磁場分裂定数，f)交換相互作用定数がある[1]。

a) g値

どのような磁場で共鳴が観測されるかを表す因子である。一般的に，電子の角運動量が，電子の軌道上だけであればg＝1，また自転だけであればg＝2となる。実際の物質中のg値（図3(b)）は，このような理想値から離れており，そのずれ（Δg）がどの程度かが物質中の電子状態を知る上で重要となる。

b) 線幅

吸収の広がりを示す。一般的には，一次微分型スペクトル（図3(b)）において，最大値と最小値を示す位置の間の間隔 ΔH_{pp}（peak-to-peak linewidth）を線幅として定義する。これらの線幅は，マイクロ波によって遷移した電子の緩和時間に依存している。緩和機構にはスピン-格子緩和（T_1）と，スピン-スピン緩和（T_2）がある。

c) 強度

ESRの吸収強度は不対電子の数に比例する。スピン量の定量には，スピン量が既知の標準試料と比較して行う。すなわち，両者の試料を同一条件下で測定し，得られた一次微分型スペクトルを吸収型スペクトルに変換し，次にその面積を求めて比較する。

d) 超微細結合定数（hfc）

電子の近くに核スピンをもつ原子核があると，核スピンの向きに応じて，局所的な磁場が電子に働き，外部磁場と異なる位置に共鳴磁場がシフトし，スペクトルが分裂する。核スピンをIで表すと，核スピンの向きは$2I+1$個ある。そのために$2I+1$個の共鳴条件が満たされることになる。すなわち，

$$h\nu = g\mu_B (H_0 + Am_I) \quad (m_I = I, I-1, ..., -I) \tag{2}$$

このときの定数Aを超微細結合定数（hyperfine coupling constant : hfc）という。

e) ゼロ磁場分裂

2つの常磁性種をお互いに近づけると，不対電子による局所的な磁場によって，2つの常磁性種間に双極子相互作用が働く。このことによって，外部磁場が印加されていないときにすでに電子のエネルギー状態が分裂し，d)のケースとは別にピークが分裂する場合がある。これをゼロ磁場分裂という。例えば，Mn^{2+}においては，d)に記した核スピンとの相互作用によって見られる6本のスペクトルの間に，ダブレットなスペクトルとしてゼロ磁場分裂が観測される場合がある。これについての詳細は後述する。

f) 交換相互作用

2つの不対電子が非常に接近すると，双極子相互作用の他に，さらに交換相互作用が働く。これは，常磁性種間に働く量子的な接触相互作用といえる。

3.3 電子スピン共鳴法によるナノ蛍光体の局所構造解析

3.3.1 ZnS：Mn^{2+}ナノ蛍光体

^{55}Mnは核スピン$I=5/2$の遷移金属である。また，Mn^{2+}は電子スピン$S=5/2$で3d軌道に5つの不対電子を持つ。これが完全な八面体対称場では$2S+1=6$個の準位が六重に縮退している。Mn^{2+}に磁場が印加されると，ゼーマン分離により$S_z=\pm5/2, \pm3/2, \pm1/2$の6個の準位に分裂する。$Mn^{2+}$の場合さらにそれぞれが$I=5/2$の核スピンにより，$2I+1=6$本の準位に分裂する。許容遷移はスピン量子数$\Delta m_S=\pm1$と核スピン量子数$\Delta m_I=0$であり，粉体に関しては異方性遷移が打ち消されるため，粉末試料に関するMn^{2+}のESRスペクトルには，$(m_S=+1/2, m_I) \leftrightarrow (m_S=-1/2, m_I)$において$m_I=\pm5/2, \pm3/2, \pm1/2$の6つの遷移によるピークが観測される[2]。以上のMn^{2+}の不対電子のゼーマン分離と共鳴吸収がおこる遷移を図4に示す。

第2章 ナノ蛍光体開発に有効なキャラクタリゼーション

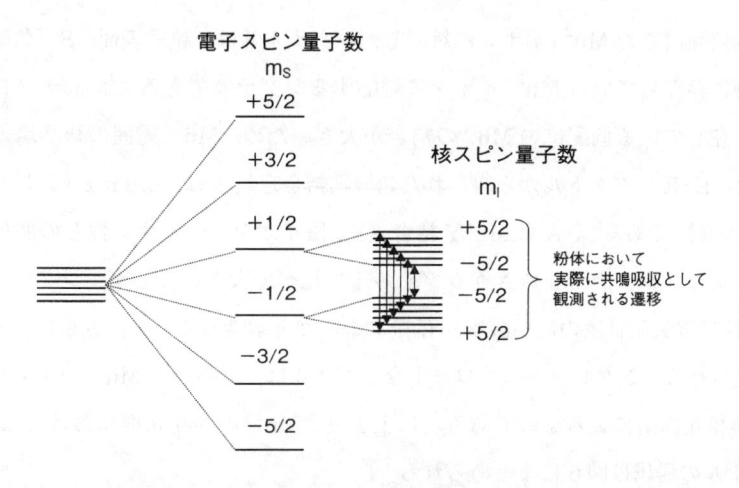

図4 Mn^{2+}の不対電子のゼーマン分離と共鳴吸収がおこる遷移[1]

　Kennedyおよび五十嵐らはZnS：Mn^{2+}ナノ粒子における発光中心イオンMn^{2+}の状態をESRを用いて解析した[2〜5]。図5-(a)に示すように，サブミクロンサイズZnS：Mn^{2+}（SMP）のESRスペクトルにおいては，前述した通り，6本のシグナルIが観察されたのに対し，ナノサイズZnS：Mn^{2+}（NC）のESRスペクトルにおいては，SMPと同様の6本のシグナルIの間に，新たにゼロ磁場分裂によるダブレットのスペクトルが観察された。また，図5-(b)に示すように通常のXバンド（9.5 GHz）よりも高周波数のQバンド（35 GHz）での測定において，シグナルIIが明瞭に検出されることが報告された。シグナルIは，ZnにSが4個配位した四面

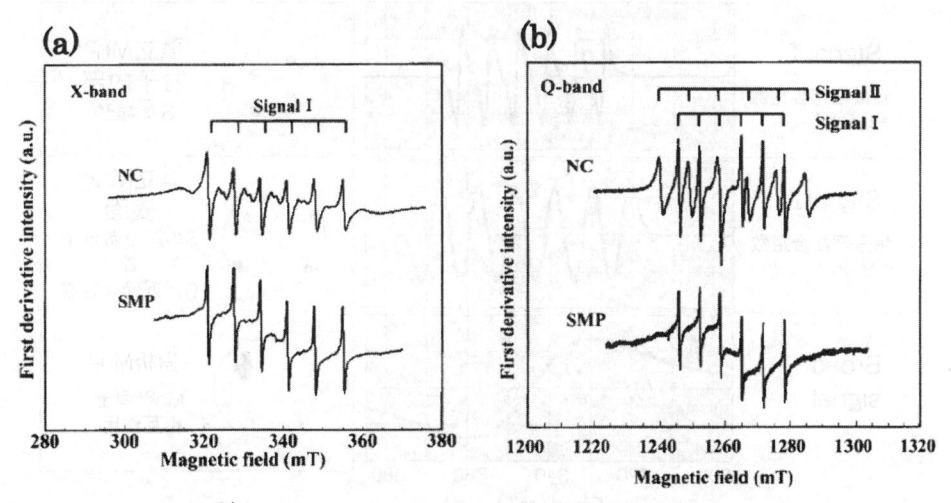

図5 ZnS：Mn^{2+}ナノ粒子（NC）およびサブミクロン粒子（SMP）のESRスペクトル
　　　(a)Xバンド，(b)Qバンド[4]

体サイトに置換固溶したMn^{2+}イオンに対応し，シグナルIIは，粒子表面，S^{2-}欠陥近傍および吸着酸素近傍に存在しているMn^{2+}イオンに対応するシグナルである[2,4,5]。ナノ粒子の場合，表面近傍に存在している低配位のMn^{2+}の割合が大きいため，Mn^{2+}周囲の結晶場の対称性が低下する。また，ESRスペクトルから得られた超微細結合定数Aは，6.9 mT（シグナルI）＜9.0 mT（シグナルII）である[6]。Aと$Mn-Y$結合（Y：陰イオン）のイオン性との関係には直線関係があることより，シグナルIIのAがシグナルIに比べて大きいことが，シグナルIIに対応するMn^{2+}の近傍に電気陰性度の高い酸素が存在することを示唆している。さらに，バックグラウンドとして見られるシングレットのブロードなシグナルは，近接したMn^{2+}同士の双極子相互作用および交換相互作用によるものである。以上より，Mn^{2+}の存在状態におけるZnS：Mn^{2+}のESRスペクトルの帰属は図6にまとめられる[7]。

3.1で述べた通り，ナノ蛍光体は比表面積がミクロンサイズ蛍光体よりも大きいため，粒子表面の欠陥を適当な修飾剤でコーティングしてキャッピングする必要がある。服部らは，表面修飾剤として3-メルカプトプロピルトリメトキシシラン（MPS），および分散安定化剤としてクエン酸ナトリウムが共存する反応場を利用し，共沈法によって合成したZnS：Mn^{2+}ナノ蛍光体とSiO_2のハイブリッド粒子の蛍光強度が約2.5倍増大することを確認した[8]。このとき合成したサンプルのESRスペクトル（図7(a)）をシミュレーションソフト（WinSim）[9]を用いてカーブフィッティングを行ったところ，シグナルIIの成分は観測されなかった。五十嵐らはポリアクリル酸などのカルボン酸で表面修飾を行った[5]のに対して，服部らはSiO_2の被覆をMPSのチ

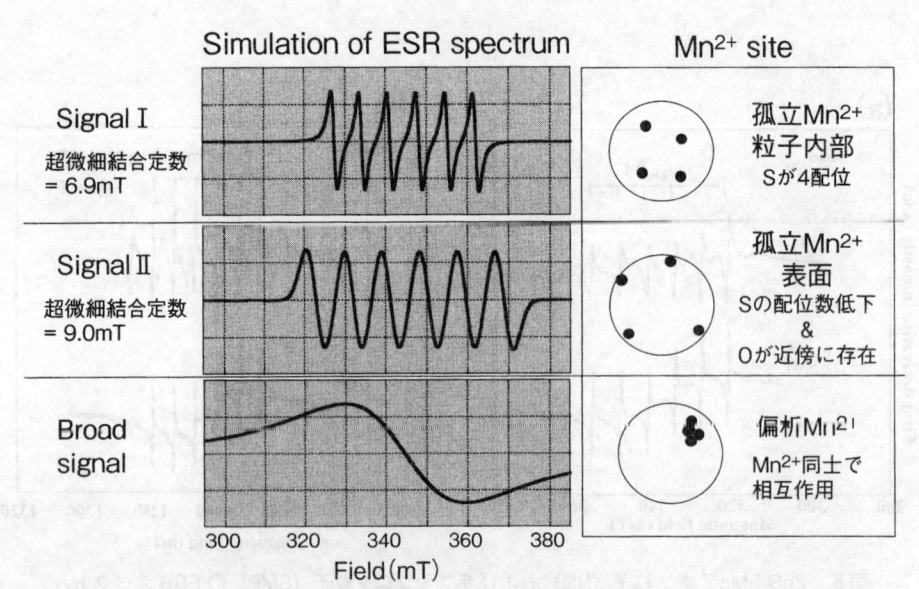

図6 3種類のMn^{2+}の存在状態におけるZnS：Mn^{2+}のESRスペクトルとその帰属[7]

図7 ZnS：Mn^{2+}のESRスペクトル
(a)実測スペクトル，(b)–(d)シミュレーションによって得られたスペクトル，
(b) signal I と broad signal の成分の足し合わせ (c) signal I の成分，(d) broad signal の成分 [8]

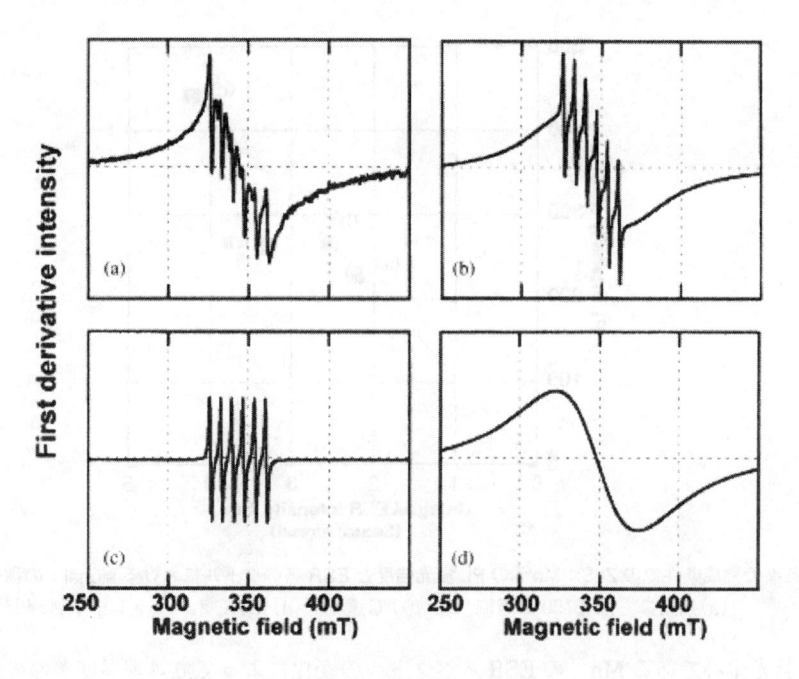

オール基（SH基）を介して行った。よって，表面に存在するMn^{2+}はSと結合するため，結果的にシグナルIに帰属されるZnの四面体サイトに置換固溶したMn^{2+}イオンだけが観測されたものと考えられる。

中村らは，メルカプトエタノールで表面修飾したZnS：Mn^{2+}ナノ蛍光体を還流熱処理およびオートクレーブによって熟成したことによる特性変化を調べた[10]。そして，100℃で還流熟成することで，蛍光強度が熟成前に比べて2倍程度向上することを報告した。これらのESRスペクトルのカーブフィッティングを行い，シグナルIおよびブロードなシグナルのスペクトル成分分離を行い，PL発光強度との関係を調べた。図8に示すように，シグナルIの積分強度，すなわちZnの四面体サイトに置換固溶したMn^{2+}イオンのスピン量とPL強度に相関関係が見られた。これより，発光強度増大に最適なMn^{2+}の存在状態は，ESRでシャープなシグナルIに対応する状態，すなわちZnS中に均一に固溶された状態であることが示された。

3.3.2 $ZnGa_2O_4$：Mn^{2+}ナノ蛍光体

武貞らはグリコサーマル法によって$Ga(acac)_3$，酢酸亜鉛，酢酸マンガンを1,4-ブタンジオール溶媒中で300℃2h反応させることで，平均粒径12.1nmの$ZnGa_2O_4$：Mn^{2+}ナノ蛍光体を合

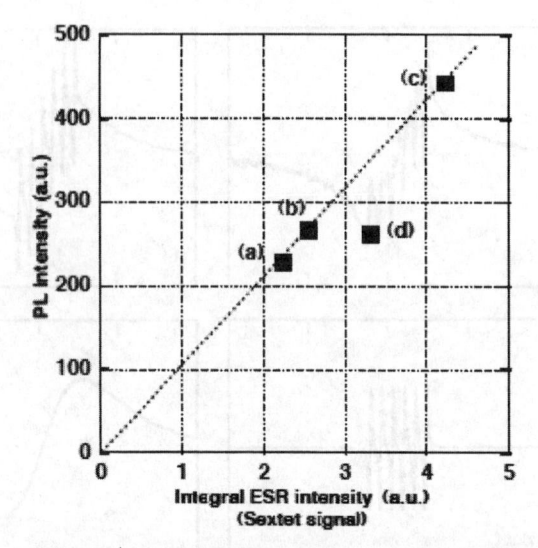

図8 各々の熟成条件でのZnS:Mn^{2+}のPL蛍光強度とESRスペクトルにおけるsignal Iの積分強度との関係
(a)熟成なし，(b)50℃還流，(c)100℃還流，(d)130℃オートクレーブ処理[10]

成し，発光中心であるMn^{2+}のESRスペクトルの変化によって熱処理温度条件の変化による影響を考察した[11]。中村らの報告と同様に，各熱処理温度でのESRスペクトルのシグナルIをカーブフィッティングによって分離し，母体粒子中に均一に固溶するMn^{2+}量とPL強度との関係をプロットしたところ，図9に示すような相関関係が認められた。このように，ZnS系と同様に発光強度を最適化するには，ZnGa$_2$O$_4$母体中に均一にMn^{2+}を固溶させることが重要である。

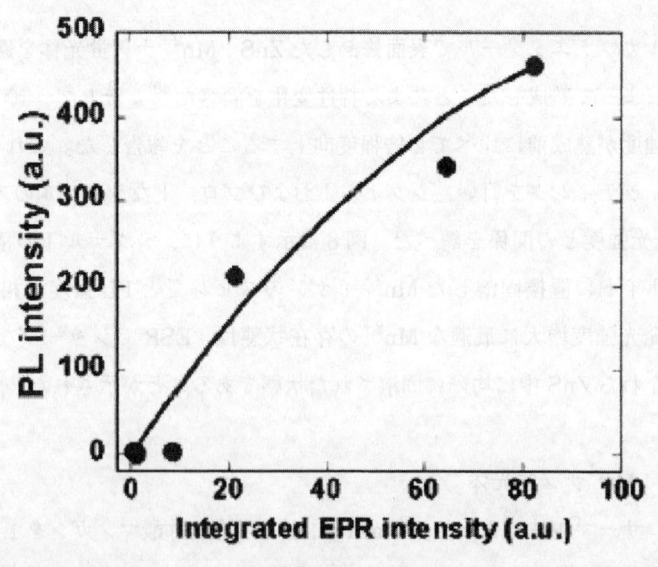

図9 ZnGa$_2$O$_4$:Mn^{2+}ナノ蛍光体におけるPL蛍光強度とESRスペクトルsignal Iの積分強度との関係[11]

3.4 今後の展開

上記のように,ナノ蛍光体の開発において電子スピン共鳴法は非常に有用であることが示された。ESRで観測できる核種は限定されているが,ナノ蛍光体母体中の発光中心もしくは発光に寄与する常磁性イオンをESRを用いて局所構造解析を行った報告例は,現在のところMn^{2+}の例が圧倒的に多い。Cr^{3+}などの常磁性遷移金属イオンをドープしたナノ蛍光体を解析している例[12]はわずかに報告されているが,希土類イオンドープナノ蛍光体をESRを用いて詳細に解析した例はまだ報告されていないようである。今後,様々な常磁性イオンに対して場所的な分布の均一性をESRによって評価する手法がますます求められるものと思われる。

文　献

1) 電子スピン共鳴〜素材のミクロキャラクタリゼーション〜,大矢博昭,山内淳,講談社(1989)
2) T. A. Kennedy, E. R. Glaser, P. B. Klein and R. N. Bhargava, *Phys. Rev. B*, 52, 14356-14359(1995)
3) R. N. Bhargava, D. Gallager, X. Hong and D. Nurmikko, *Phys. Rev. Lett.*, 72(3), 416-419(1994)
4) T. Igarashi, M. Ihara, T. Kusunoki, K. Ohno, T. Isobe and M. Senna, *J. Nanoparticle Res.*, 3, 51-56(2000)
5) T. Igarashi, T. Isobe and M. Senna, *Phys. Rev. B*, 56, 6444-6445(1997)
6) 磯部徹彦,表面科学,22, 5, 315-322 (2001)
7) 磯部徹彦,MATERIAL STAGE, 5, 6 (2005)
8) Y. Hattori, T. Isobe, H. Takahashi and S. Itoh, *J. Lumin.*, 113, 69-78(2005)
9) http://epr.niehs.nih.gov/pest.html
10) E. Nakamura, T. Isobe, T. Nakano, M. Ishitsuka and M. Saito, *Proc. 11th Int. Display Workshops*, 1131-1134(2004)
11) M. Takesada, T. Isobe, H. Takahashi and S. Itoh. *J. Electrochem. Soc.*, 154(4), J136-J140(2007)
12) J. S. Kim and H. L. Park, *Solid State Commun.*, 131, 735-738(2004)

4 Liquid and Solid State NMR of luminescent nanomaterials

4.1 Introduction

Hocine Sfihi[*]

Among all spectroscopic methods Nuclear Magnetic Resonance (NMR) in solid state as well as in liquid appears extremely rich in obtaining structural and dynamic information at atomic level of the internal potion and the external potion (i.e. the surface) of a large class of materials and nanomaterials, especially luminescent nanomaterials including group II–VI (e.g. CdSe, CdS, CdTe , ZnS, ZnSe), III–V (e.g. InP) and IV–VI (PbSe, PbS,..) semiconductor nanocrystals undoped or doped with metal transition ions (e.g. Mn^{2+}, Cu^{2+}), and other doped rare earth (e.g. Ce^{3+}, Tb^{3+}, Eu^{3+}, Nd^{3+},Yb^{3+}) inorganic compounds (e.g. $Y_3Al_5O_{12}$, $LaPO_4.xH_2O$, YVO_4, $Ca_{10-x}(PO_4)_{6-x}(HPO_4)_xOH_{2-x}$) as attested by the numerous results reported in the literature. These information concern not only the structures of the internal (e.g. core in core-shell) and the surface of the nanomaterials, the structure of the capping molecules, but also the nature of the interactions of the capping molecules with the surface of the nanocrystals, that of the interactions between the capping molecules, the conformations and dynamics of the latter, their number per nanocrystal and the percent coverage. These different parameters appear to play an important role in the physical and chemical properties of luminescent nanomaterials. In particular it is well known that the surface structure of the particles plays a crucial role in determining a great number of the size dependant properties. Indeed and as an example, in the early work reported by Weller (Weller *et al.* 1984), it was shown that trapping of the optically produced hole, the fluorescence of the nanocrystal, the surface energy and hence the phase diagram all depend upon the surface structure of the particles. Similar results were reported later in by O'Neil *et al.* (O'Neil *et al.* 1990) and by Bawendi *et al.* (Bawendi *et al.* 1992).

Except in some lanthanide doped nanophosphors as YVO_4 (Huignard *et al.* 2002), $LaPO_4$ (Stouwdam *et al.* 2004) and $NaYF_4$ (Boyer *et al.* 2007), numerous solution NMR measurements has been performed on various core and core-shell luminescent semiconductor nanomaterials (mainly CdSe and CdS) capped with different organic molecules. Most of these measurements has mainly concerned the ligands of different nature (TOPO, TOP, TOPSe,

---

[*] École Supérieure de Physique et de Chimie Industrielles de la Ville de Paris, Associate Professor

thiophenol, dendrimers, hexadecylamine, dihydrolipoic acid, aryl derivatives of carbodithioc acid, poly(N, N-dimethylaminoethyl methacrylate),....) and the surface, and particularly focussed in monitoring the different steps occurring in the formation of the nanocrystals (Steckel et al. 2006, Liu et al. 2007), determining the nature of the species present at the nanoparticles surface (Binder et al. 2007, Wang et al. 2007, Moreels et al. 2007), the nature of their interactions with the surface (Sachleben et al. 1992, Torimoto et al. 2001, Zhang et al. 2002, Kubo et al. 2002, Cumberland et al. 2003, Guo et al. 2003, Binder et al. 2007, Vassiltsova et al. 2007, Kumar et al. 2007), the average number of the species attached to the surface (Sachleben et al. 1992, Majetich et al. 1994, Zhang et al. 2002, Guo et al. 2003, Vassiltsova et al. 2007), the percent coverage (Sachleben et al. 1992, Moreels et al. 2007, Tomaselli et al. 1999, Ladizhansky et al. 2000(a)), the kinetics of the ligand exchange (Majetich et al. 1994, Sachleben et al. 1998, Zhang et al. 2002, Kuno et al. 1997, Adlana et al. 2001, Döllefelded et al. 2002, Cumberland et al. 2003, Guo et al. 2003, Querner et al. 2004, Landi et al. 2006, Wang et al. 2006, Binder et al. 2007), ligand adsorption/desorption (Moreels et al. 2006), photooxydation of the ligands and conformational change (Zhang et al. 2002, Adlana et al. 2000), the dynamics of the ligand molecules at the nanocrystals surface (Sachleben et al. 1992, 1998, Majetich et al. 1994, Hens et al. 2005), and the surface structure (Sachleben et al. 1992, Bowers et al. 1994, Berrettini et al. 2004).

To access these parameters, different solution NMR methods has been used. Besides the basic one-dimensional (1-D) single pulse excitation, which has been extensively used in almost the whole measurements, some interesting two-dimensional (2-D) experiments have been successfully achieved. These 2-D experiments include HetereCorrelation Single Quantum Spectroscopy (HSQC) (Hens et al. 2005), COrrelation SpectroscopY (COSY) (Sachleben et al. 1992, Liu et al. 2006), Diffusion Ordered Spectroscopy (DOSY) (Hens et al. 2005, Moreels et al. 2007). Based on homonuclear (COSY) and heteronuclear (HSQC) scalar coupling, COSY and HSQC allow us to determine which protons (mainly) of a given chemical species are bonded, and which protons are bonded to nuclear spins of other atoms (e.g. $^{13}C, ^{31}P,$ $^{77}Se, ^{113}Cd,$....), respectively. Regarding 2-D DOSY measurements, which utilise Pulsed Field Gradient (PFG), it allows us to separate and to identify species versus their diffusion coefficient by correlating the latter to the chemical shifts of the probed nucleus (i.e. $^{1}H, ^{31}P$). Other various NMR methods in particular those allowing us to measure spin-spin (T_2) and spin-lattice (T_1) relaxation times for probing dynamics of the ligands at the nanocrystal surface have been also reported (Sachleben et al. 1992 and 1996, Majetich et al. 1994, Hens et al. 2005).

Liquid NMR has been also extensively used as basic tool for controlling the fixation of the ligands at the nanocrystals surface.

Because of the expected broadness of the NMR lines that could be observed in the internal of the nanoparticles in solution which may prevent us from obtaining high resolution spectra and, hence, detailed studies of the local structure, only very few NMR results related to the internal and to the surface structure has been reported in solution, in particular in luminescent semiconductor nanocrystals (Dance, 1985; Thayer et al, 1988). Moreover, most of these semiconductor nanocrystals, whatever the group, are formed with atoms having nucleus of very low NMR sensitivity (e.g. Se, Pb, Zn, S, Cd, Te), increasing then the difficulties to detect NMR signal related to the internal and to the surface of the luminescent nanocrystals in solution in a reasonable time.

Powder samples are, therefore, required to probe the core and the surface structure of luminescent nanomaterials as well as the ligands-surface interactions and the ligands dynamics by solid state NMR. Substantial results has been reported on these parameters on various semiconductor nanocrystals (Becerra et al. 1994, Seddon et al. 1998, Tomaselli et al. 1999, Mikulec et al. 2000, Ladizhansky et al. 2000 (a) and 2000 (b), Mikulec et al. 2001, Elbaum et al. 2001, Farmer et al. 2001, Cumberland et al. 2002, Kubo et al. 2002, Berrettini et al. 2004, Iijima et al. 2004, Takahachi et al. 2005, Sfihi et al. 2006, Ratclife et al. 2006) and different other luminescent nanomaterials such as rare earth doped $Y_3A_{15}O_{12}$ (YAG) (Veith et al. 1999, De la Rosa et al. 2005, Kasuya et al. 2005 and 2006, Podevin et al. 2006, Isobe 2006), $LaPO_4$. xH_2O (Buissette et al. 2004) and $Ca_{10-x}(PO_4)_{6-x}(HPO_4)_xOH_{2-x}$ (Chan-Ching et al. 2007). Different solid state NMR methods have been used in these studies, including 1-D and 2-D experiments. Besides the classical magic angle spinning (MAS) and cross polarization (CP) used in most of these studies, 1-D rotational echo double resonance (REDOR) (Becerra et al. 1992), 2-D Hetero-Correlation Chemical Shifts (HetCor) (Berrettini et al. 2004), 2-D rf driven spin-diffusion (Tomaselli et al. 1999) and 2-D spin exchange (Ladizhansky et al. 2000 (a)) experiments have been also performed. When they could be achieved in a reasonable time, these 2-D experiments, based on homonuclear (spin exchange and spin-diffusion) and heteronuclear dipole-dipole interactions, provide powerful information on the local environments of the atoms of the probed nucleus (e.g. ^1H, ^{31}P, ^{113}Cd, ^{77}Se,...). As an example the

HetCor, combined with MAS, allow us to specifically identify the atoms of the interacting nuclear spins, such as surface atoms (Se, Cd) and the atoms of the capping molecules (only atoms having nucleus of high NMR sensitivity, e.g. ^{1}H and ^{31}P). This information cannot be obtained by 1-D CP-MAS method which only allows us to identify precisely which nuclear spins detected in MAS experiments interact with the polarizing nuclear spins (i.e. ^{1}H, ^{31}P). The latter cannot be identified by the CP. The HetCor experiments consist of a 2-D representation of the 1-D CP, in where the chemical shift of the abundant nucleus (first dimension) is given versus that of rare nucleus (second dimension).

Spin-spin and spin lattice relaxation measurements in powder samples appear as an efficient means for probing the local order and/or disorder of internal and surface of powder luminescent nanoparticles, as well as the dynamics and the interactions with the surface of the whole species present at their surface (Ladizhansky *et al.* 1998, Sfihi *et al.* 2006). These species include, obviously, the capping and the free molecules. The dynamics and the interactions with the surface of those species can be also obtained by using cross polarization method. Indeed, the interacting surface species would have slow molecular motions, and therefore the nuclear spins of atoms belonging to these species will cross polarize more rapidly than the nuclear spins of atoms belonging to the free species (rapid molecular motions). However, this method does not allow us to obtain detailed information on the nature of the molecular motions, as can be provided by relaxation measurements.

4.2 NMR of semiconductor nanocrystals

4.2.1 NMR of surface molecules

Among the various luminescent nanomaterials, CdSe and CdS capped with various organic molecules are the most studied systems by NMR in powder form as well as in solution. Identifying the chemical species present at the surface of the nanocrystals surface, and understanding the interactions between them and the surface are of great importance for better understanding. This goal can be fulfilled by means of NMR spectroscopy by probing different nucleus of atoms belonging to the different region (internal, surface and capping molecules).

As previously indicated most of the NMR measurements, related to study of nanomaterial surface species and particularly those dealing with the identification with that species on their chemical shift, has been obtained in solution state. The main reason to this is the high resolution NMR spectra. The resolution of NMR remains unmistakably higher in solution than in solid samples, although numerous progresses in solid state NMR such as high speed magic angle sample spinning has been accomplished these last two decades. Whatever the chemical composition of the species, the ^{1}H is the most probed nucleus in solution 1-D NMR. This is much due to its high sensitivity, rather than to its chemical shift range which is very small (15 ppm), compared to that, for example, of the ^{13}C (200 ppm). ^{31}P in solution and in solid state has been also extensively probed in any instance when these species and/or the nanocrystals contain the corresponding atoms such as TOP, TOPO, TOPSe and lauryl phosphate, for example. ^{31}P offers the advantage to have high NMR sensitivity and large chemical shift range.

The chemical shift is one of the most important NMR parameter allowing us to determine the nature of the interactions of the species with the nanoparticles surface: i.e. physically and /or chemically adsorbed species. The chemically surface bonded ligands lead to a modification of the electronic environment, not only of the nucleus of the ligand and of the surface coordinated atoms, but also of that of the nucleus of the whole atoms belonging to the ligands, and those surrounding the surface coordinated atoms. This modification in the electronic environment induces a change in the chemical shift of the probed nucleus. This change in the chemical shift becomes increasingly small as the atoms of the probed nucleus are distant from the coordinated atoms and/or from atoms in a very close proximity of the nanocrystal surface (i.e. strongly adsorbed species without chemical bonds). This phenomenon is evidenced by a change in some features of the NMR spectrum, with respect to those of the original spectrum (that of free species). These features are mainly the shift of the lines and/or the appearance of new lines.

Thus, the ^{1}H chemical shift and to a lesser degree the ^{31}P chemical shift (to much lesser than that of ^{13}C because of its very weak sensitivity), has been largely exploited in the literature to distinguish attached surface ligands from the free molecules, as well as from strongly adsorbed ligands (without chemical bonds) in various luminescent nanomaterials and to identify them. This has been achieved by recording mainly solution 1-D and some interesting 2-D spectra by using single resonance such as COSY (Sachleben *et al.* 1992) and double resonance such as HSQC (Moreels *et al.* 2007) measurements. In addition, the 2-D COSY and HSQC experiments provide information on the connectivities of the probed nucleus on the basis of homo- and hetero-nuclear scalar coupling, respectively (i. e. ^{1}H-^{1}H and ^{1}H-^{13}C, respectively).

第 2 章　ナノ蛍光体開発に有効なキャラクタリゼーション

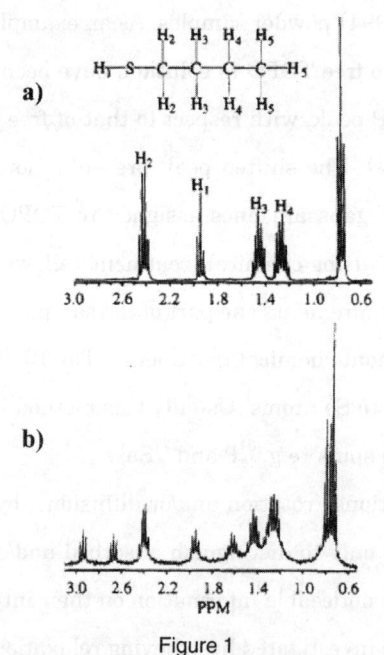

Figure 1
Solution ^{1}H NMR spectra of (a) butanethiol in pyridine–ds and (b) a nanocrystallite sample originally capped with pyridine, shortly after the addition of butanethiol. In addition to the free butanethiol resonances identical to those in (a), new multiplets due to attached ligands are detected (Majetich *et al.* 1994). The butyl disulfide in pyridine have similar spectrum as butanethiol in pyridine–ds, except for ^{1}H peak which is not present in the former.

A typical example of the use of the chemical shift to distinguish attached surface ligand from the free ligands is shown Figure 1, in the case of CdSe nanocrystals in solution capped with pyridine shortly after the addition of butanethiol (Majetich *et al.* 1994). In addition to the different peaks of 1-D solution ^{1}H NMR spectrum of free butanethiol (Fig. 1-a), new peaks due to attached ligands appear in the 1-D spectrum of the capped CdSe nanocrystal (Fig. 1-b).

From the integrated intensity of a selected peak, and on making some assumptions, the number of attached ligands per nanocrystal can be therefore determined (Sachleben *et al.* 1992, Majetich *et al.* 1994, Beccera *et al.* 1994, Zhang *et al.* 2002, Guo *et al.* 2003, Vassiltsova *et al.* 2007, Moreels *et al.* 2007). It is likewise with the percent coverage (Sachleben *et al.* 1992, Moreels *et al.* 2007, Tomaselli *et al.* 1999).

In powder samples the chemical shift of adsorbed and free species at the nanocrystal surface can be, however, radically different from that of the same species in solution, as has been observed in undoped and doped Mn^{2+} ZnS–lauryl phosphates (Sfihi *et al* 2006) and in TOPO capped CdSe (Beccera *et al*, 1994) powder samples. As an example, in the latter no additional resolved peaks, with respect to free TOPO in solution, have been detected by ^{31}P MAS NMR. Only an upfield shift of the ^{31}P peak, with respect to that of free TOPO in solution, has been observed (Beccera *et al*, 1994). The shifted peak presents, however, an asymmetric shape that has been fitted with two gaussain lines assigned to TOPO and TOPSe. These assignments have been confirmed by using chemical treatment (allowing us to remove TOPSe moities) followed by ^{31}P MAS measurements one part of the sample, and by ^{31}P REDOR measurements on the other part (without chemical treatment). The REDOR has allowed us to probe only TOPO moieties attached to Se atoms. Usually this method is used to measure distances between two different isolated spins (e.g. ^{31}P and ^{77}Se).

The study of molecular motions (rotation and/or diffusion), by means of NMR, is another interesting way allowing, not only to distinguish adsorbed and/or attached species from the free species, but also to obtain noticeable information on their interactions with a nanocrystal surface. These motions can be investigated by acheving relaxation (spin–spin and spin lattice relaxation times) measurement in powder samples as well as in solution (Sachleben *et al*. 1992 and 1998, Majetich *et al*. 1994, Sfihi *et al*. 2006, Moreels *et al*. 2007), and also solution diffusion measurements. The latter has been achieved by using DOSY experiments (Hens *et al*. 2005, Moreels *et al*. 2007), based on pulsed field gradient (PFG) measurements.

It is well known that molecular motions have a great influence on spin–spin (T_2) and spin lattice relaxation (T_1). The former is directly related to the linewidth (width at half maximum $\sim 1/T_2$) in the case of homogeneous broadening (i.e. linewidth is much due to dipole-diople interactions than to a chemical shift distribution which is an inhomogeneous interaction). An example illustrating the influence of the motions of the adsorbed species on the linewidth ($1/T_2$) is shown in Figure 2 in the case of thiophenol capped CdS nanocrystal having different sizes (Sachleben *et al*. 1992). As the size of the nanoparticles decreases, the peaks of adsorbed thiophenol are broadened. This broadening is evidenced by the loss of resolution of the corresponding peak (Sachleben *et al*. 1992). The homogeneous broadening has been confirmed by the direct measurements of the ^{1}H spin–spin relaxation times. A more recent and complete study, combining theoretical calculations and experimental measurements of both the ^{1}H and ^{13}C spin–spin and the spin–lattice relaxation times in similar samples (thiophenol capped CdS nanocrystal), has provided wealth and detailed information on the nature of the thiophenols present at the surface of CdS nanocrystals, their interactions with

第2章　ナノ蛍光体開発に有効なキャラクタリゼーション

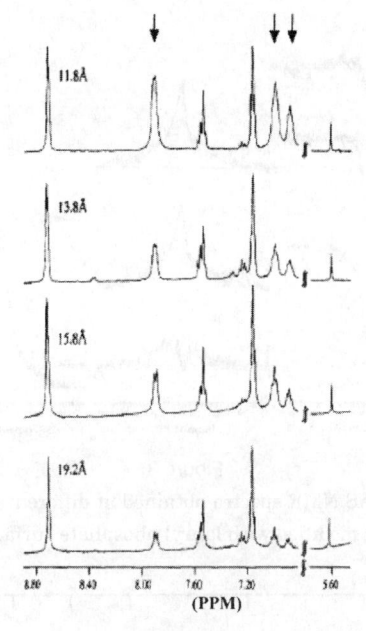

Figure 2
Solution ^{1}H NMR spectra obtained in thiophenol capped–CdS nanocrystals having different core radius. The arrows indicate the thiophenol lines. The line at 5.6 ppm correspond to calibrated intensity reference of CH_2Cl_2 (Sachleben et al., 1992)

the latter, as well as on the surface structure. Similarly, ^{31}P spin lattice relaxation has been also used to investigate the interactions of lauryl phosphate (HLP) molecules with the surface of a powder undoped and Mn^{2+} doped ZnS nanocrystals (Sfihi et al. 2006). An example of such a measurement is given in Figure 3. The obtained results have clearly shown the existence in both powder samples of three types of HLP molecules interacting differently and strongly with the nanocrystals surface. They also have shown the strong influence of Mn^{2+} ions on the magnitude of these interactions.

With Pulsed Field Gradient experiments, it is possible to distinguish surface species among their diffusion coefficients (Price, 1997). Indeed, each species presents in solution, and of which "life time" is longer compared to the NMR time scale, can be separated in spectral way by its diffusion coefficient. Experimentally, this is achieved by varying the field gradient strength. Figure 4 shows an example of such a measurement in the case of TOP/TOPO capped InP in toluene solution (Moreels et al. 2007). At moderate field gradient strength, the peaks corresponding to species with a high diffusion coefficient (residual toluene) has completely disappeared. Only the broad peaks of the adsorbed and of free TOPO (weak diffusion) remain

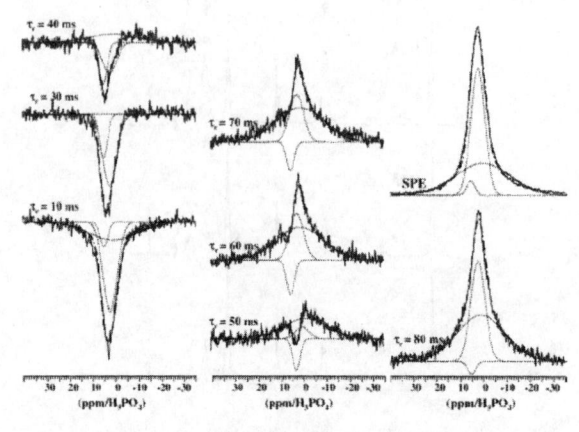

Figure 3
^{31}P inversion recovery MAS NMR spectra obtained at different inversion times in a powder ZnS:Mn^{2+} nanocrystal modified with lauryl phosphate surfactant (Sfihi et al. 2006)

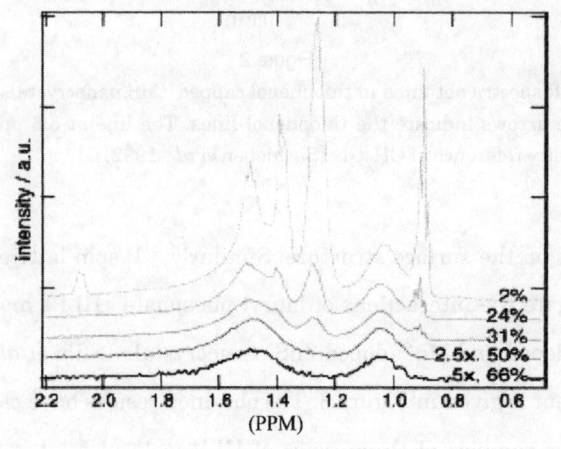

Figure 4
Aliphatic region of ^{1}H NMR spectrum of TOP/TOPO capped InP nanocrystal in tolune-d 8 solution for different values of the gradient field (indicated as a fraction of the maximum strength) (Moreels et al. 2007)

in the spectra even at the maximum field gradient strength. From the decrease in the intensity versus field gradient strength, the diffusion coefficient of each species can be then determined. The 2 D-DOSY experiments consist of a 2-D representation of the species chemical shift (first dimension) versus their diffusion coefficient (second). The diffusion coefficient of adsorbed TOPO has been found to be five times higher than that of free TOPO (Hens et al. 2005, Moreels et al. 2007).

As previously indicated, cross polarization (CP) combined with magic spinning (MAS) ap-

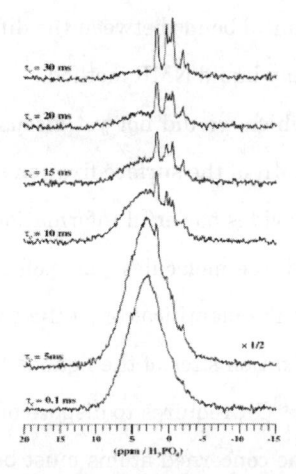

Figure 5
$^1H \rightarrow {}^{31}P$ CP–MAS NMR spectra obtained at different contact times in a powder ZnS:Mn^{2+} nanocrystal modified with lauryl phosphate surfactant (Sfihi *et al.* 2006).

pears to be useful for distinguishing adsorbed from free species, on the basis of their motions. A typical example is shown in Figure 5 in the case of a powder ZnS:Mn^{2+} nanocrystal modified with lauryl phosphate (HLP) surfactant (Sfihi *et al.* 2006). At relatively short contact time ($\tau_c < 5$ ms) only a broad peak, associated to strongly adsorbed HLP molecules, appears in $^1H \rightarrow {}^{31}P$ CP–MAS NMR spectra. As the contact increases, the broad peak intensity decreases, accompanied with the appearance of several narrow peaks associated to free HLP molecules, that are different from those in solution. The magnitude of the $^1H-{}^{31}P$ heteronuclear dipole coupling is significantly reduced by the high molecular motions of the free HLP molecules, increasing then considerably the cross polarisation times of the ^{31}P of those molecules. $^1H \rightarrow {}^{13}C$ and $^1H \rightarrow {}^{31}P$ CP–MAS have been also recently used to investigate the dynamics of the ligands at the surface of CdSe and CdTe nanoparticles capped with TOP–TOPO, both individually and together as CdSeTe alloys and CdSe/CdTe/CdSe layered structure (Ratcliffe *et al.* 2006).

Another interesting data that can be obtained by NMR are the interactions between the ligands and their distribution when they are of different chemical composition as for example, as largely reported, when different capping molecules has been initially used or when some of the initial capping molecules remains at the surface after ligand exchange. These data have been recently obtained in hexadecylamine (HDA) capped CdSe nanocrystal exchanged with thiophnenol, by using 2–D $^{13}C\{^1H\}$ HetCor–MAS measurements. In particular, these measurements have shown that the ^1H of thiophenol are strongly coupled to the ^{13}C located in the middle of HDA chain, indicating then that these two molecules are in a very close proximity.

Because of the absence of the chemical bonds between the different ligands, these kinds of information cannot be obtained by any liquid NMR method.

One of the crucial questions, which we did not yet discussed in this section, concerns, in particular, the identification by NMR of the surface fixation sites (nature and number) of the ligands. Despite solution NMR provides powerful information on the nature, the dynamics of the surface species (adsorbed and free molecules), as well as on their interactions with the surface, it appears very limited in the identification of the coordinated surface sites. To identify, by liquid NMR, the surface fixation sites of the ligands by probing the nucleus belonging only to the ligand atoms (^{1}H, ^{31}P, ^{13}C), requires to dispose of model compounds in which the chemical shift of the nucleus of the concerned atoms must be the same as that of the probed nucleus of the ligand atoms, as for example the ^{1}H chemical shift in $Cd(SC_6H_5)_2$ and $[Cd(SC_6H_5)_2]$ $[(H_3CPCH_2CH_2-P\,CH_3]$ (compared to that of ^{1}H in TOPO capped CdS, as has been reported (Sacheleben et al. 1993). This appears tedious and unpredictable, to extent that the chemical shifts of attached ligand atoms probed nucleus could be different from that of the same nucleus in solution model compounds. This difference could arises, in particular, from the chemical bounds between the surface attached sites and their surrounding surface and core atoms, which could perturb the electronic environments of the ligand atoms probed nucleus and, hence, modify their chemical shifts, with respect to that of the same probed nucleus in the solution model compounds. Thus, a clear identification of these sites requires, in addition to chemical shift, to use other physical parameters that could give detailed information on, for example, the ligand atoms neighbouring surface sites, and that can be exploited by NMR.

The parameters answering to this requirement are the homonuclear and heteronuclear dipole-dipole coupling between ligand and surface sites atom nucleus. These couplings, that depend on the number of interacting nuclear spins and the distance between them, are completely averaged in solution by the high molecular motions and, then, useless in liquid NMR. Solid state NMR therefore appears to be more suitable to identify clearly not only both the ligands and the surface coordinating atoms, but also the whole ligand species in close proximity of the probed surface sites. One of the very efficient solid state NMR method allowing us to obtain this information and which exploit the heteronuclear dipole couplings, is the 2-D Het-Cor. The nucleus of the surface atoms (and/or of atoms near the surface) that can be probed and correlated, by this method, to those of the ligands (mainly ^{1}H) depends, obviously, on the

Figure 6

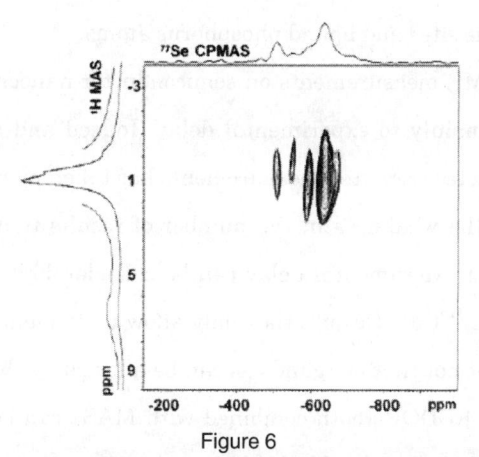

Contour plots of ^{77}Cd |^{1}H| HetCor spectra of of a powder sample of 2 nm hexadecylamine (HDA) capped CdSe nanocrystal (Berrettini *et al.* 2004). The ^{1}H MAS (vertical axis) and ^{1}H→^{77}Se CP-MAS (horizontal axis) NMR spectra are also given.

chemical composition of the nanocrystals surface, e.g. ^{113}Cd and ^{77}Se in CdSe, ^{113}C in CdS and ^{31}P in InP. So far and to our knowledge only two results, related to HetCor combined with MAS, on semiconductor nanocrystals, have recently been reported (Berritini *et al.* 2004). These results have been concerned in the correlations of selenium and cadinium nucleus with the protons of the ligand atoms in hexadecylamine 2 nm (HDA) capped CdSe exchanged thiophenol. Figure 6 shows these correlations in the case of ^{77}Se and ^{1}H. As can be seen, there are five distinct selenium surface sites interact strongly with five distinct HDA protons. Regarding to ^{113}Cd–^{1}H HetCor–MAS meausurements, they have been shown, however, that only one cadmium site is correlated with the protons. But, these protons belong, on the contrary to the previous case, to both the HDA (probably several types of protons because of the large observed chemical shift) and the thiophenol (only one type of protons) (Berritini *et al.* 2004). On the basis, in particular, of these results, a structural model of CdSe surface has been proposed. The surface structure investigated by NMR will be discussed in detail in the next section.

The 2–D homonuclear correlations, that can be probed, for example, by rf driven spin diffusion experiments, also appear to be interesting way to identify the surface and the ligand interacting sites. These 2–D correlations, involving the same nucleus, implies therefore that the atoms of the probed nucleus must be contained in the nanocrystals surface and in the ligands, as ^{31}P in TOPO capped InP nanocrystals, as has been reported (Tomaselli *et al.* 1999). The obtained results that we will discuss in detail in next section have shown any correlations between surface phosphorus sites and ligand phosphorus atoms.

The 2-D solid sate NMR measurements on semiconductor nanocrystals present, however, a latent defect related mainly to experimental delay. Indeed and as an example, the 2-D ^{113}Se-^{1}H and ^{113}Cd-^{1}H Hetcor reported measurements has taken more than twenty days. This could probably explain the weakness in the number of results that have been obtained by these methods. This long experimental delay can be considerably reduced by enriching the probed nucleus (i.e. ^{77}Se, ^{113}Cd). Despite they only allow us to identify the nanocrystals surface interacting sites, but not that of ligands as can be allowed by the mentioned 2-D experiments, the 1-D CP and REDOR (both combined with MAS) can be also an alternative for such measurements, as they considerably less time consuming.

4.2.2 NMR of internal and surface

The internal and the surface of semiconductor nanoparticles have been significantly investigated by several authors mainly by solid state NMR. The reported works have included ^{77}Se MMR of molecular clusters of CdSe-R (phenyl, butyl) in pyridine solution (Thayer et al. 1988) and of powder CdSe-hexadecylamine (HDA) nanoparticules with exchanged thiophenol (Berrettini et al. 2004), CdSe and CdTe nanoparticles capped with TOP-TOPO, both individually and together as CdSeTe alloys and in layered structure (Ratcliffe et al. 2006), ^{113}Cd NMR of powder undoped and Mn^{2+} doped CdSe-TOPO nanoparticles (Mikulec et al. 2000), undoped and Mn^{2+} doped CdS nanoparticles (Landizhansky et al. 1998, Elbaum et al. 2001), Co^{2+} doped CdS nanoparticles (Ladizhansky et al. 2000 (b)), CdSe-HDA nanoparticules (Berrettini et al. 2004), CdSe and CdTe capped with TOP-TOPO nanoparticles, both individually and together as CdSeTe alloys and in layered structure (Ratcliffe et al. 2006), ^{31}P NMR CdSe-TOP-TOPO (Beccera et al 1994) and InP-TOP (Tamaselli et al. 1999) powder nanoparticles, ^{1}H NMR of water binding to CdS nanoparticles (Ladizhansky et al. 2000 (a)) and NMR of laser polarized xenon (^{129}Xe) adsorbed on the surface of CdS nanoparticles capped with thiophenol (Bowers et al. 1994).

In the early work reported by Thayer et al. (Thayer et al. 1988) on three sizes of CdSe-R (R = phenyl, butyl) molecular clusters, enriched ^{77}Se has been incorporated inside the internal portion of the clusters in order to investigate the surface morphology. The ^{77}Se NMR spectrum of the CdSe molecular clusters in pyridine solution have shown some interesting features. Firstly whatever the nanoparticle size is, the spectrum is much broader than that of a bulk cubic CdSe powder sample used as relevant reference compound. Similar results have more recently been obtained in 2 nm CdSe-HDA exchanged thiophenol by ^{77}Se and ^{113}Cd spin echo NMR (Berrettini et al. 2004), in two sizes of CdSe TOP-TOPO and CdTe TOP-TOPO by ^{77}Se and ^{113}Cd MAS NMR (Ratcliffe et al. 2006) and in two sizes InP-TOPO nanoparticles by ^{31}P MAS NMR. In addition, a significant shift of the NMR spectrum versus the nanoparticle size has been observed for CdSe molecular clusters (Thayer et al. 1988) for CdSe and CdTe (Ratcliffe et al. 2006), and for InP (Tomaselli et al. 1999) nanoparticles. This shift seems, however, rather to depend on the chemical composition than the nature of the probed nucleus (i.e. ^{77}Se and ^{113}Cd) and the nature of the nanomaterial. Indeed, the ^{77}Se NMR spectrum of CdSe molecular clusters in pyridine solution (Thayer et al. 1988) and the ^{113}Cd MAS NMR spectrum of CdSe nanoparticles (Ratcliffe et al. 2006) and have shifted downfield when the nanoparticles size decreases, whereas the ^{113}Cd MAS NMR spectrum of CdTe (Ratcliffe et al. 2006) and InP (Tomaselli et al. 1999) nanoparticles has shifted upfield. The shift of the NMR specrum versus the particles size has been attributed to the effect of quantum confinement on the average excitation energy in paramagnetic term of Ramsey's chemical shift theory (Thayer et al. 1988, Tomaselli et al. 1999).

Another interesting feature has been related to the structure of the spectrum and its evolution with the nanoparticle size. Indeed the ^{77}Se NMR spectrum of CdSe molecular clusters in pyridine solution has shown two resolved peaks, one of which (most upfiled peak) has been located at practically the same position as that of the bulk cubic CdSe powder reference sample (Thayer et al. 1988). The other peak, which exhibits a downfield shoulder particularly visible in the spectra of the small (12 Å) and intermediate (15-18 Å) naoparticles size, increases considerably in intensity when decreasing nanoparticles size. This peak has been assigned to selenium atoms near the nanoparticules surface, separate from those bonded to the ligands (Thayer et al. 1988). This assignment would be in agreement with the surface-to-volume ratio that increases with decreasing the nanoparticles size, similarly to the ratio between the relative proportion of the selenium atoms near surface (and of the surface) and the core selenium atoms.

The existence of different peaks associated to a series of selenium sites of different chemical shifts with contributions from both the core and surface selenium atoms has been also detected by ^{77}Se spin-echo NMR (probably combined with MAS not specified by the authors) in the 2 nm CdSe-HDA exchanged thiophenol (Berrettini et al. 2004) and by ^{113}Cd MAS in the two sizes of CdSe-TOP-TOPO and CdTe-TOP-TOPO powder nanoparticules (Ratcliffe et al.

2006). These peaks remain however less resolved than those of the NMR spectrum of phenyl or butyl capped CdSe nanocrystals in pyridine solution, previously reported (Thayer *et al.* 1988). They appear only as shoulders on a main peak. The broadness of this main peak, that has originated from the lack of peaks resolution, has been attributed to a chemical distribution of nuclei in many different environments. However the authors (Berrettini *et al.* 2004, Ratcliffe *et al.* 2006, Tomaselli *et al.* 1999) did not specify if the MAS measurements have been performed under high power ^{1}H spin decoupling. One expects that not. In that case, one must have to take account of the contribution of the dipole–dipole coupling between ligand protons and the probed nucleus (^{77}Se, ^{113}Cd, ^{31}P), which is not completely averaged by MAS, with respect to the width of the reported MAS spectra. (Berrettini *et al.* 2004, Ratcliffe *et al.* 2006, Tomaselli *et al.* 1999). Such a contribution would be more important as the probed nucleus (^{77}Se, ^{113}Cd, ^{31}P) are located in the vicinity of the ligand protons (near or at surface). In the case of CdSe – R (phenyl, butyl) molecular clusters in pyridine solution, however, the high molecular motion of the ligand molecules has completely averaged the ^{1}H–^{77}Se dipole coupling, leading then to the observed peaks resolution. The line broadening when decreasing the particles size would be consistent with a residual dipole–dipole coupling. Indeed with small particles size, the MAS spectra should be dominated by the peaks related to the surface sites (and near surface), because of their high relative proportion, with respect to that of internal sites (high surface to volume ratio). Since the surface sites are strongly coupled to the ligand protons, they would give a broad and intense peaks. This will be the opposite with large particles size. The nanoparticles size dependence of the NMR spectrum has been also observed for the peaks associated to attached ligands (Sachleben *et al.* 1992) as discussed in the previous part, in Mn^{2+} doped CdSe nanocrytals (Miklec *et al.* 2000) and in Co^{2+} doped CdS nanoparticles (Ladizhansky *et al.* 2000 (b)).

The more interesting result has been, however, obtained by ^{1}H→^{77}Se CP–MAS NMR measurements on the 2 nm HDA capped CdSe nanocrystal exchanged thiophenol powder sample (Berrttini *et al.* 2004). As previously indicated, ^{1}H→^{77}Se CP–MAS allows us to distinguish the selenium sites among their distance from the protons. Indeed the ^{1}H→^{77}Se CP–MAS NMR spectrum of the 2 nm HDA capped CdSe nanocrytal powder sample (Figure 7), shows five resolved peaks of different intensities corresponding to different selenium sites. On the basis of their different measured cross polarization times and hence their distances from the protons, these sites have been assigned to surface (peaks at–550,–592 and–635 ppm) and in-

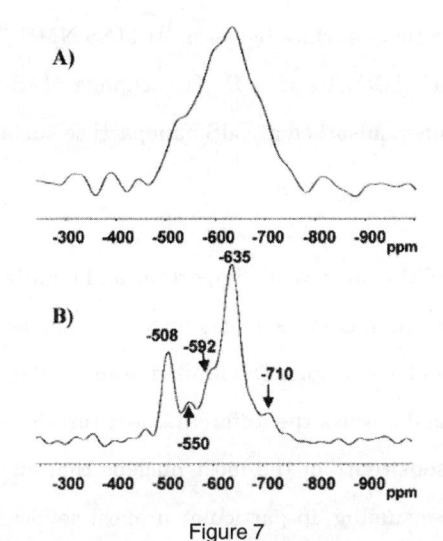

Figure 7
(A) ^{77}Se spin-echo and (B) ^{1}H→^{77}Se CP-MAS NMR spectra of a powder sample of 2 nm hexadecylamine (HDA) capped CdSe nanocrystal (Berrettini et al. 2004)

ternal (peak at −508 ppm) selenium atoms. The peak at −708 ppm has been assigned, not on the basis of cross polarization time of the corresponding selenium sites (not measured because), but on the basis of its position (Berrttini et al. 2004). The connectivities of these different selenium sites to the protons of ligands have been determined by using 2-D HetCor experiments and have been discussed in the previous section. On the contrary to ^{77}Se NMR measurements, only a single line has been detected by solid state ^{113}Cd in the same sample, as well as by using ^{113}Cd spin-echo and by ^{1}H→^{113}Cd CP-MAS (Berrttini et al. 2004). The line that has been obtained by ^{113}Cd spin-echo is, however, much broader than obtained by ^{1}H→^{113}Cd CP-MAS. The linewidth has resulted from a continuous chemical shift distribution and, therefore its change among the used method is due to the fact that with spin echo all the selenium sites (core and surface) have been detected, whereas with the CP-MAS, only selenium sites in close proximity to the protons of the ligands have been detected. The ^{113}Cd {^{1}H} HetCor measurements has been shown that these protons belong to both HDA and thiophenol (see previous section).

Other interesting solid state NMR measurements have also been reported on CdS nanocrystals. These measurement have been related to the study of surface properties of precipitated CdS nanocrystals containing different surface amounts of Cd and S (Cd-rich surfaces and S-rich surfaces) by using ^{113}Cd MAS and variable temperature static ^{13}Cd NMR, water binding on the CdS nanopraticles surface by using ^{1}H MAS NMR (Ladizhansky et al. 1998), variable temperature static ^{1}H NMR and 2-D ^{1}H exchange MAS (Ladizhansky et al. 2000 (a)), and laser polarised xenon adsorbed at CdS nanoparticle surface by using ^{129}Xe (Bowers et al. 1994).

4.3 Conclusion

Solution and solid state NMR can provide important and detailed information on the local structure and properties of luminescent semiconductors nanomaterials and more largely on nanophosphors such as YAG for example. The limited number of pages of the manuscript has not allowed us to present and discuss the different NMR results obtained on the latter. The problem related to NMR sensitivity of the most nucleus contained in the nanocrystal and leading therefore to time consuming, in particular in most semiconductor nanocrystals (e.g. ^{77}Se, ^{113}Cd, ^{125}Te, ^{33}S,...), can be solved by enriching the probed nucleus. This problem does not concern, however, the nucleus of almost the ligand atoms.

References

J. Adlana, Y. A. Wang and X. Peng, *J. Am. Chem. Soc.*, 2001, 123, 8844.
M. G. Bawendi, P. J. Carroll, W. L. Wilson and L. E. Brus, *J. Phys. Chem.*, 1992, 96, 946
L. R. Becerra, C. B. Murray, R. G. Griffin and M. G. Bawendi, *J. Phys. Chem.*, 1994, 100, 3297.
M. G. Berretini, G. Braun, J. G. Hu and G. F. Strouse, *J. Am. Chem. Soc.*, 2004, 126,7063.
W. H. Binder, R. Sachsenhofer, C. J. Straif and Ronald Zirbs, *J. Mater. Chem.*, 2007, 20, 2125.
J. C. Boyer, L. A. Cuccia and J. A. Capobianco, *Nano Lett.*, 2007, 7, 847.
C. R. Bowers, T. Pietrass, E. Barash, A. Pines, R. K. Grubs, and A. P. Alivisatos, *J. Phys. Chem.*, 1994, 98, 9400.
J. Y. Chan-Ching, A. Lebugle, I. Rosselot, A. Pourpoint and F. Pelle, *J. Mater. Chem.*, 2007, 17, 2904.
S. L. Cumberland, M. G. Berretini, A. Javier, G. A. Khirov, G. F. Strouse, S. M. Woessner and S. Yun, *Chem. Mater.*, 2002, 14, 1576.
S. L. Cumberland, K. M. Hanif, A. Javier and G. F. Strouse, *Chem. Mater.*, 2003, 15, 1047
I. Dance, *Aust. J. Chem.*, 1985, 38, 1745.
E. De la Rosa, L. A. Diaz-Torres, P. Salas, A. Arredondo, J. A. Montoya, C. Angeles and R. A. Rodriguez, *Optical Mater.*, 2005, 27, 1793.
H. Döllefelded, K. Hoppe, J. Kolny, K. Schilling, H. Weller and A. Eychmüller, *Phys. Chem.*

Chem. Phys., 2002, 4, 4747.

R. Elbaum, S. Vega and G. Hodes, *Chem. Mater.,* 2001, 13, 2272.

S. C. Farmer and T. E. Patten, *Chem. Mater.,* 2001, 13, 3920.

W. Guo, J. J. Li, A. Wang and X. Peng, *J. Am. Chem. Soc.,* 2003, 125, 3901.

Z. Hens, J. C. Martins, and I. Moreels, *Chem. Phys. Chem.,* 2005, 2578.

A. Huignard, V. Buissette, G. Laurent, T. Gacoin and J. P. Boilot, *Chem. Mater.,* 2002, 14, 2264.

T. Iijima, K. Hashi, A. Goto, T. Shimizu and S. Ohki, *Jap. J. Appl. Phys.,* 2004, 43, L 1387.

T. Isobe, *Phys. stat. sol. (a),* 2006, 203, 2686.

R. Kasuya, T. Isobe, H. Kuna and J. Katano, *J. Phys. Chem. B,* 2005, 109, 22126.

R. Kasuya, T. Isobe, H. Kuna and J. Katano, *J. Alloys Compd.,* 2006, 408-412, 820.

T. Kubo, T. Isobe and M. Senna, *J. Lumin.,* 2002, 99, 39.

A. Kumar and A. Jakhmola, *Langmuir,* 2007, 23, 2915.

M. Kuno, J. K. Lee, B. O. Dabbousi, F. V. Mikulic and M. G. Bawendi, *J. Chem. Phys.,* 1997, 106. 9869.

V. Ladizhansky, G. Hodes and S. Vega, *J. Phys. Chem. B*, 2000 (a), 104, 1939.

V. Ladizhansky and S. Vega, *J. Phys. Chem. B*, 2000 (b), 104, 5237.

B. J. Landi, C. M. Evans, J. J. Worman, S. L. Castro, S. G. Bailey, R. P. Raffaelle, *Mater. Lett.,* 2006, 60 (29-30), 3502.

S. A. Majetich, A. C. Carter, J. Belot, and R. D. McCullough, *J. Phys. Chem.,* 1994, 98, 13705.

F. V. Mikulec, M. Kuno, M. Bennati, D. Hall, R. G. Griffin and M. G. Bawndi, *J. Am. Chem. Soc.,* 2000, 122, 2532.

I. Moreels, J. C. Martins, and Z. Hens, *Chem. Phys.Chem,* 2006, 7, 1028.

I. Moreels, J. C. Martins, and Z. Hens, *Sensors and Actuators B,* 2007 (in press).

M. O'Neil, J. Marohn and G. J. McLendon, *Phys. Chem.,* 1990, 94, 4356.

W. S. Price, *Concepts Magn. Reson. A,* 1997, 6, 299.

C. Querner, P. Reiss, J. Bleuse and A. Pron, *J. Am. Chem. Soc.,* 2004, 126, 11574.

C. I. Ratclife, K. Yu, J. A. Ripmeester, Md. B. Zaman, C. Badarau and S. Singh, *Phys. Chem. Chem. Phys.,* 2006, 8, 3510.

J. R. Sachleben, E. W. Wooten, L. Emsley A. Pines, V. Colvin and P. Alivisatos, *Chem. Phys. Lett.,* 1992, 198 , 431.

J. R. Sachleben, V. Colvin, L. Emsley, E. W. Wooten, and P. Alivisatos, *J. Phys. Chem. B,* 1998, 102 , 10117.

A. B. Seddon and D. Li Ou, *J. Sol- Gel, Sci. Techn.,* 1998, 13, 623.

H. Sfihi, H. Takahashi, W. Sato and T. Isobe, *J. Alloys Compd.,* 2006, 424, 287.

J. S. Steckel, B. K. H. Yen, D. C. Oertel, and M. G. Bawendi, *J. Am. Chem. Soc.,* 2006, 128, 13032.

J. W. Stouwdam and F. C. J. M. van Veggel, *Langmuir,* 2004, 20, 11763.

M. Tomaselli, J. L. Yarger, M. Bruchez, Jr., R. H. Halvin, D. deGraw and Pines, *J. Chem. Phys.,* 1999, 110, 8861.

T. Torimoto, H. Kontani, Y. Shibutani, S. Kuwabata, T. Sakata, H. Mori, and H. Yoneyama,

J. Phys. Chem. B, 2001, 105, 6838.

M. Veith, S. Mathur, A. Kareiva, M. Jilavi, M. Zimmer and V. Huch, *J. Mater. Chem.,* 1999, 9, 3069.

M. Wang, J. K. Oh, T. E. Dykstra, X. Lou, G. D. Scoles and M. A. Winnik, *Macromol.,* 2006, 39, 3664.

W. Wang, S. Banerjee, S. Jia, M. L. Steigerwald and I. P. Herman, *Chem. Mater.,* 2007, 19, 2573.

H. Weller, U. Koch, M. Guiterrez and A. Henglein, *Ber. Bunsenges Physik. Chem.,* 1984, 88, 644.

C. Zhang, S. O'Obrien and L. Balogh, *J. Phys. Chem. B,* 2002, 106, 10316.

第3章 ナノ蛍光体の研究例

1 Siナノ蛍光体

越田信義*

1.1 はじめに

　半導体において量子閉じ込め効果が現れるサイズの目安は，誘電率とキャリアの有効質量によって決まる励起子のボーア半径 R_B である。それを境として，半導体の材料学的性質はバルクとは異なったものになる。

　超LSI，光電変換，MEMSなどのデバイスの基幹材料であるSiの場合，キャリアの有効質量が比較的大きいため $R_B=4.7\,\mathrm{nm}$ である。この値は主な半導体の中で最も小さい。超LSIロジック素子の微細化が32 nmにおよぼうとする中，それより約一桁小さい領域では，Siにおいても光学的・電気的・熱的・化学的性質に通常では見られない特性が現れる[1]。その代表例はバンドギャップワイドニングとそれに起因する可視発光現象である。

　ここでは，量子サイズSiナノ結晶（nc-Si）の可視発光機構と発光特性の向上に関する研究とフォトニック素子への応用展開について状況をまとめる。

1.2 nc-Siの形成

　nc-Siは陽極酸化とよばれるウエットプロセスまたはCVDなどによるドライプロセスによって作製される。量子サイズの制御性と均一性，空間充填密度，配列の規則性，表面・界面の終端制御性，プロセス温度，所要時間，および大面積基板への適応性が作製法の良否を判断するポイントとなる。

　これらの要件をほぼ満たす技術として，ウエットプロセスの代表である陽極酸化法が多用されてきた。これは単結晶シリコンウエハ（c-Si）または多結晶シリコン（poly-Si）基板表面をHF水溶液中で電気化学的にエッチングするさい，電流を電解研磨モード以下の範囲に設定してナノ結晶層をトップダウンで作製する方法である。大面積基板に対応可能な装置の一例を図1に示す。形成される層は，基板（導電形，比抵抗，面方位）と陽極酸化条件（電流密度，HF濃度，溶液温度，光照射の有無）に依存して多様な構造をとるが，特に前者は微細孔の径や発達方向を決める上で重要な因子である[2]。これは，シリコンの局所溶出反応が基板からのホール供給によ

---

* Nobuyoshi Koshida　東京農工大学　大学院ナノ未来科学研究拠点　教授

ナノ蛍光体の開発と応用

図1　nc-Si の作製装置（東京エレクトロン㈱との共同開発）

り進行するためである．

　量子的効果が発現する nc-Si 層の形成過程では，内径数ナノメートルの微細孔が3次元的に発達し，結果として，nc-Si ドットの連結構造が自律的に残される．そのさい，nc-Si ドットの平均粒径は約3nmで自己停止し，その値はシリコン中のアクセプタの占有空間に対応する．c-Si ウエハ上を基板として作製された nc-Si 試料の透過電子顕微鏡写真を図2に示す．同様の層は，陽極酸化条件を変化することによってp形・n形基板のどちらでも得られる．いずれの場合でも，陽極酸化の過程において，nc-Si 表面のダングリングボンドは自動的に水素終端されている．基板の結晶性が nc-Si において保存されていることは，高感度ラマン分光解析[3]などによって確認されている．

1.3　可視発光の機構と基本特性

　陽極酸化により作製された nc-Si において，バンドギャップワイドニングにともなう可視 PL[4] および注入 EL[5] が報告されてから15年以上が経過した．この間，発光機構の理解が進み，

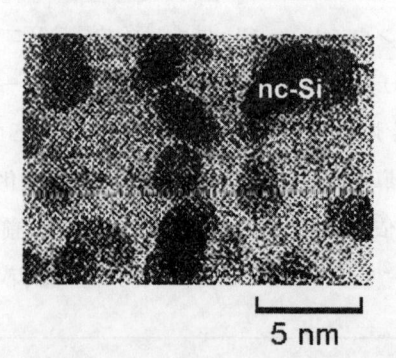

図2　作製した nc-Si 試料の透過電子顕微鏡写真

第3章　ナノ蛍光体の研究例

発光効率の向上やデバイス化技術も着実に進展してきた。

nc-Siにおいてはバンド構造に二つの物理効果が現れる（図3）。まず，強いキャリア閉じ込めによってバンド端が上下に開き，ギャップが可視域にまで広がる。同時に，不確定性関係によって，伝導帯底部の電子と価電子帯頂部のホールはそれぞれ運動量空間では非局在化する。これら二つにより，可視発光を伴う直接遷移的な再結合が可能となる。すなわち，キャリアが結晶内で無限に広がっていることを前提とした間接・直接遷移の区別は，量子サイズ系ではその有効性を失う。

ただし，上記の発光再結合が高効率かつ安定に成立する条件として，nc-Si表面は完全に終端され，非発光再結合の原因となる表面欠陥準位が十分に抑制されていなければならない。単結晶シリコンの表面活性はもともと高いが，膨大な比表面積をもつnc-Siにおいてそれはさらに顕著となり，発光特性を左右する最も大きな要素となる。このため，フォトルミネセンス（PL）の効率と安定性はnc-Siの表面欠陥濃度に強く依存する。またエレクトロルミネセンス（EL）素子では，nc-Si表面の非発光再結合欠陥形成がEL動作中の電流誘起酸化により加速され，効率低下の原因となる。したがって，発光動作寿命の向上には，表面終端をいかに強固に安定化するかがカギとなる。表面活性がより高い緑・青色発光性試料では，終端技術の確立が一層重要となる。

一つの試みとして，nc-Si表面に残存する準安定なSi-H結合を共有性のSi-C結合に置換する処理を行うと，赤色EL素子のダイオード電流および発光の安定性が飛躍的に向上する[6]。

さらに有効な表面終端効果として，高圧水蒸気アニール（High-Pressure Water-Vapor Annealing：HWA）がある。すなわち，試料を圧力1～3 MPaの水蒸気中で熱処理（温度：約250℃，時間：2～3 h）することにより，発光波長は変化せずにPL強度が著しく増大し（図

閉じ込め形ギャップ（$\Delta E_g \propto 1/m^* r^2$）

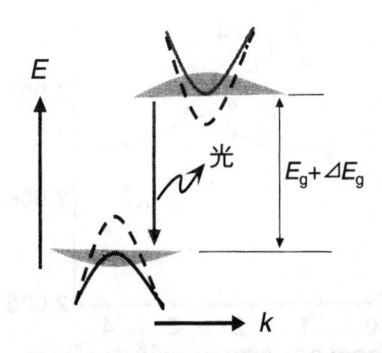

図3　nc-Si(b)のバンドギャップ模式図
（m^*：キャリアの有効質量，r：nc-Siの粒径）

4），PL 外部量子効率は直接遷移半導体に匹敵する 23% にまで達する[7]。

電子スピン共鳴（ESR）[7]や赤外分光解析（FTIR）などの解析結果によると[8]，HWA 処理は，ナノ結晶界面への水分子の浸入によって，nc-Si 表面のダングリングボンドや不安定な Si-H 結合を効果的に酸化し，高品質で欠陥密度の低い終端をもたらす。そのため非発光再結合の主因が抑制され，同時に励起子の局在が強まり，PL 強度が向上する。ESR 解析により得られた PL 強度と欠陥密度との相関を図 5 に示す。欠陥密度が減少するとともに，発光強度が約 3 桁増大していることがわかる。HWA は比較的簡便な低温プロセスとして，界面欠陥やストレスを内蔵する半導体ナノ構造一般にも有効と思われる。

1.4 フォトニック応用

nc-Si は室温で効率よく可視光を発する。PL と EL の両者で確認されているように，nc-Si の

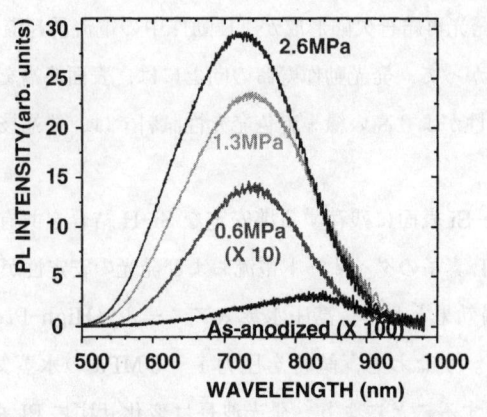

図 4　高圧水蒸気アニールによる PL 強度の向上

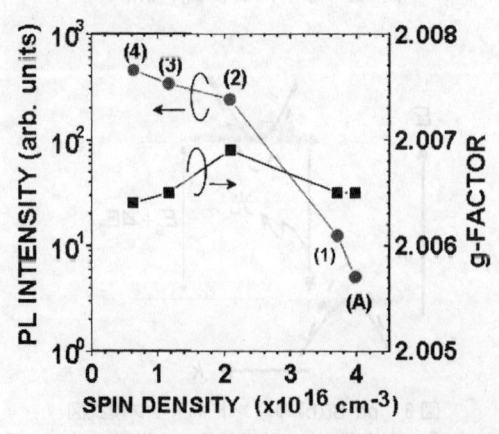

図 5　ESR 解析から求めた nc-Si 欠陥密度と PL 強度

発光色は粒径に依存して赤～青の可視全域におよぶ。技術的に重要な EL については，リーク電流の低減により，赤色発光の量子効率と電力効率が当初より数桁向上し，それぞれ 1.1%，0.4% にまで達した。動作寿命も着実に改善されつつある[9]。

上述の HWA 処理は，EL の高効率化・安定化に対しても有効である。その例として，EL 素子（図 6）の発光層に HWA を施す前後の EL 発光特性と動作安定性を，それぞれ図 7 と図 8 に示す。これらの図には，HWA 処理後，3ヶ月間空気中に保存した素子試料の特性も示している。図 7 からわかるように，HWA によって nc-Si ドット界面のトラップが低減されるため，電流－電圧特性が改善され，同時に EL 強度も増大している。ダイオード電流の増大分以上に EL 強度が増していることは，発光性 nc-Si へのキャリア注入が効率的に生じ，量子効率が改善されていることを示している。これらの効果は 3ヶ月後にも全く失われていない。

直流連続動作時の EL 強度の時間依存性を示す図 8 によれば，HWA 処理をしない作製したま

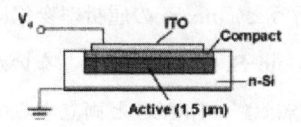

図 6　nc-Si による EL 素子

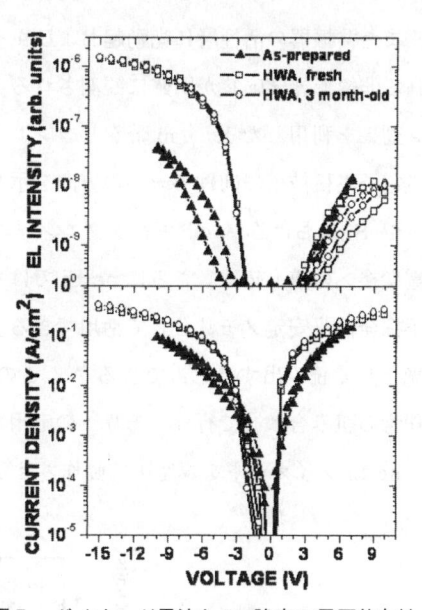

図 7　ダイオード電流と EL 強度の電圧依存性に対する HWA の効果

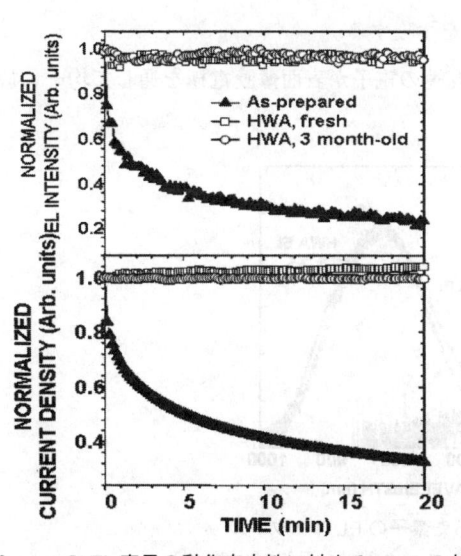

図 8　nc-Si EL 素子の動作安定性に対する HWA の効果

まの素子では，酸化の進行および非発光再結合欠陥の発生により，ダイオード電流とEL強度が20分程度で大幅に劣化していく。それに反し，HWA処理を行った素子では，ダイオード電流とEL強度に変化は見られず，3ヶ月後でも同じ特性を保っている。

さらに，HWAの効果は発光スペクトルにも明確に現れる。図9にはHWA処理前後の発光層のPLスペクトルおよびHWA処理した素子のELスペクトルを示している。HWAによってPL強度が増強され，ELスペクトルはPLスペクトルと完全に一致している。PLとELが同じ発光起源により生じており，PLの増大がELに直接反映されていることがわかる[10,11]。

nc-Siの光増幅能についても光励起の段階ながら報告がされはじめた。光増幅係数はまだ小さいが，可視域のレーザ発振の可能性に向けて今後の進展が期待できる[12]。

他方，nc-Si層の屈折率が広範囲に制御できることを利用すると，埋込3次元導波路や光共振器がモノリシックに作製できる[13]。この場合にも，HWA処理は発光素子と同様，動作の安定化にきわめて有効であり[14]，共振動作により狭帯化した光出力が長期にわたり安定に得られる。

また共振器の活性層に光励起およびキャリア注入を行うと，nc-Siの屈折率変化によるとみられる非線形光学応答が明確に観測されるようになる[15]。nc-Siとは直接関係しないが，誘導ラマン効果を利用した$1.5\mu m$帯シリコンレーザ素子の報告は[16]，CMOSと両立するモノリシック光電子集積技術に向けて一つの方向を示したといえる。

nc-Siにおけるバンドギャップエンジニアリングの成立は，発光だけでなく，波長選択形の光電変換への道も拓く。さらにnc-Siではキャリアの注入・引き出しに伴う荷電効果が顕在化し，不揮発性双安定メモリとして活用できる。書き込み時に光照射をすると，蓄積した信号をEL発光として読み出すこともできる[17]。この効果は，書き込み・読み出し・消去を電気と光信号の任意の組み合わせで行うメモリへの応用可能性を示唆する。

nc-Siダイオードを真空中で動作させると，高速の電子が表面薄膜電極を通して均一に放出さ

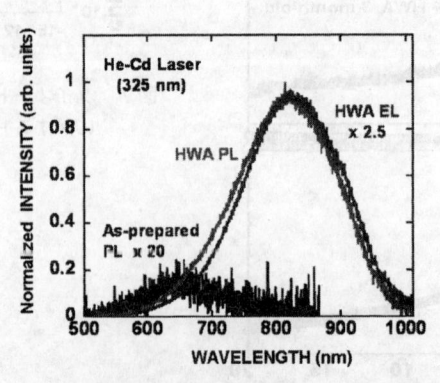

図9 HWA処理を行った素子のELスペクトル
HWA前後の発光層のPLスペクトルも示している

第3章 ナノ蛍光体の研究例

れる[18]。放出電子エネルギー分布の測定や電子輸送解析などから，薄い酸化膜を介して連結したnc-Siドット間を多重トンネルして電子が弾道化していることが推測される[19]。nc-Si層における弾道走行は，透過電子顕微鏡などによる構造解析[20,21]，短パルスレーザ励起飛行時間解析[22]，電子伝導の理論解析[23,24]からも裏づけられており，nc-Siドットチェーンに特有の電子輸送モードの存在が示唆される。

弾道電子効果を利用すると，これを励起源とした新規の全固体面発光素子が作製できる[25]。素子表面に蛍光体薄膜を積層し，その上に透明薄膜電極を形成して基板に対して正電圧を印加すると，電子励起による均一な発光が得られる。例として，c-Siにナノ結晶化処理を施して弾道ドリフト層とし，nc-Si層を蛍光体に用いた場合の素子構成と発光特性を図10，図11に示す。表面側を正電圧とした場合，弾道電子励起によるとみられる発光が印加電圧とともに急激に増大していく。nc-Siの発光を赤・緑・青色の可視域全体で高効率化し，蛍光体を微細アレイ化でき

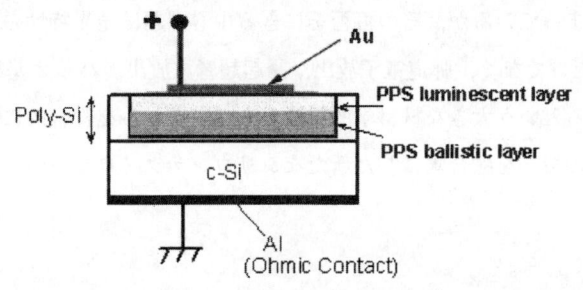

図10 nc-Siを蛍光体に用いた弾道電子励起固体面発光素子の断面模式図
（PPS：ナノ結晶化した多結晶シリコン層）

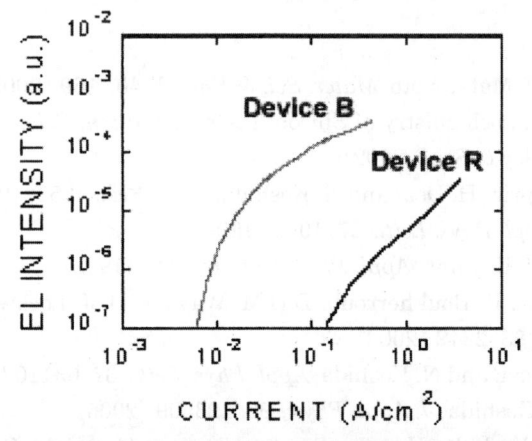

図11 nc-Siを蛍光体に用いた弾道電子励起固体面発光素子の発光強度－素子電流特性（素子A），弾道層のない場合（素子B）のEL特性も比較のために示す

れば，シリコンのみで構成されたマルチカラー素子に発展する可能性もある。

1.5 まとめ

　量子サイズ化により，シリコンでは光学的・電気的・熱的・化学的に新たな機能が生じ，c–Si の優れた特性がさらに多彩なものとなる。その顕著な例として，バンドギャップが増大することに起因する室温可視発光とそれに関連する素子応用の研究開発の状況をまとめた。発光の量子効率と長期安定性を確保する上で最大の要件は，c–Si 効率ドット表面の完全終端である。その有力な手法として導入された HWA 処理は c–Si を高品質のトンネル酸化膜で覆う。その結果，非発光再結合欠陥とキャリアトラップが同時に抑制され，PL と EL の特性が著しく向上する。ナノ構造に有効なこのアニール技術は，光共振器，発光性不揮発メモリなどのフォトニック素子の開発にも適用できる。

　スケーリング側に依拠してきた超 LSI 技術の質的革新を支えるものとして，シリコンフォトニクスへの期待が高まっているが，その可否をにぎる中心課題は発光特性の向上である。他方，nc–Si は，可視発光だけでなく，弾道電子放出，誘起超音波放出，バイオ基材としての適合性などを兼ねそなえているという大きな材料学的特徴をもつ。これらを総合的に活用できれば，フォトニクスを含む異種の機能を融合集積した新たなシリコンテクノロジーへの道も開けていくであろう。

文　　献

1) N. Koshida and N. Matsumoto, *Mater. Sci. & Eng.,* R 40, 169 (2003)
2) V. Lehmann. Electrochemistry of Silicon: *Instrumentation. Scienc.Materials and Applications*（John Wiley & Sons. 2002）
3) H. Tanino. A. Kuprin. H. Deai and N. Koshida, *Phys. Rev.,* B 53, 1937 (1996)
4) L. T. Canham, *Appl. Phys. Lett.,* 57, 1046（1990）
5) N. Koshida and H. Koyama, *Appl. Phys. Lett.,* 60, 347（1992）
6) B. Gelloz. H. Sano. R. Boukherroub. D.D.M. Wayner. D. J. Lockwood. and N. Koshida, *Appl. Phys. Lett.,* 83, 2342 (2003)
7) B. Gelloz. A. Kojima. and N. Koshida, *Appl. Phys. Lett.,* 87, 031107 (2005)
8) B. Gelloz and N. Koshida, *J. Appl. Phys.,* 98, 123509 (2005)
9) B. Gelloz and N. Koshida, *Handbook of Luminescent Materials. Chap. 10. Ed. D. R. Vij* (Inst. of Physics Publ., 2004) pp. 393–475
10) B. Gelloz. T. Shibata and N. Koshida, *Appl. Phys. Lett.,* 89, 191103 (2006)

11) B. Gelloz and N. Koshida, Jpn. *J. Appl. Phys.*, **45**, 3462 (2006)
12) L. Pavesi. L. D. Negro. C. Mazzoleni. G. Franzo. and F. Priolo, *Nature,* **408**, 440 (2000)
13) M. Takahashi and N. Koshida, *J. Appl. Phys.*, **86**, 5274 (1999)
14) B. Gelloz, T. Shibata, R. Mentek, and N. Koshida, *Mater. Res. Soc. Symp. Proc.,* **958**, L 08. 02-07 (2007)
15) M. Takahashi and N. Koshida, *Appl. Phys. Lett.,* **76**, 1990 (2000)
16) H. Rong. R. Jones. A. Liu. O. Cohen. D. Hak. A. fang. and M. Paniccia, *Nature,* **433**, 725 (2005)
17) K. Ueno and N. Koshida, *Appl. Phys. Lett.,* **74**, 93 (1999)
18) N. Koshida. T. Ozaki. X. Sheng. and H. Koyama. Jpn. *J. Appl. Phys.,* **34**, L 705 (1995)
19) N. Koshida. X. Sheng. and T. Komoda, *Appl. Surf. Sci.,* **146**, 371 (1999)
20) T. Ichihara. Y. Honda. T. Baba. T. Komoda. and N. Koshida, *J. Vac. Sci. Technol.,* B **22**, 1784 (2004)
21) T. Ichihara. T. Baba. T. Komoda and N. Koshida, *J. Vac. Sci. Technol.,* B **22**, 1372 (2004)
22) A. Kojima and N. Koshida, *Appl. Phys. Lett.,* **86**, 022102 (2005)
23) S. Uno. N. Mori. K. Nakazato. N. Koshida. and H. Mizuta, *J. Appl. Phys.,* **97**, 113506 (2005)
24) S. Uno. N. Mori. K. Nakazato. N. Koshida. and H. Mizuta, *Phys. Rev.,* B **72**, 035337 (2005)
25) Y. Nakajima. A. Kojima. and N. Koshida, *Appl. Phys. Lett.,* **81**, 2472 (2002)

2　ZnSナノ蛍光体

新生恭幸[*1]，森　康維[*2]

2.1　はじめに

硫化亜鉛（ZnS）は古くは白粉の原料として用いられていた身近な物質であり，現在では銅や銀を不純物としてドープしたZnSがブラウン管の蛍光材料として広く用いられている。近年，ZnSに代表されるIIb-VIb族半導体ナノ粒子の研究が盛んに行われた背景には，ナノサイズで発現する量子サイズ効果が実験的に観察されたことがある[1]。量子サイズ効果とは，バルク粒子では連続とみなされる価電子帯と導電帯のそれぞれのバンドが，粒子径がナノサイズ化することでバンドが離散的になり，粒子径に応じて価電子帯と導電帯の間のエネルギーギャップであるバンドギャップエネルギー（E_g）が変化する現象である。図1にIIb-VIb族半導体ナノ粒子の粒子径とE_gの関係を示す。この関係は粒子を井戸型ポテンシャルとして波動関数を解いた有効質量近似式（Equation of Effective Mass Approximation，EMA式）から求められ，以下で表される[2,3]。

$$E_g = E_{g,Bulk} + \frac{h^2}{2d^2 e_0}(\frac{1}{m_e^*} + \frac{1}{m_h^*}) - \frac{3.572 e_0}{4\pi d \varepsilon_r \varepsilon_0} - 0.248 E_{ex} \quad ただし，\frac{d}{2a_B} \leq 2 \quad (1)$$

$$E_g = E_{g,Bulk} + \frac{h^2}{2d^2 e_0 M} - E_{ex} \quad ただし，\frac{d}{2a_B} \geq 4 \quad (2)$$

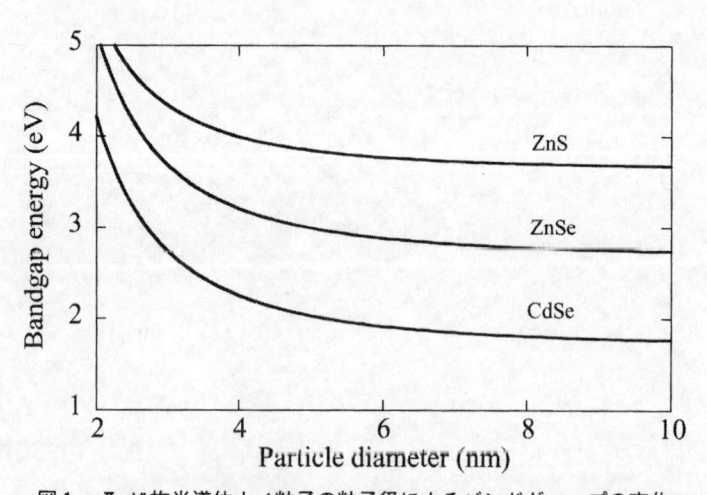

図1　II-VI族半導体ナノ粒子の粒子径によるバンドギャップの変化

---

*1　Yasuyuki Arao　同志社大学大学院　工学研究科　工業化学専攻　博士課程後期
*2　Yasushige Mori　同志社大学　工学部　物質化学工学科　教授

ここで，E_g はナノ粒子のバンドギャップエネルギー，$E_{g,Bulk}$ はバルクのバンドギャップエネルギー，d はナノ粒子の粒子径，h はプランク定数，e_0 は電荷素量，m_e^* は電子の有効質量，m_h^* はホールの有効質量，ε_r はナノ粒子の比誘電率，ε_0 は真空の誘電率，E_{ex} は励起子の束縛エネルギー，M は励起子の並進質量，a_B はボーア半径である。図1から分かるようにCdSeは粒子径に応じて E_g が可視領域全般で変化するために，粒子径を変化させるだけで赤から青までの蛍光色を得ることが出来る。それに対してZnSはバルク粒子の E_g が紫外領域（$h\nu > 3.26\,\mathrm{eV}$）であるために，量子サイズ効果によって可視領域で蛍光色を変化させることはできない。そこで，結晶内に金属イオンをドープしたり，結晶内の欠陥生成を制御することで蛍光色を変化させる。マンガンイオンや銅イオンをドープするとオレンジ色や緑色の発光が，結晶に硫黄欠陥が生じると青色の発光が得られる。

ナノ粒子は一般に液相中で合成されるため，何らかの表面処理をしなければ容易に凝集する。すなわちナノ粒子では比表面積が大きい。例えば閃亜鉛鉱型のCdS粒子では，粒子径が5 nmで約20 %，2 nmで約50 %の原子が表面に位置することになる。表面に存在する原子のダングリングボンドは非常に活性であるために粒子は容易に凝集し，ナノサイズの粒子を安定的に分散状態にするためには何らかの手法が必要となってくる。凝集を抑制するには①反応場を限定する，②粒子表面を修飾する，③粒子の衝突確率を下げる，といった方法がある。①の代表的な方法に逆ミセル法があり，②ではチオールなど粒子表面に吸着する分子を反応場中に共存させて粒子を作製する方法がある。③には粘土が分散した溶液中で粒子を作製することで粒子同士の衝突確率を減少させ，粒子同士の凝集を抑制する方法がある。

2.2 逆ミセル反応場を用いた合成法

逆ミセルを反応場として用いると，界面活性剤に保護され，安定化したナノ粒子の作製が可能となる。逆ミセルを形成する界面活性剤にはビス（2-エチルヘキシル）スルホこはく酸ナトリウム（AOT）などのカチオン性界面活性剤，臭化セチルトリメチルアンモニウム（CTAB）などのアニオン性界面活性剤，あるいはそれらの混合物が用いられる。逆ミセルの特徴は内部の水相が安定であるだけでなく，使用した界面活性剤と水のモル濃度比（含水率，$W_0 = [水]/[界面活性剤]$）を変化させるだけで水相の大きさを精密に制御できることにある。界面活性剤にAOTを，有機溶媒にイソオクタンを用いたとき，含水率とミセル径（d_{micell}）の関係には次式のような実験結果がある[4,5]。

$$d_{\mathrm{micell}}[nm] = 0.32W_0 + 2.4 \tag{3}$$

図2は含水率 $W_0 = 7$ の逆ミセルを用いて作製された ZnS ナノ粒子の吸収スペクトルと蛍光スペクトルである。吸収スペクトルの吸収端が作製直後から4日間でレッド・シフトしている。EMA式にこのシフトを適用して粒子径を求めると 3.4 nm から 3.9 nm に増加したことを示している。逆ミセルを用いると安定した粒子が得られるとされているが，必ずしも長時間安定であるとは言えない。含水率を変化させて作製し，5分後と4日後の ZnS 粒子径と逆ミセル径を図3に示す。ZnS ナノ粒子の大きさは EMA 式から，逆ミセル径は（3）式から算出した。含水率が10までは逆ミセル径の増大にともなって生成する ZnS ナノ粒子の粒子径も大きくなっているが，さらに含水率が大きくなると，ZnS ナノ粒子の粒子径はあまり大きくならない。これは，ZnS

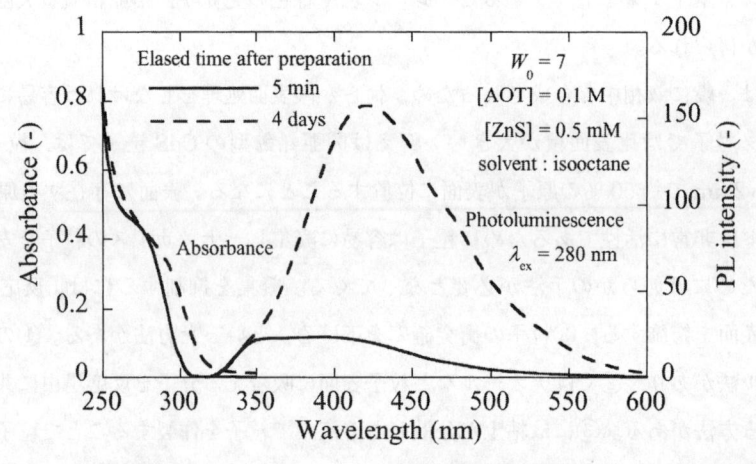

図2　逆ミセル反応場を用いて作製された ZnS ナノ粒子の吸収と蛍光スペクトルの経時変化

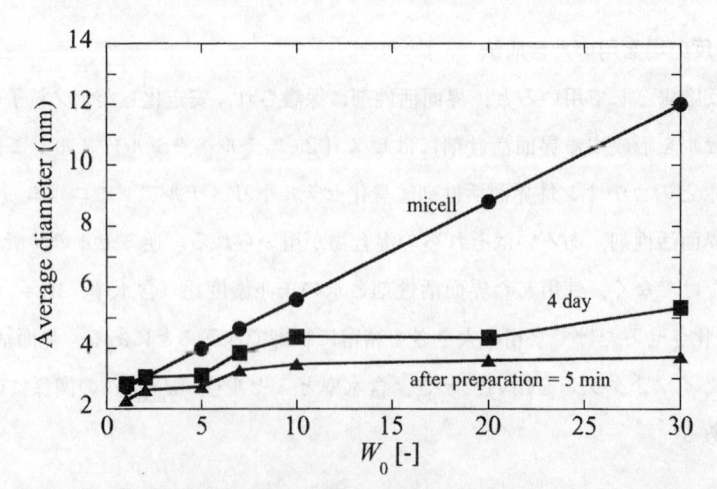

図3　様々な含水率の逆ミセルを用いて作製した ZnS ナノ粒子の粒子径と（3）式を用いて算出した逆ミセル径

が成長する大きさに対して逆ミセルの大きさが十分に大きくなったためである。含水率が1と2では，4日には逆ミセル径と同じ大きさまで成長した。それに対して含水率30では逆ミセルによる成長抑制効果が得られず，4日後には5.3 nm まで成長した。

逆ミセル内で作製された ZnS ナノ粒子は表面に格子欠陥が多く存在するため，欠陥からの青色発光となる。図2の蛍光スペクトルでは粒子を作製して5分では様々な欠陥準位からの発光が重なってブロードとなっていたが，4日後には硫黄欠陥準位からの420 nm にピークを持つ発光に収斂した。このように，逆ミセル反応場を用いて ZnS ナノ粒子を作製すると，格子欠陥が生成され，励起された電子がトラップされるためにバンド端からの発光を得ることは難しい。すなわち粒子表面の欠陥を除去できればバンド端発光を得ることができるはずである。例えば Zhang らは CdS ナノ粒子の調製時にヘキサノールで還流することで，ヘキサノールで欠陥を埋め，CdS のバンド端発光を得ている[6]。

2.3 水相中で表面修飾剤を用いた合成法

粒子表面を界面活性剤で修飾して表面欠陥を取り除く作製方法にホットソープ法がある。この方法では単分散で，高発光効率の蛍光体ナノ粒子の作製が可能なことから多くの研究結果が報告されている[7,8]。しかし用いる薬品が高価であることや，爆発の危険性を有していることから，代替の合成方法が検討されている。Gaponik らは溶媒に水を，表面修飾剤にチオールやチオグリコール酸などのチオ基を持つ物質を用いて，100 ℃で還流を行うことで，ホットソープ法と同等の単分散性と発光特性を有する粒子が作製可能であることを報告している[9]。粒子の単分散性は粒子のオストワルド成長機構で説明されている[10,11]。

水溶液法で用いるチオ基を持った表面修飾剤は金属イオンと容易に錯体を形成し，粒子の溶解度積を大きく変える。このことを利用して本来は液相法でドープされにくい金属イオンをナノ粒子にドープすることができる。例えば，銅イオンは亜鉛イオンに比べて硫化物を形成しやすく，亜鉛イオンと共沈させることが難しい。しかし，チオグリセロールで表面修飾された CuS は溶解度が ZnS に近くなり，ZnS ナノ粒子中に銅イオンをドープすることが容易となる。このようにして作製された ZnS:Cu ナノ粒子の吸収スペクトルと蛍光スペクトルを図4に示す。吸収スペクトルから急激な吸収端とピークが観察されることから，生成した粒子は単分散であることが分かる。また，仕込みの銅イオン濃度（$R_F = [Cu^{2+}]/([Zn^{2+}] + [Cu^{2+}])$）を高くすると，蛍光スペクトルがレッド・シフトしている。これは ZnS 粒子内にドープされる銅イオン量が増加し，ZnS のバンド間に生成した銅イオンの準位からの発光が，欠陥準位からの発光に比べて強くなったためと考えられる。またこのときの粒子径は EMA 式から全ての条件で 2.7 nm と算出された。チオグリセロールを用いて作製されたナノ粒子の構成元素と，チオグリセロールの硫黄

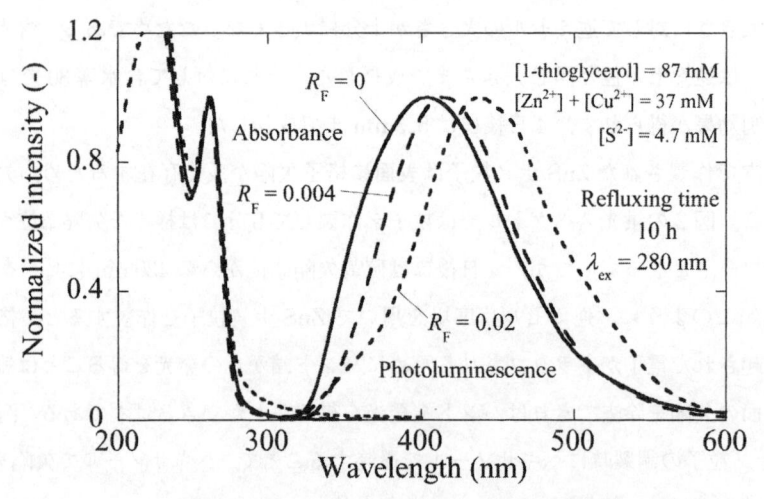

図4 チオールで表面修飾した ZnS：Cu ナノ粒子の吸収と蛍光スペクトル

イオンとは，イオン結合状態であると報告されている[12]。そこでチオグリセロールの粒子に官能基を導入すると，薄膜化やガラスへの積層化[13]や，バイオマーカー[14,15]に応用できる。

2.4 粘土層間で作製された ZnS ナノ粒子

0.2 mm 以下のサイズの鉱物を総称して粘土と呼ぶ。化粧品や難燃化材料の添加物として広く用いられている。近年，スメクタイト（Smectite）のような陽イオン交換能を持った粘土鉱物を用いて半導体ナノ粒子を作製する研究が盛んに行われている[16,17]。

スメクタイトは溶媒に分散させると表面の陽イオンが解離して負に帯電する。溶媒に正電荷を持った物質を混入すると，電気的中性を保つために層間に均一に分散・吸着する。この陽イオン交換能によって層間に金属陽イオンを導入し，その後に硫化ナトリウム水溶液を加えることで，スメクタイト層間で ZnS ナノ粒子を作製することができる。生成した ZnS ナノ粒子は溶液中に分散したスメクタイト粒子により，粒子同士の衝突確率が低下し，結果として粒子の凝集が抑制される。

図5に作製した ZnS とスメクタイトの複合粒子（ZnS/Smectite と表記）と同じ濃度でスメクタイトを用いずに作製した ZnS 粒子（ZnS と表記）の吸光スペクトルを示す。波長約 350 nm 以上の吸光度は本来存在しないはずであるが，一定の値を示している。しかも ZnS 粒子のみの方が ZnS/Smectite より大きい。これはスメクタイトが存在しないために溶液内の粒子が大きな凝集体を形成し，入射光を散乱したためと考えられる。すなわちスメクタイトは生成した ZnS ナノ粒子の凝集を抑制していることがわかる。ZnS のバンドギャップ端由来の吸光スペクトルの立ち上がり位置が，ZnS/Smectite の方が ZnS 粒子のみより短波長側に観察された。これは ZnS ナノ粒子の量子サイズ効果によるもので，EMA 式から算出した粒子径は ZnS/Smectite と

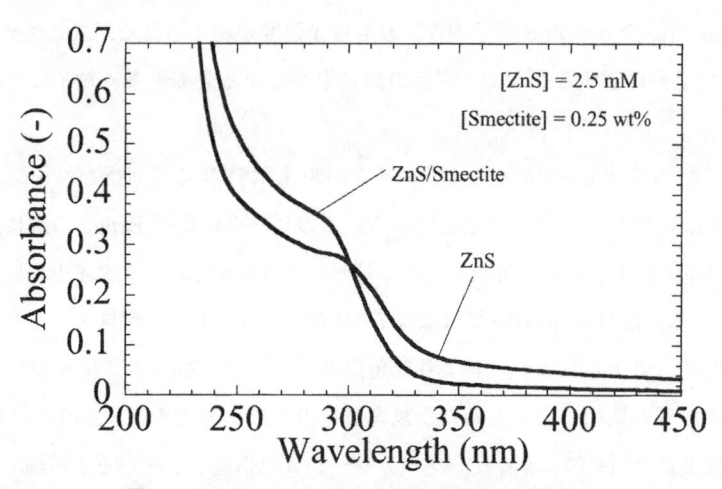

図5 ZnS/Smectite と ZnS のみの吸光スペクトル

ZnS粒子のみではそれぞれ4.7 nmと7.7 nmであった。スメクタイトは生成したZnSナノ粒子の凝集を抑制するだけではなく，粒子成長も抑制する効果があることが分かる。図6にZnS/SmectiteとZnS粒子のみの蛍光スペクトルを示す。スメクタイトは356 nmに発光ピークがあり，長波長側にブロードなスペクトルを持っているが，本実験条件ではほとんど観察されないほどの強度がZnS/Smectiteで得られている。ZnS/SmectiteとZnS粒子のみでは共に416 nmにピークのある発光がある。これらの試料のE_gはそれぞれ3.86 eV（321 nm）と3.71 eV（334 nm）であるので，発光はZnS粒子の欠陥によって生成した新たなエネルギー準位からと推察で

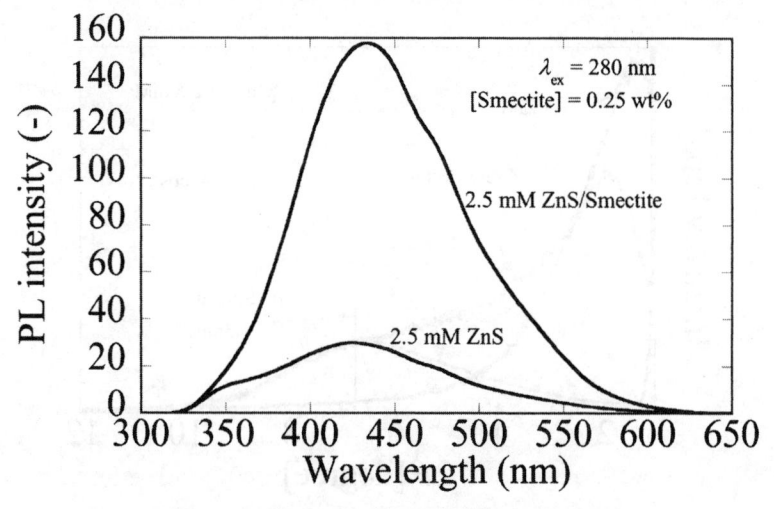

図6 ZnS/Smectite と ZnS の蛍光スペクトル

きる。ZnS/Smectite の方が ZnS 粒子のみよりも蛍光強度が約 4 倍高く，スメクタイト分散溶液中で ZnS ナノ粒子を作製することで，青色の発光中心となる欠陥を多く粒子に生成させることができた。

図 7 に作製した ZnS/Smectite とスメクタイトの粉末試料の X 線回折パターンを示す。スメクタイトのみでは 6.8°にピークが存在している。このピーク位置を Bragg の式に適用して試料内の規則構造の単位長を求めた。算出された単位長は 1.3 nm でスメクタイトの厚み d_L (Smectite) を表している。ZnS/Smectite ではほぼ 7°の位置にショルダーが見られ，共存しているスメクタイトの厚みと考えられる。これより低角側のピークは，ZnS ナノ粒子が共存することでスメクタイトの層間が開いてできた新たな規則構造のためと考えると，ZnS ナノ粒子はスメクタイト層間に挟まれた図 8 のようなインターカレーション構造をしていると結論できる。図 8 中の d_L はインターカレーション構造の単位長であるので，スメクタイト層間に生成した ZnS ナノ粒子の大きさ d_{Bragg} は (4) 式で求められる。

$$d_{Bragg} = d_L - d_L \text{(Smectite)} \tag{4}$$

算出された粒子径 d_{Bragg} は 3.2 nm であった。一方，ZnS 粒子のみの XRD パターンから得られる d_{Bragg} は ZnS 粒子の大きさに相当し，Bragg の式から 6.7 nm と算出された。EMA 式は粒子径に分布があると，粒子径を大きく見積もるために，EMA 式から算出された粒子径 4.7 nm と 7.7 nm のほうが d_{Bragg} よりも大きい。

図 9 に合成した 2.5 mMZnS/Smectite の TEM 写真と，TEM 写真から得られた粒子径分布を示す。粒子径分布は 2 から 15 nm に広がっているが，2 から 6 nm に 90 % 以上の粒子が存在し

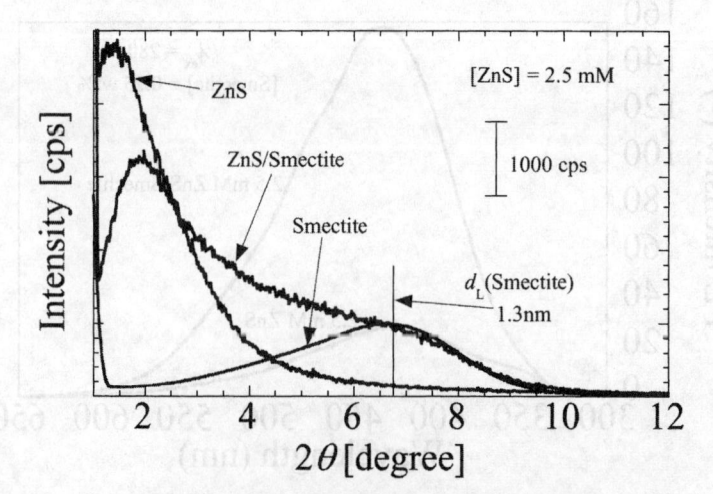

図 7　ZnS/Smectite と ZnS とスメクタイトの XRD パターン

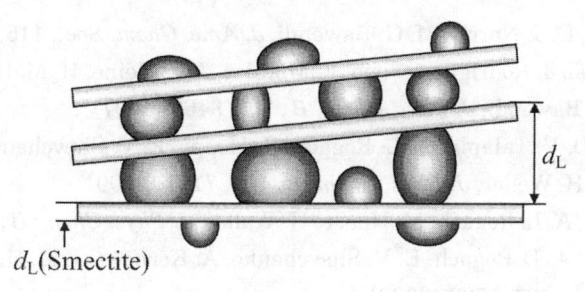

図8　ZnSナノ粒子とスメクタイトの複合粒子の模式図

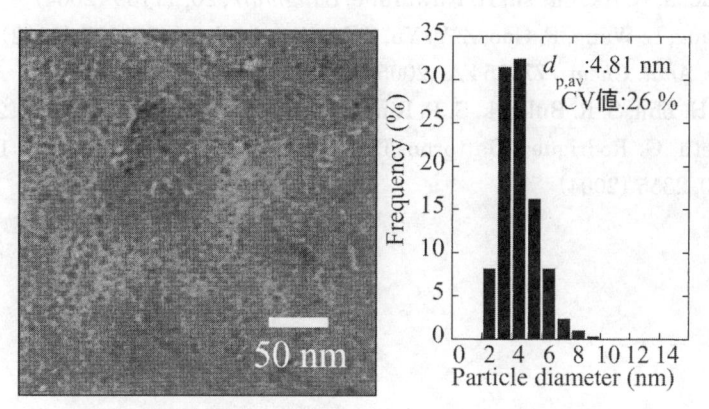

図9　ZnS/Smectite の TEM 像とそれから算出した粒子径分布

ている。

　このことは粒子が比較的単分散の ZnS ナノ粒子を調製でき，スメクタイトに凝集抑制効果があることを示している。

文　　献

1) L. Spanhel, H. Weller, A. Henglein, *J. Am. Chem. Soc*., 109, 6632 (1987)
2) Y. Kayanuma, *Phys. Rev. B*, 38, 9797 (1988)
3) S. Barik, A. K. Srivastava, P. Misra, R. V. Nandedkar, L. M. Kukreja, *Solid State Commun*., 127, 463 (2003)
4) M. Kotlarchyk, S. H. Chen and J. S. Huang, *J. Phys. Chem*., 86, 3273 (1982)
5) M. Adachi, M. Harada, A. Shio and Y. Sato, *J. Phys. Chem*., 95, 7925 (1991)
6) J. Zhang, L. Sun, C. Liao, C. Yan, *Solid State Commun*., 124, 45 (2002)

7) C. B. Murray, D. J. Norris, M. G. Bawendi, *J. Ame. Chem. Soc.*, 115, 8706 (1993)
8) B. O. Dabbousi, J. Rodriguez-Viejo, F. Mikulec, J. R. Heine, H. Mattoussi, R. Ober, K. F. Jensen, M. G.Bawendi, *J. Phys. Chem. B*, 101, 9463 (1997)
9) N. Gaponik, D. V. Talapin, A. L. Rogach, K. Hoppe, E. V. Shevchenko, A. Kornowski, A. Eychmueller,H. Weller, *J. Phys. Chem. B*, 106, 7177 (2000)
10) D. V. Talapin, A. L. Rogach, M. Haase, H. Weller, *J. Phys. Chem. B*, 105, 12278 (2001)
11) D. V. Talapin, A. L. Rogach, E. V. Shevchenko, A. Kornowski, M. Haase, H. J. Weller, *J. Am. Chem.Soc.*, 124, 5782 (2002)
12) A. Shavel, N. Gaponik, A. Eychmüller, *J. Phys. Chem B*, 108, 5905 (2004)
13) T. Tsuruoka, K. Akamatsu, H. Nawafune, *Langmuir*, 20, 11169 (2004)
14) L. Y. Wang, L. Wang, F. Gao, Z. Y. Yu, Z. M. Wu, *Analyst*, 127, 977 (2002)
15) C. Katie, *Anal. Chem.*, 77, 354 A (2005)
16) Z. Han, H. Zhu, S. R. Bulcock, S. P. Ringer, *J. Phys. Chem. B*, 109, 2673 (2005)
17) J. Nemeth, G. Rodriguez-Gattorno, D. Diaz, A. R. Vazquez-Olmos, I. Dekany, *Langmuir*, 20, 2855 (2004)

3　YAG：Ce ナノ蛍光体

粕谷　亮[*1]，磯部徹彦[*2]

3.1　はじめに

イットリウムアルミニウムガーネット（$Y_3Al_5O_{12}$，YAG）はガーネット構造をとる複合酸化物の一種で，1970 ℃という高い融点を有している。YAG は化学安定性も比較的高く，また広い波長域の光をよく透過する。これらの利点を活かし，レーザ母体や分光計用窓材としても用いられる。

YAG 中に発光イオンであるセリウム（Ce^{3+}）を Y と置換固溶させると，Ce^{3+} の 4f-5d 遷移に由来する青色励起，黄色発光が観測される。4f-5d 軌道間の遷移はパリティ許容であるため，YAG：Ce^{3+} 蛍光体は内部量子効率が 75 % と高い値を示す[1]。

YAG：Ce^{3+} の励起源に InGaN 系 LED といった青色光源を用いると，補色に相当する黄色と青色が混色されて白色を表現できる。このような白色 LED は長寿命，構造が単純，省電力化が可能といった利点から広く市販されている。近年，白色 LED の光束効率は 113 lm/W に達し，蛍光灯の効率（80～100 lm/W）を凌駕するケースも見られるようになってきた[2]。現在，白熱灯のような従来照明の一部は白色 LED へと置き換えが進みつつある。他方，YAG：Ce^{3+} に関するディスプレイデバイスへの応用例としては，青色光を発する無機エレクトロルミネセンスと組み合わせて RGB を表現する方法として，Color-By-Blue と呼ばれる波長変換方式がディスプレイ用途に提案されている[3]。

固相法による YAG 合成にあたっては，原料酸化物を摩砕，混合して 1100 ℃ 以上の高温焼成を行う必要がある。しかし焼成が不十分であると，$Y_4Al_2O_9$（YAM）や $YAlO_3$（YAP）などの準安定相が副生する。これに対して，液相法ではより低温で YAG 単相が得られる。液相法の一種であるゾル―ゲル法では，YAG の前駆体を作製した後，焼成過程によって YAG が 700 ℃ で結晶化することが報告されている[4]。しかし，ゾル―ゲル法は前駆体を焼成して目的物を得る手法のため，焼成時に生じる粒成長や凝集を抑制することは困難である。

ナノ粒子の成長・凝集抑制の観点から，筆者らは焼成過程を経ずに目的物が得られる溶媒熱合成法（ソルボサーマル法）に着目している。ソルボサーマル法による YAG の合成例としては，これまでに 400 ℃，30 MPa での超臨界水を用いた手法[5]，280 ℃ でのエタノール―水の混合溶媒を用いた手法[6]が提案されている。また，グリコール溶媒である 1,4-ブチレングリコール（1,4-BG）を用いた 300 ℃ のソルボサーマル法（グリコサーマル法）によって，結晶化した

---

*1　Ryo Kasuya　慶應義塾大学　理工学研究科　後期博士課程
*2　Tetsuhiko Isobe　慶應義塾大学　理工学部　応用化学科　准教授

YAGナノ粒子が得られる[7]。グリコサーマル法は大きく分けて，以下の4つの利点を有すると筆者らは考えている。

① 適当な原料と溶媒との組み合わせにより，300℃以下で高結晶性の生成物が得られる。このため焼成などの後処理を必要としない。
② 生成した粒子に溶媒分子が配位するため，粒子の成長が抑制され，ナノ粒子が得られる。
③ 溶媒分子がナノ粒子表面を不動態化するため，欠陥準位への非放射遷移を抑制できる。これにより，ナノサイズ化による発光効率の低下を抑制することが可能になる。
④ ナノ粒子分散液が得られるため，種々の応用にそのまま利用できる。

筆者らはこれまで，グリコサーマル法によってYAG：Ce^{3+}ナノ粒子を作製し，種々の特性評価を行い，蛍光特性との関係を検討してきた[8~10]。本節ではこれらの結果について述べる。

3.2 グリコサーマル法によるYAG：Ce^{3+}ナノ粒子の低温液相合成

井上らによって提案されたグリコサーマル法によるYAGナノ粒子の合成法[7]を参考にして，筆者らは次のような手順でYAG：Ce^{3+}ナノ蛍光体を合成している。ガラス内筒に1,4-BG 52.8 mL，次にアルミニウムトリイソプロポキシド12.50 mmol，酢酸イットリウム四水和物7.425 mmolおよび酢酸セリウム（III）一水和物0.075 mmolを投入する。ここでCe^{3+}の仕込み比はYに対して1.0 mol%となる。

ガラス内筒をオートクレーブ（耐圧硝子工業，TVS-120-N2，容量120 mL）に入れ，熱伝導を向上させるために両者の間隙に10.4 mLの溶媒をさらに添加する。300 rpmで攪拌しながらオートクレーブを室温から300℃まで90 minで加温し，2時間熟成する。熟成終了後，室温まで空冷を行うことでYAG：Ce^{3+}ナノ粒子分散液を得る。分散液にアルコールを加えて遠心分離（10000 rpm，10 min）を行う操作を3回繰り返して粒子を回収した後，50℃で1日乾燥して粉末試料を得る。

3.3 グリコサーマル法により得られたYAG：Ce^{3+}ナノ蛍光体の特性評価

X線回折（XRD）プロファイル（図1(d)）によると，1,4-BG中のグリコサーマル反応により，後処理として焼成を施さずに単相のYAGが生成した。また透過型電子顕微鏡（TEM）による像観察（写真1）によると，一次粒子は単一の結晶子から成り，その大きさは約10 nm程度，動的光散乱法によって測定した凝集粒子径は約50 nmだった。

次に合成したYAG：Ce^{3+}ナノ蛍光体とミクロンサイズの市販品（化成オプトニクス，P46-Y1）のYAG：Ce^{3+}の励起・蛍光スペクトルを図2に示す。双方のスペクトルにはYAG：Ce^{3+}の4f-5d遷移によるピークが観測された。ナノとバルクの比較から，ナノ化によって蛍光スペ

第3章　ナノ蛍光体の研究例

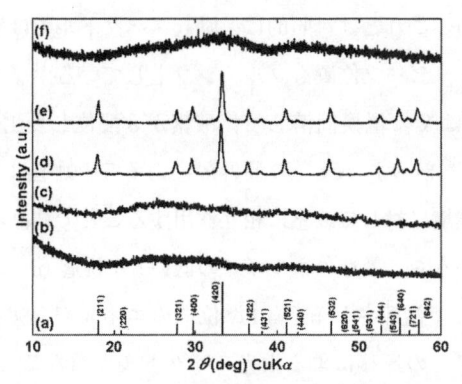

図1　XRDプロファイル[8,9]
(a) YAGのJCPDSカードNo.33-40, (b) 試料EG/1,4-BG＝1/0, (c) 試料EG/1,4-BG＝1/1,
(d) 試料1,4-BG/PEG＝1/0, (e) 試料1,4-BG/PEG＝1/1, (f) 試料1,4-BG/PEG＝0/1

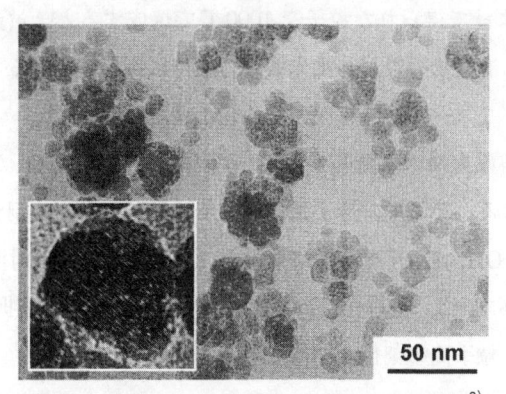

写真1　試料1,4-BG/PEG＝1/0のTEM写真[8]

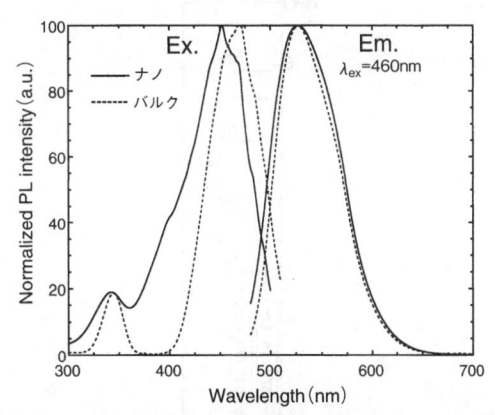

図2　YAG：Ce^{3+}蛍光体の励起・蛍光スペクトル[11]
実線：ナノ蛍光体1,4-BG/PEG＝1/0,
破線：バルク蛍光体（化成オプトニクスP46-Y1）

クトルはあまり変化しない。これとは対照的に，励起スペクトルでは短波長側で非対称なブロードニングが認められるほか，ピーク位置もブルーシフトしている[11]。

発光イオンであるCe^{3+}はYと置換固溶して，酸素が8配位した12面体を形成する。図3にCe^{3+}のエネルギー準位図[12]を示す。Ce^{3+}の最外殻である5d軌道は4f軌道より外殻に位置するため，周辺のアニオン環境に対して敏感に相互作用することで結晶場分裂を生じ，準位が分裂する[13]。蛍光は5d軌道のうち，最もエネルギーの低い5d軌道（d_1）から4f軌道の$^4F_{7/2}$と$^4F_{5/2}$へ，それぞれ遷移することで観測される。4f準位間のエネルギー差は約$2.2 \times 10^3 cm^{-1}$と小さいため，$d_1 \to {}^4F_{7/2}$，$d_1 \to {}^4F_{5/2}$の遷移による蛍光スペクトルが重なることで幅広い蛍光ピークを示す。以上より，上述した励起スペクトルの変化は，ナノサイズ化および有機物の配位のためCe^{3+}サイトの対称性が多様化し，結晶場に敏感な5d軌道において励起可能な準位が新たに形成されていると考えられる。

グリコサーマル法によって得られた粒子を1000℃で焼成すると，蛍光強度は約1/10にまで低下した。このことから有機物の吸着が蛍光強度の維持に寄与していることが明らかになった。そこで，合成に用いるグリコール溶媒組成の最適化を検討した。

グリコール溶媒は，溶媒末端の水酸基からH^+が脱離し，生じたO^-が金属イオンに共有結合的に配位すると考えられる。そこで，分子量に対して水酸基の占める割合が最も高いエチレングリコール（$HO-(CH_2)_2-OH$, EG）を溶媒に用いた。また，これとは対照的に，水酸基の割合が少ないポリエチレングリコール（$HO-(CH_2-CH_2-O)_n-H$, PEG）を選択した。PEGでは高分子に特有な多点吸着による粒子間の架橋が期待できる。

しかしXRDプロファイルによると，EG，PEGのそれぞれを単独で用いてもYAGは結晶化

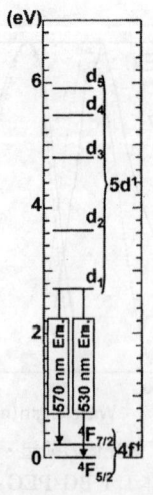

図3 YAG母体におけるCe^{3+}のエネルギー準位図[12]

第3章 ナノ蛍光体の研究例

しない（図1(b), (f)）。本法における YAG はベーマイト（γ-AlOOH）のグリコール誘導体（GDB）を経由して生成する可能性が指摘されており[7]，用いる溶媒の分極率が適切でないと GDB から YAG への結晶化が進まないことが推測される。そこで結晶化と添加溶媒の配位効果の重畳をねらい，1,4-BG と EG もしくは PEG の混合溶媒を用いて YAG : Ce^{3+} の合成を試みた。得られたサンプルの XRD プロファイルによると，1,4-BG と EG を半量ずつ混合しても YAG は生成しない（図1(c)）が，1,4-BG と PEG の混合溶媒では YAG : Ce^{3+} が生成した（図1(e)）。

PEG 添加により YAG : Ce^{3+} の蛍光強度は1.9倍増大した（図4）。YAG : Ce^{3+} ナノ蛍光体の蛍光内部量子効率（IQE）を，$(Y_{2.1}Gd_{0.9})Al_5O_{12}$: Ce^{3+}（化成オプトニクス，P 46-Y 3，IQE = 72 %）を標準試料として（1）式より相対的に算出した。

$$\frac{IQE_{sample}}{IQE_{ref}} = \frac{F_{sample}}{F_{ref}} \cdot \frac{A_{ref}}{A_{sample}} \tag{1}$$

ここで，F は蛍光スペクトルのピーク面積，A は励起波長における吸光度である。PEG 添加により IQE は 21.3 % から 37.9 % へと 1.8 倍増大した。組成分析によると，Ce/(Y+Ce) 比は PEG 添加により 0.94 mol% から 1.02 mol% へ 1.1 倍増大した。しかし，これだけでは PEG 添加による蛍光強度や IQE の増大を十分に説明できない。

FT-IR スペクトルおよび ^{1}H→^{13}C CP-MAS 固体 NMR スペクトル（図5）によると，反応に用いた 1,4-BG や PEG，金属原料由来の酢酸基が粒子に吸着している。さらに熱重量分析（TG）プロファイル（図6）から，有機物の含有量は PEG 添加により 17.4 wt% から 27.3 wt% へ増大した。このことから，PEG は 1,4-BG よりも優先して吸着する可能性がある。

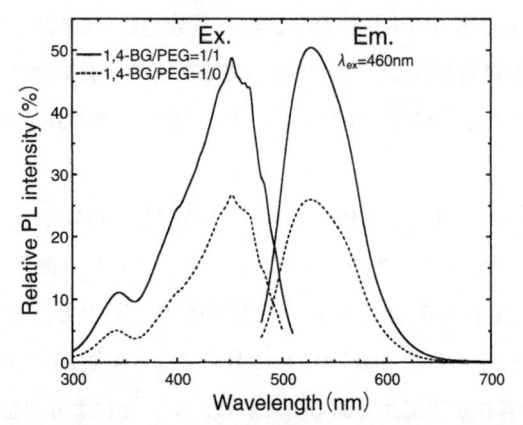

図4　YAG : Ce^{3+} ナノ蛍光体の励起・蛍光スペクトル[9]
蛍光強度は $(Y_{2.1}Gd_{0.9})Al_5O_{12}$: Ce^{3+}（化成オプトニクス，P 46-Y 3）の蛍光強度に対する相対強度で示されている。

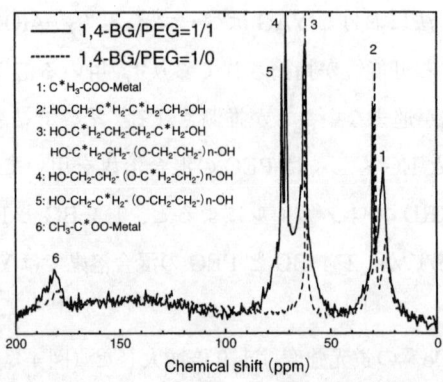

図5　YAG：Ce^{3+}ナノ蛍光体の^{1}H→^{13}C CP-MAS NMR スペクトル[9]

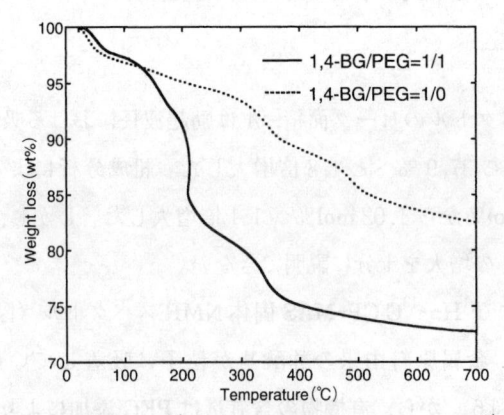

図6　YAG：Ce^{3+}ナノ蛍光体の TG プロファイル[9]

　YAG の局所構造状態を検討するため，^{27}Al 固体 NMR による評価を行った。ここでは評価法としてシングルパルス励起法（SPE）法ならびに交差分極法（CP法）を用いた。前者は YAG に含まれる全ての^{27}Al が観測される。これに対して CP 法では有機物に含まれる^{1}H から^{27}Al へエネルギーを移動させるため，有機物近傍に存在する^{27}Al，つまり粒子表面近傍の^{27}Al のみが観測される。

　^{27}Al MAS 固体 NMR スペクトルを SPE 法によって観測した結果を図7（a）に示す。PEG 添加により6配位 Al に帰属されるピークがシャープになり，さらに6配位 Al サイトに対する4配位 Al サイトの積分強度比が 0.53 から 0.72 へと増加した。しかし，これらの値はバルクの値 1.5[14] よりも小さい。一方，CP 法（図7（b））においては4配位 Al 由来のピークはほとんど観測されず，6配位 Al の存在が支配的である。これは，ナノ化により単位体積に占める表面積の割合が増加し，より配位数の多く，かつ対称性の高い6配位が優先的に形成されるものと解釈できる。

第 3 章 ナノ蛍光体の研究例

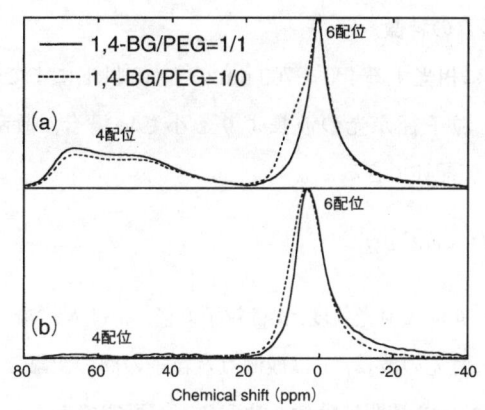

図 7 YAG：Ce^{3+} ナノ蛍光体の ^{27}Al 固体 NMR スペクトル [8,9]
(a) SPE 法, (b) CP 法

　YAG の単位格子は，図 8 (a) に示すようなユニットが異なる方向に 8 個組み合わさることで構成される [15]。Y(Ce) は酸素が 8 配位した 12 面体をとり，4 配位，6 配位した Al サイトがこれに隣接している（図 8 (b)）。このため Al 配位多面体の比率が変化すると，隣接する 8 配位した Ce^{3+} サイトの結晶場が局所的に歪み，対称性が低下する。このことが蛍光特性に対しても影響している可能性が高い。

　以上より，PEG 修飾による YAG：Ce^{3+} ナノ蛍光体の蛍光強度や IQE の増大には，
① 表面修飾による粒子表面の不動態化
② 表面修飾による Ce^{3+} の酸化抑制
③ YAG 格子内への Ce^{3+} の固溶促進
④ 局所的な構造緩和
といった要因が複合的に寄与すると結論づけられる。

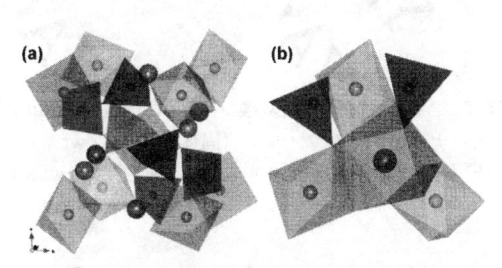

- Dodecahedral Y^{3+} (11.59Å) or Ce^{3+} (12.83Å)
- Tetrahedral Al^{3+} 5.3Å
- Octahedral Al^{3+} 6.75Å

図 8 YAG の結晶構造
(a) YAG のガーネット構造，
(b) YAG の局所構造および各イオンの半径

3.4 透明な色変換フィルムの特徴

粒子径が可視光の波長に相当する 400～700 nm の 1/10 以下にまで縮小されると，光散乱による損失を低減できる。粒子径が光の波長よりも小さい場合，散乱の挙動は(2)式に示す Rayleigh 散乱理論によって記述できる[16]。

$$I_s = \frac{8\pi^4 N_m a^6}{\lambda^4 r^2} \left|\frac{m^2-1}{m^2+1}\right|^2 (1+\cos^2\theta) I_i \tag{2}$$

ここで I_s は散乱光強度，I_i は入射光強度，a は粒子直径，m は N_p/N_m（N_p：粒子の屈折率，N_m：分散媒の屈折率），λ は入射光の波長，r は観測点と粒子の間の距離である。一般に凝集粒子径が 50 nm 以下であれば，粒子を透明に分散させることが可能であるとされる[17]。筆者らが得た YAG：Ce^{3+} ナノ粒子分散液は凝集粒子径が約 50 nm と，透明に分散できる条件を満足していることから，YAG：Ce^{3+} を含有する透明な波長変換フィルムの作製を検討した。

作製の条件としては前述したグリコサーマル合成において，昇温速度 5 ℃/min，300 ℃，熟成 45 min の条件でオートクレーブ処理を行い，2 週間静置して粗大な凝集粒子を沈降させた後，上部に良好に分散したナノ粒子分散液だけを分取した。これにアルコールを加えて遠心分離して得られた透明ペーストをガラス板で挟み込み，透明な YAG：Ce^{3+} ナノ粒子分散波長変換フィルムを作製した（写真 2 (a)）。ここでは，上記合成条件において蛍光強度が最適値を示した Ce/(Ce+Y) 仕込み比 0.5 mol% を用いた。なお，ICP 発光分光分析により求めた Ce/(Ce+Y) 含有比は 0.85 mol% であった。

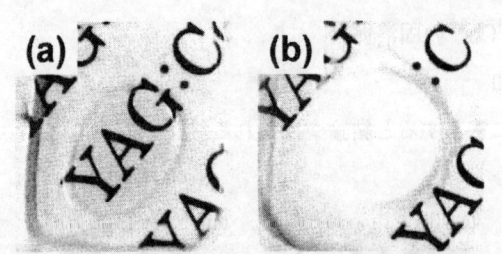

写真 2 YAG：Ce^{3+} 波長変換フィルム（厚さ 200 μm）[10]
(a) ナノ粒子含有フィルム（固体濃度 70.7 wt%）
(b) バルク粒子含有フィルム（固体濃度 61.6 wt%）

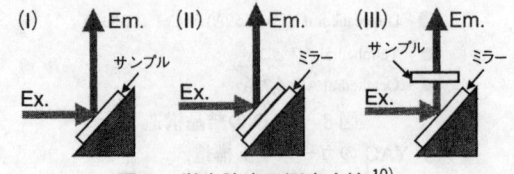

図 9 蛍光強度の測定方法[10]

第3章 ナノ蛍光体の研究例

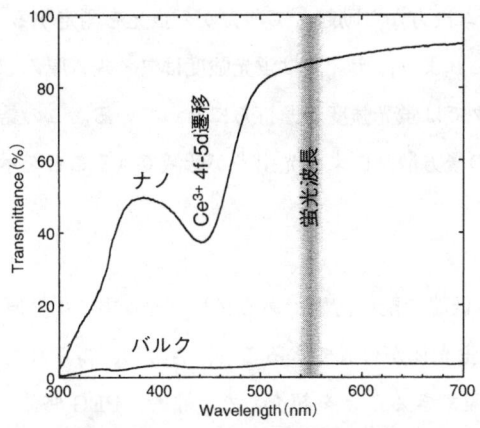

図10 YAG：Ce^{3+}波長変換フィルムの紫外・可視吸収スペクトル[10]

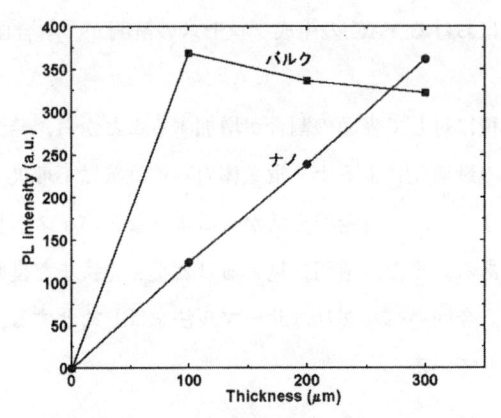

図11 図9（III）の測定方法によるYAG：Ce^{3+}波長変換フィルムの蛍光強度の膜厚依存性[10]

　動的光散乱法より計測したペースト中の数平均粒径は47±2 nmであった。また，TGプロファイルから求めたペースト中のYAG：Ce^{3+}含有量は70.7 wt%であった。透過率はYAGが透明な波長700 nmにおいて80%を超える値を示しており，ペーストから単結晶に比肩しうる透明なフィルムを作製できた。比較としてミクロンサイズの市販YAG：Ce^{3+}を1,4-BGへ分散し，固体濃度61.6 wt%のフィルムを作製した。（写真2（b））。

　図9に示すように，ミラーを用いない場合（I）とミラーをフィルム後方に設置した場合（II）の二通りの方法で蛍光強度を測定した。この結果，ナノでは（II）の蛍光強度は（I）と比較して2倍に増加したが，バルクでは全く変化しなかった。これは図10に示すようにナノ粒子含有フィルムの蛍光波長における透過率が高いため，後方に放射した蛍光がミラーにより反射され，光取り出し効率が倍増できたものと解釈できる。

また，図 11 に，フィルム後方から励起して前方から蛍光を測定する方法（図 9（III））によって評価した結果を示す。これより，ナノでは蛍光強度はフィルム厚み $300\,\mu\mathrm{m}$ までほぼ比例して増加したのに対し，バルクでは蛍光強度が頭打ちになっている。この結果から，透明なナノ蛍光体分散フィルムでは粒子の後方散乱による光損失が低減できることを示している。

3.5 まとめと課題

本節では，300℃という低温で配位溶媒であるグリコール中で出発原料をオートクレーブ処理すると，YAG：Ce^{3+} ナノ蛍光体が合成できること，さらに，得られたナノ粒子分散液から透明な波長変換フィルムが作製できることを紹介した。また，PEG 修飾によって YAG：Ce^{3+} ナノ蛍光体の蛍光強度が増大することを見いだした。この原因をさらに追求するにあたり，Ce の存在状態（価数，局所配位構造，電子状態など）や粒子内の分布を分析することが必要である。また，グリコサーマル合成における YAG の生成プロセスの解明が，本合成法を改善する上で重要である。

ナノ蛍光体は，単位体積に対して表面の割合が増加することから，発光効率はバルク蛍光体に及んでいない。合成条件の最適化によるナノ蛍光体の特性改善は不可欠であるが，バルクをナノに単に置き換えるのではなく，高い透過率を活かせるようなデバイス形状を考案し，光取り出し効率の改善を図る必要がある。また，透明に見えるほど小さく，また良好な分散性を有するナノ蛍光体の合成例は少ない。今回述べたグリコサーマル法をはじめとする，新しい合成法が開発されることを筆者らは期待している。

謝辞

本節で紹介した研究成果は慶應義塾大学の河野亜弥氏の協力により得られた成果であり，また，出光興産株式会社との共同研究成果です。比較用試料として $Y_3Al_5O_{12}$：Ce^{3+} および $(Y_{2.1}Gd_{0.9})Al_5O_{12}$：$Ce^{3+}$ をご提供くださいました化成オプトニクス株式会社に深く感謝いたします。

文　献

1) P. Schlotter *et al.*, *Mater. Sci. Eng. B*, **59**, 390 (1999)
2) 成川幸男ほか，応用物理，74, 1423-1432 (2005)

3) X.Wu et al., *Proc. 10th International Display Workshops*, 1109 (2003)
4) M. Veith et al., *J. Mater. Chem.*, 9, 3069 (1999)
5) Y. Hakuta et al., *J. Mater. Chem.*, 9, 2671 (1999)
6) X. Zhang et al., *J. Alloy. Compd.*, 372, 300 (2004)
7) M. Inoue et al., *J. Am. Ceram. Soc.*, 74, 1452 (1991)
8) R. Kasuya et al., *J. Alloy. Compd.*, 408-412, 820 (2006)
9) R. Kasuya et al., *J. Phys. Chem. B*, 109, 22126 (2005)
10) 磯部徹彦, *Material Stage*, 5, 7 (2005)
11) T. Isobe, *phys. stat. sol. (a)*, 203, 2686 (2006)
12) T. Tomiki et al., *J. Phys. Soc. Jpn.*, 60, 2437 (1991)
13) 山元明, セラミックス, 40, 398 (2005)
14) K. J. D. MacKenzie et al., *Thermochimica Acta*, 325, 13 (1999)
15) 小田喜勉ほか, 色材, 76, 439 (2003)
16) C. F. Bohren et al., "Absorption and Scattering of Light by Small Particles", p.132, Wiley, New York (1983)
17) M. Saito, *Bull. Jpn. Soc. Printing Sci. Tech.*, 36, 50 (1999)

4 $LaPO_4$:Ln ナノ蛍光体

磯部徹彦*

4.1 はじめに

$LaPO_4$ 蛍光体は化学的,熱的安定性を持つ蛍光体である。$LaPO_4$ は無水のモナザイト型構造(単斜晶)と結晶水を含むラブドフェン型構造(六方晶)とに分類される。ランタン原子はリン酸基の酸素原子に取囲まれ,9配位構造をとる。$LaPO_4$:Ce,Tb は三波長型蛍光ランプ用の緑色蛍光体として実用化されている。通常,希土類蛍光体の付活濃度は〜数 at%であるが,$LaPO_4$ 系蛍光体はその数倍以上付活されているにも関らず Tb^{3+} の濃度消光が生じにくいという特徴がある。図1に示すように,$LaPO_4$:Ce,Tb 蛍光体は許容遷移である Ce^{3+} の 4f→5d 遷移によって励起され,Ce^{3+} から Tb^{3+} へエネルギー移動が起こり,Tb^{3+} の 4f→4f 遷移によって緩和する際に,緑色の蛍光を発する[1]。本節では,$LaPO_4$:Ce,Tb を中心にして,ランタノイド(Ln)がドープされたリン酸ランタン $LaPO_4$:Ln ナノ蛍光体の研究例を主に紹介する。

4.2 液相合成を利用した方法

4.2.1 水熱合成法およびソルボサーマル法

$LaPO_4$ ナノ粒子蛍光体は,Haase らが精力的に研究を進めている。彼らは,次のような水熱合成法によって $LaPO_4$:Eu,$LaPO_4$:Ce および $LaPO_4$:Ce,Tb ナノ粒子を得ている[2,3]。各

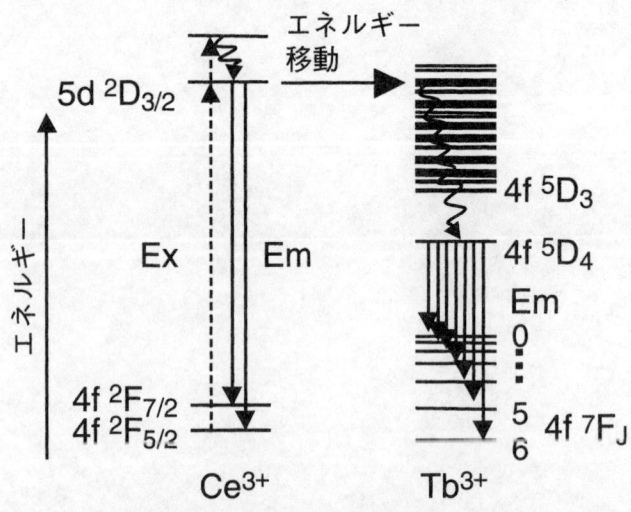

図1 $LaPO_4$:Ce,Tb 蛍光体の励起と蛍光のメカニズム[1]

---

* Tetsuhiko Isobe 慶應義塾大学 理工学部 応用化学科 准教授

金属の硝酸塩を水に溶解し，NaOH 水溶液を加えて沈殿を得る。このサスペンションに $(NH_4)_2HPO_4$ 水溶液を加え，NaOH 水溶液で pH を 12.5 に調整した後，600 rpm で撹拌しながらテフロン被覆オートクレーブで 200 ℃ 2 h 処理する。(なお，Ce^{3+} イオンを含むサスペンションをオートクレーブ処理する際には，酸化を抑制するために昇温前に $N_2 : H_2 = 9 : 1$ の混合ガスでパージしている。) La イオンを若干過剰に仕込んでいるため，オートクレーブ処理して得られた試料には，副生成物として $La(OH)_3$ が生成する。このため，この副生成物を硝酸水溶液で溶解して除去している。また，遠心機によって 3,150 g で 5 min の遠心処理を数回繰り返して凝集した粒子を除去した後，12,500 g で 5 min の遠心処理によっても沈降せずに分散しているナノ粒子を分散液として得ている。得られた粒子は 5 nm ～ 20 nm の球状のナノ粒子で，ひとつの粒子はひとつの単結晶ドメインから成るナノクリスタルであることが，TEM 観察の格子像と Scherrer による XRD ピーク解析から調べられている。上記の合成法で pH を 1.7 に調整すると，幅が 5 ～ 20 nm で長さが数ミクロンの針状ナノクリスタルが形成される。得られた粒子の結晶構造はいずれの pH においてもモナザイト型である。

　鳥居は，式（1）のリン酸トリメチルの加水分解を利用して式（2）のように $LaPO_4$ 粒子を合成している[4]。

$$PO(CH_3O)_3 + 3 H_2O \rightarrow H_3PO_4 + 3 CH_3OH \qquad (1)$$

$$PO(CH_3O)_3 + LaCl_3 + 3 H_2O \rightarrow LaPO_4 + 3 CH_3OH + 3 HCl \qquad (2)$$

鳥居は，種々の合成条件で生成された $LaPO_4$ の形態や結晶構造などの特性を調べている。その中で，水中では針状粒子が形成されるのに対し，水にメタノールを加えた混合溶媒では，$LaPO_4$ の異方成長が抑制され，球状の凝集粒子が形成されることが報告されている。リン酸トリメチルの加水分解は水自身によるものと，この加水分解によって生成する水素イオンが触媒として作用するが，メタノールの濃度が増加すると水および水素イオンの活量が低下し，加水分解速度が低下すると考えられる。筆者らはこの知見を利用し，水-メタノール混合溶媒中でのソルボサーマル法によって $LaPO_4$: Ce, Tb ナノ粒子を合成している[5~8]。本方法では，体積比 1：1 の水-メタノール混合溶媒に各金属の酢酸塩原料およびリン酸トリメチルを投入したガラス内筒をオートクレーブにセットし，120 ～ 150 ℃ まで昇温し，2 時間保持した後室温まで冷却すると，透明なコロイド溶液（図 2 (a)）が得られる。図 2 (b) ～ (d) に示すように，動的光散乱法および TEM 観察によると，粒子径は約 10 nm であり，格子像観察からナノ粒子はナノクリスタルである。また，$LaPO_4$: Ce, Tb ナノ粒子の蛍光強度がラウリルリン酸の添加により増加する。

4.2.2 配位分子を利用する合成法

　Haase らは，高沸点の配位溶媒分子中で $LaPO_4$: Ce, Tb, $LaPO_4$: Eu および $CePO_4$: Tb を液相で合成することを提案している[1,3,9]。本方法では配位溶媒として図 3 に示すような tris

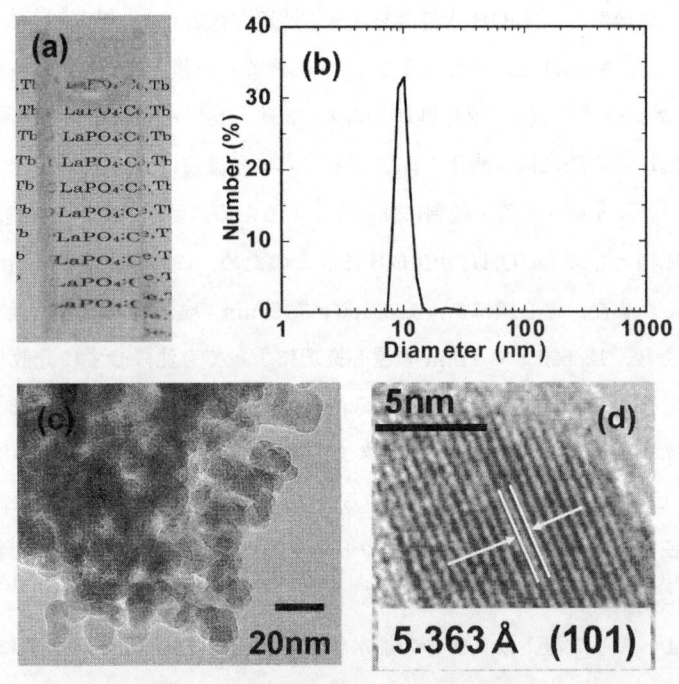

図2 LaPO$_4$：Ce, Tb ナノ粒子の性質[4,5]
(a) 概観の写真，(b) 動的光散乱法により測定した粒度分布，
(c) 透過型電子顕微鏡写真，(d) 格子像

Tris(2-ethylhexyl) phosphate
(Trioctyl phosphate)

Tributyl phosphate

Tris(2-ethylhexyl)amine
(Trioctylamine)

図3 配位分子の分子構造

（2-ethylhexyl）phosphate または tributylphosphate を用いている。$LaPO_4$:Eu ナノ粒子の合成例は次の通りである。tris（2-ethylhexyl）phosphate 中に H_3PO_4 と trioctylamine を溶解し，$La(NO_3)_3 \cdot 7H_2O$ と $EuCl_3 \cdot 6H_2O$ を溶解した tris（2-ethylhexyl）phosphate 溶液を混合する。この溶液を脱気した後，窒素雰囲気下で200℃で16h加熱すると，透明なコロイド溶液が得られる。メタノールを加えて沈降させるとナノ粒子を回収できる。このようにして回収したナノ粒子をメタノールで数回洗浄した後，tetrabutylammonium hydroxide のメタノール溶液を25wt％含む2-propanol 中にナノ粒子を再分散し，ポアサイズ0.14μm のフィルターを通すと，再びコロイド溶液が得られる。$LaPO_4$:Eu ナノ粒子のサイズは4～5nm で粒子径がそろっている。この粒子の結晶構造はモナザイト型である。また，格子像観察からナノクリスタルであることも確認されている。上記の合成法では，表面金属カチオンに tris（2-ethylhexyl）phosphate が配位し，表面アニオンに trioctylamine が配位するものと考えられる。

Biolot らのグループ[10]は，トリポリリン酸（$Na_5P_3O_{10}$）をリン酸原料およびコロイドの分散安定剤（錯形成化剤）として用いてラブドフェン構造の $LaPO_4 \cdot xH_2O$:Ce, Tb/$LaPO_4 \cdot xH_2O$ などのコアシェルナノ粒子を合成している。この方法では，トリポリリン酸と各金属の硝酸塩の混合水溶液を90℃で3h加温し，透析して未反応物イオンを除去して透明なコロイド溶液を得ている。ナノ粒子を回収する方法として，エバポレーターで水を除去する処理を用いている。さらに，上記のコロイド溶液にトリポリリン酸と各金属の硝酸塩の混合水溶液を加え，同様の加温処理を行うと，コアシェルナノ粒子が生成される。また，ケイ酸ナトリウム水溶液や3-(methacryloxypropyl)trimethoxysilane を用いてシリカコートされたナノ粒子が作製される。

Feldmann らは，ジエチレングリコール（$(CH_2CH_2OH)_2O$，b.p. 246℃）などの沸点の高いグリコール溶媒をキレート化剤として用いたポリオール法によって $LaPO_4$:Ce, Tb ナノ粒子を作製している[11]。このポリオール法では，キレート化により粒子の成長および凝集を抑制している。$LaPO_4$:Ce, Tb ナノ粒子はポリオール法によって次のように合成される。各金属の酢酸塩をジエチレングリコールに投入し，140℃まで加熱して溶解させた後，$(NH_4)H_2PO_4$ を含む NaOH 水溶液を加え，190℃で2h加熱する。得られた $LaPO_4$:Ce, Tb ナノ粒子の蛍光量子効率は5.4％で低いが，650℃30minの焼成により38％まで上昇する。この焼成では粒成長は起こらず，30～40nm の粒子が得られている。

井上らは，グリコールを配位溶媒として用いたソルボサーマル法（グリコサーマル法）によってナノサイズのリン酸ランタノイドが作製できることを報告している[12]。酢酸ランタノイド水和物とリン酸トリメチルを，1,4-ブタンジオール中に入れてよく撹拌し，オートクレーブに仕込み，系内を窒素置換した後，225℃～315℃まで昇温し，2時間保持する。同法により，15～50nm の結晶子径のオルトリン酸塩が生成されている。

4.2.3 その他

Feldmann らにより，イオン液体を用いたマイクロ波合成法が提案されている[13]。この合成法では，イオン液体の配位しない性質を利用しており，4.2.2の合成法とは対照的である。このため，イオン液体はナノ粒子合成後，洗浄により容易に除去できる。ナノ粒子の凝集を避けるために，マイクロ波照射で短時間加熱する手法がとられている。Feldmann らは次のような手順で $LaPO_4$: Ce, Tb ナノ粒子を合成している。各金属の塩化物原料をイオン液体（tributylmethyl-ammonium triflylimide [$MeBu_3N$][SO_2CF_3]$_2N$）とエタノールとの混合溶媒に溶解する。70 ℃でリン酸を含むイオン液体とエタノールとの混合溶媒を加え，100 ℃，減圧下で加熱して透明な分散液を得る。減圧のもとでマイクロ波（800 W）を 10 s 照射し，300 ℃まで加熱する。エタノールを加えて超音波照射し，遠心分離する洗浄操作を繰り返し，減圧下で乾燥する。得られた無色固体はエタノールに再分散できる。動的光散乱法によって求められた粒子径は 18 nm である。Tb^{3+} の蛍光量子収率は 70 % であり，バルクの 86 % に近い値となっている。なお，蛍光量子収率の測定では，$LaPO_4$: Ce, Tb と同じ励起波長 273 nm で励起した Coumarin 307（蛍光量子収率 95 %，$\lambda_{ex}=273$ nm）を標準試料としている。

4.3 ナノ蛍光体に特有な蛍光特性

蛍光体をナノサイズ化すると単位体積あたりの表面積が増加し，表面トラップサイトによる非放射過程により，バルクの蛍光体に比べて蛍光量子効率が著しく低下することが知られている。さらに，$LaPO_4$: Ce, Tb に関して，D_2O 中では H_2O 中に比べて蛍光量子効率が約 2 倍増加することから，ナノ粒子の表面の水和水（OH 基）によって消光が起こることが指摘されている[10]。以上のようなナノ粒子の表面に関する問題点を解決するために，コアシェル構造などの表面修飾を有するナノ粒子が作製されている。

Haase らは，前述の配位溶媒を利用した方法をさらに改善し，$CePO_4$: Tb/$LaPO_4$ コアシェルナノ粒子を合成した[14]。この方法は次の通りである。$CeCl_3 \cdot 7H_2O$ と $TbCl_3 \cdot 6H_2O$ をメタノールに溶解し，tributylphosphate と混合した後，エバポレーターによってメタノールを除去する。続いて diphenyl ether を加え，減圧蒸留にて水も除去する。次に trihexylamine と H_3PO_4 の dihexyl ether 溶液をさらに加え，窒素雰囲気のもと 200 ℃で加熱処理を施す。得られたコア粒子が分散する溶液を 20 ℃で H_3PO_4 の dihexyl ether 溶液を加え，再び 200 ℃に加熱する。一方，$LaCl_3 \cdot 7H_2O$ をメタノールに溶解し，tributylphosphate と混合した後，エバポレーターによってメタノールを除去し，続いて diphenyl ether を加え，減圧蒸留にて水も除去する。この La^{3+} を含む溶液を 200 ℃のコア粒子の溶液に加えると $CePO_4$: Tb/$LaPO_4$ コアシェルナノ粒子が得られる。コロイド溶液は，限外ろ過（分画分子量 5,000 のフィルター）を用いて溶液中

のイオンを除去して精製する。また，エバポレーターで溶媒を除去して粉末が得られる。$CePO_4$：Tb コア粒子は 4～6 nm であり，$LaPO_4$ シェルを形成すると粒子サイズは 8～10 nm となる。波長 277 nm の UV 光で Ce^{3+} を励起した場合，$CePO_4$：Tb ナノ粒子の蛍光量子収率（蛍光量子効率）は 43 % であるのに対し，$CePO_4$：Tb/$LaPO_4$ ナノ粒子では 70 % に達する。この値はバルクの蛍光量子収率 86 % にかなり近い値である。なお，蛍光量子収率の算出には，Rhodamin 6 G のエタノール溶液（蛍光量子収率 95 %）が標準試料として用いられている[15]。

筆者らは，$LaPO_4$：Ce，Tb，$LaPO_4$：Ce および $LaPO_4$：Tb についてラウリルリン酸による表面修飾効果を比較検討した。図 4 に示すように，$LaPO_4$：Ce，Tb と $LaPO_4$：Ce の蛍光強度は表面修飾により増加するのに対し，$LaPO_4$：Tb の蛍光強度は低下する。この現象は次のように解釈される。$LaPO_4$：Ce，Tb と $LaPO_4$：Ce では表面アニオン欠陥のキャッピングによる非放射緩和が表面修飾によって抑制され，蛍光強度が増加する。これに対し，$LaPO_4$：Tb ではナノサイズ化により Tb^{3+} の結晶場の非対称性が高まり，禁制の f–f 遷移が部分的に許容されるが，

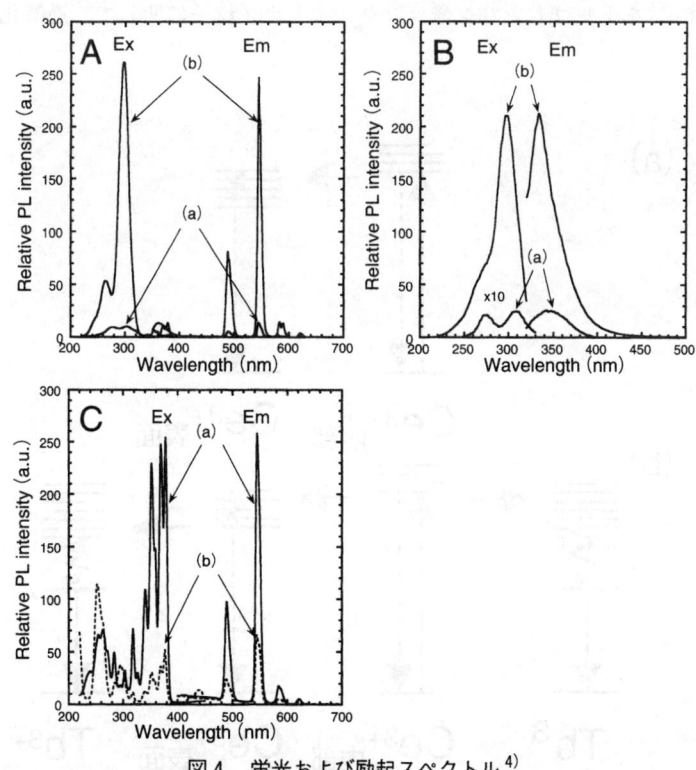

図 4　蛍光および励起スペクトル[4]
A：$LaPO_4$：Ce，Tb；B：$LaPO_4$：Ce；C：$LaPO_4$：Tb
（a）無添加試料；（b）ラウリルリン酸添加試料

表面修飾により対称性が向上し，f-f遷移の禁制が強められるので，蛍光強度が低下する。このように，d-f遷移のCe^{3+}には表面修飾は有効に働くことがわかる。

Haaseらの方法で作製された$CePO_4$および$CePO_4$: Tbナノ粒子では，Ce^{3+}によるブロードな蛍光ピークは約3.5 eVに観測されるのに対し，それぞれのナノ粒子に$LaPO_4$シェルを形成すると，ナノ粒子の蛍光ピークは約0.2 eVだけ高エネルギー側へシフトし，約3.7 eVに観測された[16]。バルクの$LaPO_4$: Ce蛍光体では3.7 eVに蛍光ピークは位置する。上記のナノサイズ化による蛍光ピークの低エネルギー側へのシフトは，Ce^{3+}の結晶場の変化を示唆する。直径5 nmの粒子では約25％が表面に存在するので，粒子表面のCe^{3+}サイトの割合が増加したことが上記の蛍光ピークのレッドシフトに起因する。図5に示すように，$CePO_4$ナノ粒子において，粒子内部のCe^{3+}サイトの励起状態から粒子表面のCe^{3+}サイトの励起状態へエネルギーが移動し，より低いエネルギーの光が放射されるものと解釈される。また，$LaPO_4$: Tbナノ粒子のTb^{3+}による蛍光ピークは，$LaPO_4$: $Tb/LaPO_4$ナノ粒子やバルクの$LaPO_4$: Tbに比べてブロードである。これは，粒子表面に多様なサイトが存在することを意味している。また，蛍光寿命測定より，表面に存在するTb^{3+}の蛍光減衰が速いことが示されている。

Boilotらは，Ce^{3+}をドープしたリン酸ランタノイドナノ粒子に関して，過酸化水素水溶液中

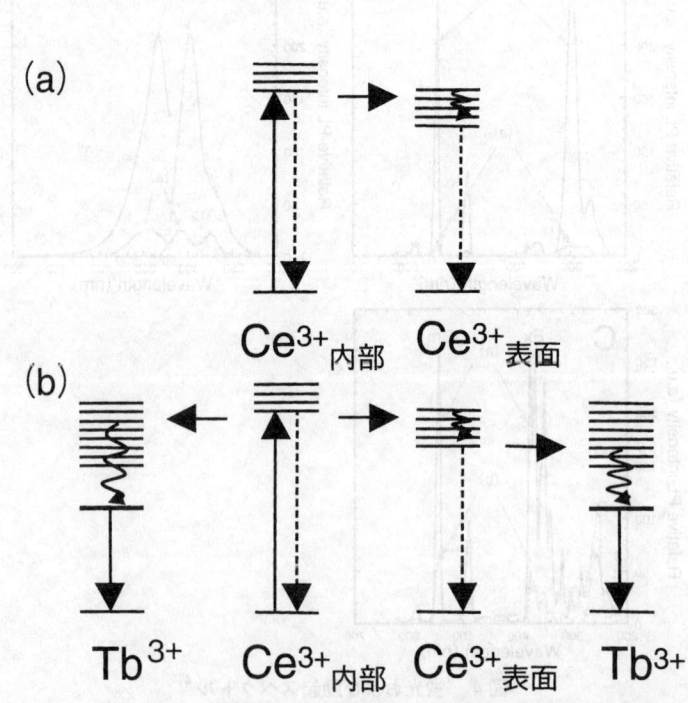

図5　$CePO_4$(a)および$CePO_4$: Tb(b)のナノ粒子における内部と表面のCe^{3+}サイトとTb^{3+}サイトのエネルギー準位図[15]

での処理，シリカ被覆処理および200℃での加熱処理を施し，化学的および熱的酸化に対する安定性を検討した。その結果，コア周囲にシェルを形成することによって耐酸化性が向上することが報告されている[10]。その際，次のようにナノ粒子中のCe^{3+}とCe^{4+}の含有量を定量している。まず，硝酸にナノ粒子を溶解し，すべてセリウムイオンをCe^{4+}に酸化してCe濃度C_1を決定する。この際，硝酸に溶解したセリウムイオンは$[Ce^{4+}(NO_3^-)_6]^{2-}$を形成し，その錯イオンの波長400 nmにおけるモル吸光係数が1965 L mol^{-1}cm^{-1}であることを利用している。一方，塩酸にナノ粒子を溶解すると，$Ce(H_2O)_9^{3+}$錯イオンが生成し，波長252 nmにおけるモル吸光係数が730 L mol^{-1}cm^{-1}であることを利用して，Ce^{3+}濃度C_2を決定する。C_1-C_2からCe^{4+}濃度が求められる。

4.4 おわりに

本節で取り上げたナノ粒子に配位する溶媒分子は，粒成長を抑制し，良好な分散をもたらし，かつ，表面修飾としての役割を果たす。このような配位溶媒を利用した合成法は，II–VI半導体ナノクリスタルの研究から始まり，リン酸系蛍光体へ展開されてきた。配位する分子を利用した合成法は，バナジン酸系（例えば$LaVO_4$：Ln[17]およびYVO_4：Ln[18]）などのナノ蛍光体でも検討されている。また，本節では球状のナノ粒子の合成法を取り上げたが，元来リン酸化合物は異方成長を起こりやすく，ナノワイヤーを合成する研究も進められている[19]。さらに，可視蛍光だけでなく近赤外蛍光も検討されている[20]。応用としては，毒性が低いためバイオ用蛍光プローブとして生体分子をコンジュゲートした$LaPO_4$：Lnナノ粒子の作製などが検討されている[21]。今後は，応用面から考慮されたリン酸化合物ナノ蛍光体の開発がさらに進むものと期待される。

文　献

1) K. Riwotzki, H. Meyssamy, H. Schnablegger, A. Kornowski, M. Haase, *Angew. Chem. Int. Ed*., 40, 573 (2001)
2) H. Meyssamy, K. Riwotzki, A. Kornowski, S. Naused, M. Haase, *Adv. Mater*., 11, 840 (1999)
3) M. Haase, K. Riwotzki, H. Meyssamy, A. Kornowski, *J. Alloys Compd*., 303–304, 191 (2000)
4) 鳥居一義, *CREATIVE*, No. 1, 55 (2000)

5) T. Isobe, *phys. stat. sol*. (a), 203, 2686 (2006)
6) F. Nishimura, T. Isobe, *Proc. 12 th Int. Display Workshops*, p.513 (2005)
7) 西村文晶,磯部徹彦,希土類,No. 46, 146 (2005)
8) 吉川若菜,西村文晶,磯部徹彦,希土類,No. 48, 124 (2006)
9) K. Riwotzki, H. Meyssamy, A. Kornowski, M. Haase, *J. Phys. Chem. B*, 104, 2824 (2000)
10) V. Buissette, M. Moreau, T. Gacoin, J. P. Boilot, *Adv. Funct. Mater*., 16, 351 (2006)
11) C. Feldmann, *Adv. Funct. Mater*., 13, 101 (2003)
12) 井上正志,中村知広,大津博行,古南博,乾智行,日本化学会誌,No. 5, 612 (1993)
13) G. Bhler, C. Feldmann, *Angew. Chem. Int. Ed*., 45, 4864 (2006)
14) K. Kömpe, H. Borchert, J. Storz, A. Lobo, S. Adam, T. Möller, M. Haase, *Angew. Chem. Int. Ed*., 42, 5513 (2003)
15) R.F. Kubin, A.N. Fletcher, *J. Lumin*., 27, 455 (1982)
16) K. Kömpe, O. Lehmann, M. Haase, *Chem. Mater*., 18, 4442 (2006)
17) J.W. Stouwdam, M. Raudsepp, F.C.J.M. van Veggel, *Langmuir*, 21, 7003 (2005)
18) A. Huignard, V. Buissette, G. Laurent, T. Gacoin, J. P. Boilot, *Chem. Mater*., 14, 2264 (2002)
19) R. Yan, X. Sun, X. Wang, Q. Peng, Y. Li, *Chem. Eur. J*., 11, 2183 (2005)
20) J.W. Stouwdam, G.A. Hebbink, J. Huskens, F. C. J. M. van Veggel, *Chem. Mater*., 15, 4604 (2003)
21) F. Meiser, C. Cortez, F. Caruso, *Angew. Chem. Int. Ed*., 43, 5954 (2004)

5 ガラスに分散したナノ蛍光体

藤原　忍*

5.1 分散の意義

　ZnS, ZnSe, CdS, CdSe, CdTe, ZnO, Si などの半導体ナノ結晶蛍光体の応用において，量子閉じ込め効果あるいは量子サイズ効果による高輝度発光，蛍光寿命低減，励起および発光波長チューニング等の光機能を有効に活用するためには，数 nm サイズの結晶粒子ひとつひとつがある種の媒体の中でお互いに独立に存在している状況を現実の材料として作り出さねばならない。また，ナノ結晶は体積のうち化学的に活性の高い表面部分の割合が多く，周囲の雰囲気，温度，湿度などの影響を受けて劣化しやすいという特有の不安定要素をもつ。こうした課題を解決する手段のひとつとしてナノ結晶蛍光体をガラスに分散させる試みが多くなされている。ガラスは化学的・機械的に安定で透明なバルク材料であるから，ナノ蛍光体を安定化させるためのマトリクスとして都合がよい。さらに，可視光を散乱しないサイズのナノ蛍光体をガラスに分散させても透明性はほとんど失われないので，ガラス自体の付加価値も高まることになる。半導体ナノ結晶の研究は 1980 年代にコロイド光化学の範疇で進展した[1]。その後，1990 年代に 3 次の非線形光学効果が注目されると同時に半導体ナノ結晶をドープしたガラスに関する研究が進み[2,3]，現在のナノ蛍光体分散ガラスにもつながっている。

　それでは，蛍光体のもうひとつのカテゴリーをなす希土類蛍光体についてはどうであろうか。ガラスそのものに Eu^{3+} のような希土類イオンをドープすると，その 4 f 殻内電子遷移に基づく発光スペクトルは結晶にドープした場合と比べてブロードになる。これは，ガラス構造の無秩序性と関係している[4]。希土類イオンの発光は母体中における占有サイトの対称性に敏感であるが，ガラスのように特定の対称性を持たない母体ではサイト間の不均一性の影響が大きく現れる。蛍光灯やディスプレイ用にマイクロメートルあるいはサブミクロンオーダーの粉体粒子として使われる一般的な希土類蛍光体（Y_2O_3：Eu^{3+} や YBO_3：Eu^{3+} など）を小さくすると表面部分の割合が増えて結晶に歪みが生じる。ナノサイズまで小さくすると，希土類イオン周囲の対称性がくずれてガラスと同じようなブロード化が見られる[5,6]。ただし，Eu^{2+} や Ce^{3+} などの 5 d-4 f 遷移を利用する希土類蛍光体では，もともと発光スペクトルがブロードなのでこのような影響はあまりない。以上の理由で，4 f 殻内遷移を伴う希土類蛍光体をナノサイズ化してガラスに埋め込む試みは，大気中の水分あるいは二酸化炭素に弱い希土類酸化物（La_2O_3 や Gd_2O_3）を母体とする場合などに限られている[7]。希土類蛍光ガラスの立場から考えると，発光特性を高めるためには無理にナノ蛍光体を分散させようとするよりもガラス自体の組成，微視的構造あるいは微細

---

*　Shinobu Fujihara　慶應義塾大学　理工学部　応用化学科　准教授

構造を制御するほうがよい[8]。ただし，発光効率低下の原因となる酸化物ガラスの大きなフォノンエネルギーを回避するために，フォノンエネルギーの小さいフッ化物ナノ結晶を母体とする蛍光体を分散させる研究例は増加しており，真空紫外線から近赤外線にかけての広範囲な波長変換材料として今後の展開が期待される[9,10]。

5.2 ナノ結晶分散ガラスの製造法

ナノ結晶を分散させたガラスには，分野によってナノガラス，ナノ結晶化ガラス，ガラスセラミックス，半導体ドープガラス，量子ドット（QD）ガラス等のいろいろな呼び方があるが，対象としている材料に大きな違いはない。バルク体の製造法は従来のガラス製造法を踏襲した溶融法と，液相からの低温合成を得意とするゾル-ゲル法とに大別される。溶融法では，高温の融体を急冷して一度完全にガラス化し，その後低温でアニールしてガラス成分の一部をナノ結晶化させる。この方法には，組成がガラス化範囲に限定される，非酸化物系のナノ結晶を選択的に析出させるのが困難である，析出した結晶のサイズにばらつきが出るなどの問題がある。ゾル-ゲル法では，蛍光体の光励起に使われる短波長可視光線から近紫外線にかけて高い透明性を有するシリカガラスをマトリクスに選ぶことができ，さらに種々の非酸化物ナノ蛍光体を均一に分散させることも比較的容易に行える。よって，結晶サイズによる発光色の制御を目的とする場合などにはゾル-ゲル法が有効である。

ナノ蛍光体分散ガラスを各種光学デバイスに応用する際には，しばしば薄膜の形状が要求される。ただし，ひとくちに薄膜といってもその厚さに明確な定義はなく，用途によって100 nm程度のものから数十μmの厚いものまで様々なものを指す。ゾル-ゲル法では主に図1に示すような2種類の方法によって，大面積基板，複雑な形状の基板などに蛍光体分散ガラス薄膜をコートすることができる。薄膜に限らず，球状粒子，多孔質体，結晶性マトリクスとのコンポジットなど，最終的な使い方に応じて形状・形態制御を行うことができるのもゾル-ゲル法の特徴である。薄膜作製に限って言うと，スパッタ法，PLD（Pulsed Laser Deposition）法，イオン注入法などの物理的な手法も用いることができる。

5.3 半導体ナノ結晶蛍光体分散ガラス

ゾル-ゲル法によって作られるガラスは，比較的取り扱いやすいシリコンアルコキシド（Si(OR)$_4$，Rはアルキル基）を出発原料とするシリカガラスである場合が多い。その他の金属成分を添加することもあるが，その目的はコンポジット化したり結晶化させたりする場合およびガラスの光学特性（特に屈折率）を変える場合である。よって，低温で合成される半導体ナノ結晶蛍光体分散ガラスも基本的にはシリカガラス系である。また，以下に詳しく述べるように，プロセ

第3章 ナノ蛍光体の研究例

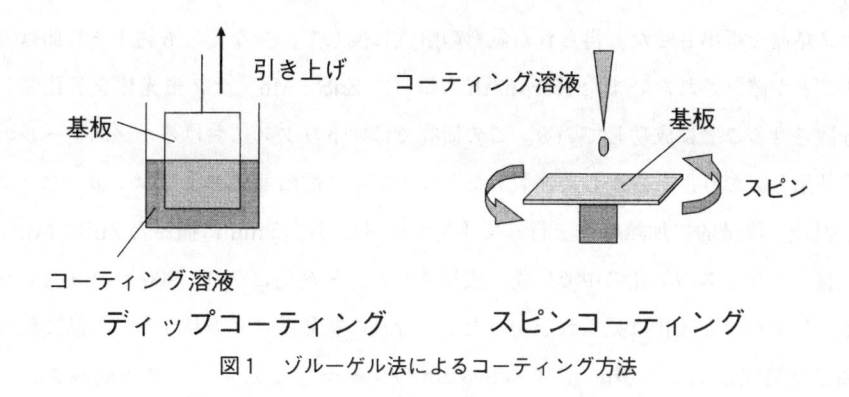

図1 ゾル-ゲル法によるコーティング方法

スとしては，ナノ蛍光体とガラスマトリクスを同時に作る方法と，ナノ蛍光体を先に調製してからガラスに分散させる方法とがある．いずれにしても，ガラス部分はシリコンアルコキシドの加水分解・重縮合反応によるゲル化の後，乾燥・加熱過程を経て作られるため，ゾル-ゲル・プロセスの基礎を十分に知っておくことが重要である．

CdSあるいはZnSナノ結晶をゾル-ゲル法によってSiO_2ガラスに分散させる研究は，1990年代初めに非線形光学材料への応用を目指して行われた．Tohgeら[11]，金属のチオ尿素(CH_4N_2S)錯体が加熱により金属硫化物へと分解することを利用して，Cd^{2+}あるいはZn^{2+}イオンのチオ尿素錯体を含むシリカゲルからCdSあるいはZnS分散シリカガラスを作製した．また，CdSeナノ結晶の分散は，あらかじめ作製したCdO–SiO_2多孔質ガラスをセレノ尿素(CH_4N_2Se)に浸漬することによって行われた．分散された半導体のサイズはチオ尿素錯体の量あるいはセレノ尿素への浸漬時間に依存することがわかり，光学吸収において量子サイズ効果が確認された．

CdS分散ガラスの製造法はその後，ゾル-ゲル由来Cd^{2+}イオン含有ガラスをH_2S中で加熱する方法[12]，ジエチルジチオカルバマトカドミウム($Cd(S_2CN(C_2H_5)_2)_2$)を用いる方法[13]，ジメチルスルフォキシド($(CH_3)_2SO$)を硫黄源に用いる方法[14]，逆ミセル法で調製したCdSナノ結晶をシリカゾルと混合してゲル化する方法[15]などが報告された．最近では，半導体と希土類とを組み合わせた新しい材料も出始め，例えばEu^{3+}ドープシリカガラス中にCdSナノ結晶を分散させると，CdSに吸収されたエネルギーが効率的にEu^{3+}に移動し，結果としてEu^{3+}の赤色発光強度が増すという興味深い現象も見出されている[16,17]．

ドープ型半導体であるZnS:Mn^{2+}ナノ結晶蛍光体については，表面保護のために薄いシリカ膜あるいは有機–無機ハイブリッド膜でコーティングするという研究が盛んである．SiO_2ガラスに埋め込んだ例は内田ら[18]が報告しており，シリコンアルコキシド($Si(OCH_3)_4$)に硝酸亜鉛，硝酸マンガンおよびNa_2Sの水溶液を加え，酸性条件下で加水分解・重縮合反応を進めると

同時にナノ結晶を析出させた。得られた試料の耐性に関して，少なくとも約1ヶ月間は安定な発光を示すことが確認された。またHaranathらは[19]，ZnS:Mn^{2+}ナノ蛍光体を多孔質シリカガラスに分散させることに成功している。この研究ではマトリクスにおけるナノスケールの多孔性をうまく利用しており，あらかじめ作製したシリカゾルに酢酸亜鉛およびマンガン塩とNa_2Sとを添加した後，段階的に加熱操作を行って平均サイズが3～5 nmに揃ったZnS:Mn^{2+}ナノ結晶を多孔質マトリクスの気孔の中で生成・成長させた。最終的に700～900℃の高温で熱処理してもサイズにそれほど変化は見られなかったが，ZnSの結晶系は立方晶から六方晶に転移した。また，高温熱処理によってMn^{2+}による595 nmのシャープな発光ピークが観測された。ただし，700℃付近ではZn_2SiO_4相の析出も起こることがわかった。よって，シリカと半導体ナノ結晶とを複合化する際には，両者の間の反応性，特に生成しうる金属シリケートの安定性をよく知っておく必要がある。

　CdTe分散ガラスについてはMuraseらのグループが精力的に研究を行っている[20～22]。まず，過塩素酸カドミウムとテルル化水素ガスをチオグリコール酸（$HSCH_2COOH$）存在下の水溶液中で反応させてCdTeナノ結晶を作る。これを3-アミノプロピルトリメトキシシランを出発原料とするシリカ系ゾル-ゲル・プロセスに導入するが，その発光色はCdTeのサイズに依存し，緑から赤色領域のチューニングが可能である。この研究のように，先にナノ結晶を調製してからガラス作製プロセス中に加える場合には，ナノ結晶の分散性とゾル-ゲル原料との親和性をコントロールすることが重要である。上記の材料ではマトリクスに含まれるアミノ基とCdTeを囲んでいるチオグリコール酸のカルボキシル基との間に有意な相互作用があり，複合体の安定化に寄与している。青色発光を示すZnSeナノ蛍光体についても同様の効果が報告されており，透明なZnSe分散ガラスが作製できる[23]。

5.4　ゾル-ゲル法によるナノ蛍光体分散ガラス薄膜

　ゾル-ゲル法を用いたコーティング過程には，前駆体溶液の組成・粘度・濡れ性，基板の種類と表面状態，コーティング速度，乾燥・加熱時の温度・時間・雰囲気，冷却速度など，考慮すべき特有のパラメータが多数存在し，それらすべてが最終的に得られる薄膜の光学的あるいは機械的性質に大きな影響を及ぼす[24,25]。逆に，制御できるパラメータが多い分だけ，いろいろな微細構造をもつ薄膜を作り出すことができる。Muraseらは[22]，エージングによって粘度を500～1500 mPa・sに調節した3-アミノプロピルトリメトキシシラン系ゾルに，上で述べたチオグリコール酸修飾CdTeを加えてコーティング溶液を調製した。これを，酸で表面処理したスライドガラスにスピンコートし，厚さ15～20μmの膜を得た。UV照射によるCdTeの光劣化に関する実験では，コロイド溶液中に分散させた状態よりも劣化が小さいことがわかった。

Yang ら[26]は，LBL（Layer-by-Layer）法を用いて，ゾル—ゲルガラス層とナノ結晶蛍光体層とが交互に自己組織化的に積層された薄膜を作製した。このような構造ではナノ結晶を凝集させずに高濃度化することができるので，薄い膜でも高い輝度が期待できる。実際にチオグリコール酸で修飾した数 nm の CdTe（赤および緑色発光）および ZnSe（青色発光）粒子を 2 次元に並べ 2 〜 5 nm のガラス層で挟んだ蛍光膜は，ナノ結晶層が 10 層程度の薄さでもコロイド溶液に分散させた状態と同程度の発光効率を示した。ただし，発光波長はコロイド状態のナノ結晶からややレッドシフトを示している。これは高濃度ナノ結晶間でエネルギー移動が起こるためであると考えられている。

Bullen ら[27]は，ナノ蛍光体を分散させた ZrO_2-SiO_2 ハイブリッドガラス薄膜を作製し，光導波路として有望であることを示した。最初にジメチルカドミウムのような有機金属原料とセレンとを有機界面活性剤中で反応させることによって単分散の CdSe あるいはコア—シェル型 CdSe@CdS と CdSe@ZnS ナノ粒子を合成した。得られたナノ粒子をアミノエチルアミノプロピルトリメトキシシランでキャッピングし，極性溶媒への分散性を持たせた。マトリクスとなる ZrO_2-SiO_2 のゾル—ゲル前駆体は 3-トリメトキシシリルプロピルメタクリレート，メタクリル酸およびジルコニウム n-プロポキシドから調製し，プロパノールに分散させたナノ粒子を加えてコーティング液とした。これを SiO_2 ガラス，ソーダライムガラス，シリコンあるいはポリマー基板にコートし，150 ℃を上限として乾燥させ薄膜を得た。膜厚はコート条件を変化させることによって 0.1 〜 7 μm の間で制御できることがわかった。UV を照射すると CdSe@CdS 分散ガラスは緑色，CdSe@ZnS 分散ガラスは赤色に発光した。このことはナノ粒子がマトリクスである ZrO_2-SiO_2 ハイブリッド膜中に均一に独立して分散していることを意味しており，実際に TEM により直接観察することができた。ZrO_2 をマトリクスに導入すると SiO_2 単独の場合より屈折率が高くなる。さらに SiO_2-ZrO_2 比を変化させることにより屈折率制御が可能になる。ゾル—ゲル法ではこのように容易にマトリクスの組成と基礎物性を変えられるメリットがある。

5.5 物理的手法によるナノ蛍光体分散ガラス薄膜

ナノ蛍光体分散ガラス薄膜を物理的な手法によって作製した例として，スパッタリング法，PLD 法，イオン注入法などを用いたものがある。スパッタリング法とは，アルゴンなどの不活性ガス存在下でターゲットとなる物質と基板との間に高速のイオンを発生させ，その衝突によってはじき出されたターゲット物質を基板に堆積させる方法である。スパッタリング法で作製された薄膜の例として，ZnSe 分散 SiO_2 ガラス薄膜[28]，CdS 分散 SiO_2 ガラス薄膜[29,30]，CdTe 分散 SiO_2 ガラス薄膜[31]などがある。実際の実験プロセスとしては，例えば CdS 多結晶粉をのせた SiO_2 プレートをターゲットとし，低圧アルゴン雰囲気下で基板を室温に保って膜を堆積させ

る。その際，CdS の熱分解によって硫黄が損失するのを防ぐために，ターゲットの温度があまり上がらないようにする。また，ナノ結晶の成長を促すとともにサイズを制御するためにポストアニールを施すこともある。

PLD 法とは，真空中でターゲットとなる物質にパルスレーザを照射してアブレーションし，放出された粒子を基板に堆積させる方法である。この方法によっても，ZnSe 分散 SiO_2 ガラス薄膜[32]，CdS 分散 SiO_2 ガラス薄膜[33] などが作製されている。

イオン注入法とはその名の通り，加速されたイオンを基板にぶつけて注入する方法である。注入されたイオンはマトリクス中で過飽和状態となり，加熱によって核生成と結晶成長が進みナノ結晶が析出する。この熱力学的プロセスは溶融法によって得られたガラスをアニールしてナノ結晶を析出させるプロセスとよく似ている。したがって，析出した結晶のサイズにばらつきが出る問題はある。Meldrum らは[34]，SiO_2 ガラス，α-Al_2O_3 単結晶および Si ウェハに，最初にカチオン（Zn, Cd, Pb）を，続けてアニオン（S）を注入して ZnS, CdS, PbS ナノ結晶を析出させた。結晶のサイズを支配する要因は，イオン注入量，マトリクスの構造およびアニール温度であり，これらを適切に制御することによってサイズの分布を狭くすることができることを示した。

シリコン IC とのマッチングがよいという意味で，Si ウェハ上に形成されたアモルファス SiO_2 層にイオン注入でナノ結晶を析出させ，新しいオプトエレクトロニクスデバイスを創製するという研究例も増えている。Achtstein らは[35]，(100)Si ウェハを熱酸化させて作った 500 nm の SiO_2 層に Cd^+ と Se^+ を注入した後，1000 ℃ で 30 秒間アニールすることにより CdSe ナノ結晶を析出させた。イオン注入法では，深さ方向の濃度およびサイズ分布の制御が必要であるが，彼らの作製した膜では，表面近傍に 5 nm 程度の CdSe 結晶が密に析出し，内部にはぽつぽつと 100 nm 程度の大きな結晶が現れていた。このように作られた試料に電極をつけて，Au/SiO_2-CdS/p-Si/Al の積層構造とし，高電圧下でのフォトルミネセンス（PL）挙動を調べたところ，電圧の大きさによって発光が増強されたり消光したりするスイッチ現象が観測された。この場合，SiO_2 層は高い絶縁性を有するマトリクスとして，CdSe に高電場を印可するのに寄与している。

SiO_2/Si に注入してナノ結晶を作る研究には，シリコンに関するものも多い。SiO_2 層に Si^+ イオンを注入し高温でアニールすると近赤外～可視発光を示す Si ナノ結晶が析出する。発光のメカニズムについては，量子閉じ込め効果によるという説と Si ナノ結晶と酸化物マトリクスの界面における表面状態が関与するという説がある[36]。Minissale らは[37]，Si と Er を 10 μm の SiO_2 層に注入し，Si ナノ結晶を析出させた Er^{3+} ドープ SiO_2 光導波路を作製した。しかしながら，Si ナノ結晶が光を吸収し，Er^{3+} にエネルギー移動させて発光強度を上げるという期待された増感効果は極めて小さいことがわかった。

第3章 ナノ蛍光体の研究例

　ZnOに代表される金属酸化物半導体ナノ粒子をSiO$_2$ガラス中にイオン注入法を用いて析出させる技術も開発されている。硫化物あるいはセレン化物ナノ結晶の場合と違い，酸化物系では酸素を注入する必要がないのが特徴である。その代わりに，注入された金属イオンは最初に金属ナノクラスターを形成するので，ポストアニールにより熱酸化させる過程が必要となる。Amekuraらは[38]，直径15 mm，厚さ0.5 mmのSiO$_2$ガラスに60 keVのZn$^+$イオンを$1.0×10^{17}$ions/cm^{2}の照射量で注入した。次にSiO$_2$の中で形成された金属Znナノクラスターを種々の温度で熱酸化した。ほぼ全ての金属ZnをZnOに酸化するのに必要な時間は，500℃では70時間であったのに対し，700℃では極めて短い1時間でよいことがわかった。このような違いはガラス中での金属酸化反応が酸素の拡散に依存する（拡散律速）ために生じ，高温になるとSiO$_2$中での酸素拡散係数が大きくなり金属Znの酸化が促進される。析出したZnOナノ結晶はエキシトン再結合による376 nmの近紫外発光と欠陥による500 nmの可視発光を示した。両者の発光強度の差は熱酸化温度によって変わり，低温で酸化したZnOの欠陥発光は弱くなった。これは，低温酸化で時間がかかったぶん，欠陥の少ない結晶ができたためであると考えられる。

5.6 おわりに

　ガラスに分散したナノ蛍光体を，ナノ蛍光体およびガラスの両方からみた分散の意義，作製方法の特徴と得られる材料との関係，応用に適した材料形態の観点から解説した。特に固体デバイスへの応用において，ナノ蛍光体分散ガラスは，ナノ蛍光体の量子効果による有意な特徴を活かすことができる魅力ある材料である。今後もゾル－ゲル法を基本とする化学的手法やイオン注入法などの物理的手法によって，新しい材料が設計され新しい用途が開拓されていくであろう。

文　献

1) L. Spanhel *et al., J. Am. Chem. Soc.*, 109, 5649 (1987)
2) L. Brus, *Appl. Phys. A*, 53, 465 (1991)
3) 中西八郎ほか，有機非線形光学材料の開発と応用，シーエムシー出版 (2001)
4) S. Todoroki *et al., J. Appl. Phys.*, 72, 5853 (1992)
5) Z. Wei *et al., J. Phys. Chem. B*, 106, 10610 (2002)
6) W. W. Zhang *et al., J. Colloid Interf. Sci.*, 262, 588 (2003)
7) S. Koji, S. Fujihara, *J. Electrochem. Soc.*, 151, H 249 (2004)
8) 沢登成人，赤井智子ほか，機能性ガラス・ナノガラスの最新技術，エヌ・ティー・エス (2006)

9) M. J. Dejneka, *MRS Bull.*, 23, 57 (1998)
10) 藤原忍, *New Glass*, 20, 29 (2005)
11) N. Tohge et al., *J. Non-Cryst. Solids*, 147, 652 (1992)
12) M. Nogami, A. Nakamura, *Phys. Chem. Glasses*, 34, 109 (1993)
13) T. Iwami et al., *J. Am. Ceram. Soc.*, 78, 1668 (1995)
14) E. Cordoncillo et al., *J. Solid State Chem.*, 118, 1 (1995)
15) T. Hirai et al., *J. Mater. Chem.*, 10, 2592 (2000)
16) T. Hayakawa et al., *J. Sol-Gel Sci. Technol.*, 19, 779 (2000)
17) B. Julian et al., *J. Mater. Chem.*, 16, 4612 (2006)
18) 内田佳邦ほか, 日本化学会誌, 535 (2000)
19) D. Haranath et al., *J. Appl. Phys.*, 96, 6700 (2004)
20) C. L. Li, N. Murase, *Langmuir*, 20, 1 (2004)
21) C. L. Li et al., *J. Non-Cryst. Solids*, 342, 32 (2004)
22) N. Murase et al., *J. Phys. Chem. B*, 109, 17855 (2005)
23) C. L. Li et al., *Colloid Surf. A*, 294, 33 (2007)
24) 作花済夫, ゾル-ゲル法の科学, アグネ承風社 (1988)
25) 作花済夫, ゾル-ゲル法の応用, アグネ承風社 (1997)
26) P. Yang et al., *Langmuir*, 21, 8913 (2005)
27) C. Bullen et al., *J. Mater. Chem.*, 14, 1112 (2004)
28) M. Hayashi et al., *J. Mater. Res.*, 12, 2552 (1997)
29) A. G. Rolo et al., *Thin Solid Films*, 318, 108 (1998)
30) O. Lublinskaya et al., *J. Cryst. Growth*, 185, 360 (1998)
31) P. B. Dayal et al., *Jpn. J. Appl. Phys.*, 44, 8222 (2005)
32) Y. C. Ker et al., *Jpn. J. Appl. Phys.*, 42, 1258 (2003)
33) H. Wang et al., *J. Cryst. Growth*, 220, 554 (2000)
34) A. Meldrum et al., *J. Mater. Res.*, 14, 4489 (1999)
35) A. W. Achtstein et al., *Appl. Phys. Lett.*, 89, 061103 (2006)
36) T. S. Iwayama et al., *Vacuum*, 81, 179 (2006)
37) S. Minissale et al., *Appl. Phys. Lett.*, 89, 171908 (2006)
38) H. Amekura et al., *Appl. Phys. Lett.*, 90, 083102 (2007)

6 色素ドープシリカナノ蛍光体

今井宏明*

6.1 はじめに

　ナノ蛍光体としては，半導体や金属などの蛍光体自体のナノ粒子のほかに，ナノサイズの透明なマトリックスに蛍光色素を導入した色素ドープナノ粒子がある[1]（図1a）。ホストとしての有機ポリマーやシリカのマトリックスは色素分子を環境から保護し，会合にともなう濃度消光などを抑制して色素量にともなうシグナル強度の増加が期待できる。ただし，有機ポリマーのマトリックスでは，物理的にトラップされる色素分子の保持力は弱く，溶出，消光，光ブリーチングなどが問題となり，さらに，ポリマー粒子の水への分散性が悪いために生体親和性が低いという欠点がある。一方，シリカは化学的に安定でpH変化に対しても膨潤など空隙率の変化がなく，また，光学的に透明であるため，蛍光色素のマトリックスとして有利である。シリカを用いたカプセル化によって色素と溶媒との相互作用を遮断して光ブリーチングや熱分解が抑制される[2]。また，親水的なシリカ粒子は生体親和性を示すとともに，表面をアミン，チオール，カルボキシ，メタクリレートなどで修飾することにより非極性溶媒や有機ポリマーなどへの分散も可能である[3]。本節の前半では，これまでに報告されているさまざまなタイプの色素ドープシリカナノ粒子について，逆エマルション法やゾルゲル法などの合成法の観点とコアシェルやメソポーラスなどの構造の観点から分類して解説する。また，後半では，筆者らが取り組んでいるメソ構造シリカナノ粒子への色素導入とその特性について紹介する。

6.2 シリカナノ蛍光体の種類

　蛍光体ホストに用いられるシリカ粒子は，界面活性剤の逆相ミセルやマイクロエマルションを用いる方法（図2），あるいは，シリコンアルコシキドの加水分解をともなうゾルゲル法（Stöber法）（図3）によって合成される場合が多い。前者では，ミセルやエマルションのサイズにより合成されるナノ粒子の粒子径がコントロールできる。後者では，核生成と粒成長によりナノ粒子

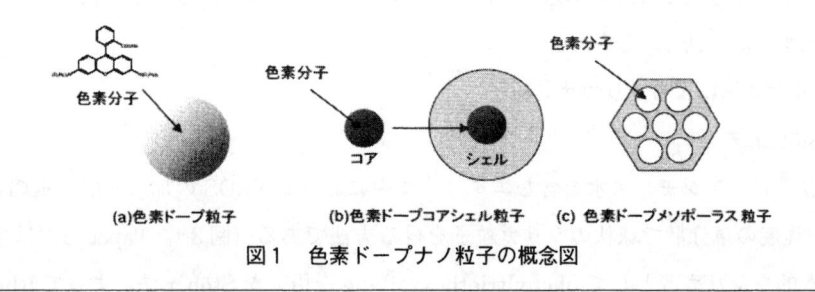

図1　色素ドープナノ粒子の概念図
(a)色素ドープ粒子　(b)色素ドープコアシェル粒子　(c)色素ドープメソポーラス粒子

＊　Hiroaki Imai　慶應義塾大学　理工学部　教授

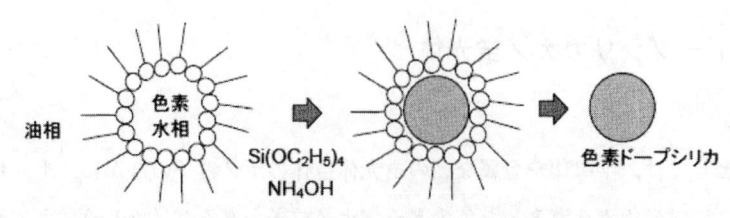

図2　W/Oエマルション法の模式図

が形成されるが，成長途中で条件を変更することでコアシェル構造の作製が可能である（図1b）。また，界面活性剤ミセルの配列を利用したメソ構造をもつシリカ粒子に色素分子を導入する試みもおこなわれており，機能化の観点から今後の発展が期待されている（図1c）。

6.2.1　W/Oマイクロエマルション法によるシリカナノ粒子

W/O（Water-in-Oil）マイクロエマルションは非極性分散媒中の界面活性剤のミセルに囲まれたナノサイズの水の液滴である。W/Oマイクロエマルション法とは，この界面活性剤ミセル内の水環境を用いた単分散コロイドの合成であり，さまざまなナノ粒子の調製法として用いられ[4]，色素ドープナノ粒子にも応用されている[3,5～7]。水と界面活性剤の比率などによりサイズを制御したマイクロエマルションにアンモニアとともにシリコンアルコキシド（tetraethoxysilane（TEOS）など）を加え，加水分解と縮重合反応を経てミセル中にシリカを成長させることでサイズを制御した単分散粒子が得られる（図2）。例えば，ノルマルヘキサンとシクロヘキサンの媒質に界面活性剤TritonX-100を添加したW/Oマイクロエマルションを用いて粒径60 nmの蛍光シリカナノ粒子が合成されている[2,6]。ここで，シリカ中に物理的にトラップされた有機金属色素（tris(2,2-bipyridyl)dichlororuthenium）は単独に存在する色素よりも光安定性が高く，濃度消光が抑制されて高い蛍光強度を示した。しかし，この手法による色素のトラップは共有結合性でないため，長期的には色素が溶出して蛍光強度が低下すること，収率が低いこと，生体膜の溶解を防ぐために界面活性剤の除去が必要なことなどが問題点として挙げられている。また，疎水性の有機色素分子は親水的なシリカに導入しにくいので，錯体を形成させるなど有機色素を水に可溶化した後にW/Oマイクロエマルションの水相に導入して色素ドープシリカ粒子を合成する例も見られる[1]。

6.2.2　ゾルゲル法によるシリカナノ粒子

（1）　Stöber法

Stöber法[8]は，アンモニア水を含むエタノール中におけるTEOSの加水分解と重縮合によって100 nm程度の単分散で球状のシリカ粒子を得る方法である（図3）。Tapecら[7]はTEOSに加えて疎水的なシリカ源としてphenyltriethoxysilaneを用いたStöber法によってRhodamine 6Gをドープしたシリカナノ粒子を作製した。この粒子は高い蛍光強度と光安定性，および色

第3章 ナノ蛍光体の研究例

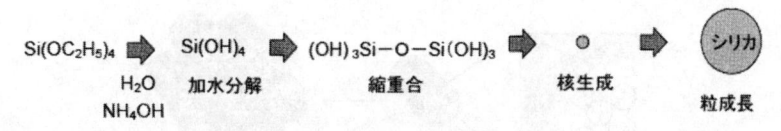

Si(OC$_2$H$_5$)$_4$ →(H$_2$O, NH$_4$OH)→ Si(OH)$_4$ →(加水分解)→ (OH)$_3$Si-O-Si(OH)$_3$ →(縮重合)→ ・(核生成)→ シリカ(粒成長)

図3 Stöber 法の模式図

素の溶出抑制を実現したが，粒径分布がブロードであった。また，疎水的なシリコンアルコキシドの増加は色素のドープ量を増加させたが，粒子の疎水性が増加するため生体分子と相互作用を目的とした表面修飾が困難となっている。

（2） コアシェル法

Stöber 法を発展させて粒径 10～15 nm の有機色素/シリカのコアーシェルナノ粒子が合成されている[9]（図1b）。最初にオルガノシリケートと色素を結合させた蛍光シリカ前駆体を作製し，これを加水分解，脱水縮合して有機・無機ハイブリッドコアを得た後，このコア上で不均一核生成によって純粋なシリカを成長させてシェル層を作製する。例えば，色素分子 tetramethylrhodamine isothiocyanate をコア層に含む単分散な 30 nm のコアーシェル粒子が合成され，コア内にカプセル化された蛍光体では安定で高い蛍光効率が得られている。また，コア部に参照用色素，シェル部にセンシング用色素を導入することで，pH を定量的に測定可能なナノ粒子プローブが報告されている[9]。

異なるタイプのコアシェル構造として，Makarova ら[10]は fluorescein isothiocyanate を 3-aminopropyltrimethoxysilane とともに 15 nm 程度の金ナノ粒子に吸着させこれをシリカで被覆し，金を除去して色素を含むシェルの厚さが約 8 nm の中空シリカ粒子を作製した。色素をカプセル化したナノ粒子はタンパク質を結合させることで生体測定において有効なプローブとなることが示されている。

6.2.3 メソポーラスシリカナノ粒子

（1） 蛍光分子マトリックスとしてのメソポーラスシリカの応用

メソポーラスシリカ（図4）は，界面活性剤ミセルを鋳型として形成される細孔径 2～50 nm のメソ孔を有する多孔質物質で，細孔径分布が狭く比表面積が大きいなどの特徴から，触媒担体や吸着剤，分子選択的な反応場として期待されている。この先駆けは 1990 年代にモービルの研究者によって開発された六方晶の MCM-41 や立方晶 MCM-48 に代表される M 41 S family である[11]。

MCM-48 をベースとして tetramethylrhodamine isothiocyanate を導入した粒径 400 nm の蛍光ナノシリカ粒子が合成された[12]。この粒子の細孔径は 2.7 nm で，熱処理により界面活性剤を除去すると比表面積は 1000 m^2/g 以上に大きくなるが蛍光色素は分解してしまう。一方，この

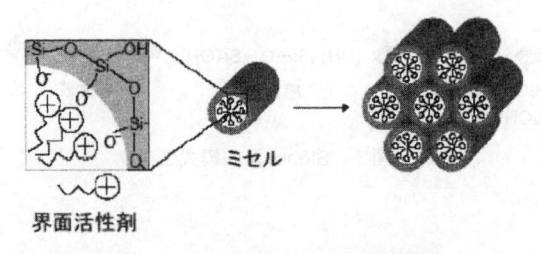

図4　メソポーラスシリカの模式図

ような複合体はメソ細孔から有機分子を徐々に放出する特性を活かして薬剤の徐放用途に適用可能なことが示唆されている[9]。薬剤分子は細孔ネットワーク内を拡散して放出され，粒子の構造は維持されることから，メソポーラスシリカはライフサイエンスにおける高機能プローブやナノツールのプラットフォームとして期待される。

（2）メソポーラスシリカナノ粒子の作製

メソポーラスシリカナノ粒子の粒径を小さくすることは，生体計測への応用が容易なだけでなく，細孔の貫通性が高く分子拡散が容易で，ガス吸着や触媒担体として有効である。粒径が100 nm以下では，光学的にも透明なコロイドとなるために用途も広がるが，これまでの研究では[13~16]，60 nm以下の粒子内ではメソ細孔の規則構造が乱れ細孔径分布が広がるという問題点があった。規則配列を保ちつつ直径が10～50 nmのメソポーラスシリカ粒子が作製できれば，ナノスケールの分子輸送容器や蛍光色素担体としての応用が期待される。ここでは，筆者らが研究している，カチオン性と非イオン性の2種類の界面活性剤と酸・塩基の2種類の触媒による規則配列したメソ細孔をもつ20～30 nmのナノ粒子の作製について紹介する[17,18]。

メソ構造の鋳型となるカチオン性活性剤 cetyltrimethyl ammonium chloride (CTAC) とともに，粒子径の制御を目的として非イオン性界面活性剤であるブロック共重合体 Pluronic® F 127 ($EO_{106}PO_{70}EO_{106}$) を添加することで規則的なメソ細孔をもったシリカ粒子のサイズを小さくすることが可能となる。具体的には，シリカ原料である TEOS を pH 2.0 の塩酸酸性条件で CTAC と F 127 の混合水溶液中に添加した後，さらにアンモニア水溶液を加えてメソ構造複合体を合成する。細孔の配列性を向上させるためには最初に酸性条件下での加水分解により残留アルコキシドを減少させる必要がある。ポーラス粒子を得る場合には，空気中600℃で3時間の熱処理により界面活性剤を除去する。

図5に示すように，カチオン性活性剤 CTAC のみを用いた場合，メソ構造シリカは直径数百nm～数μmに成長するが，非イオン性の F 127 の添加により粒子サイズは減少し，最小では30 nm以下のナノ粒子が得られている。透過型電子顕微鏡イメージ（図5）とX線回折パターンから，これらのナノ粒子においてもメソ細孔の六方配列が維持されていることが確認される。さま

第3章 ナノ蛍光体の研究例

ざまな条件を最適化した結果，得られた規則配列したメソ細孔を持つメソポーラスシリカ粒子の最小サイズは15 nmであった。

図6にメソポーラスナノ粒子の形成における2種類の界面活性剤の働きを模式的に示す。前述のように，塩基性の水中においてシリケートは負電荷を持ち，反応初期にはカチオン性界面活性剤ミセルと強い静電的相互作用をするために規則的な六方配列が成長する。しかし，成長にともなって粒子表面の有効電荷が減少するため，余剰な非イオン性の界面活性剤が表面に吸着して粒成長を抑制し，粒子径はナノサイズにとどまると考えられる。すなわち，2種類の界面活性剤の鋳型と成長抑制の複合効果がメソ構造シリカナノ粒子の形成に重要である。この場合，成長抑制

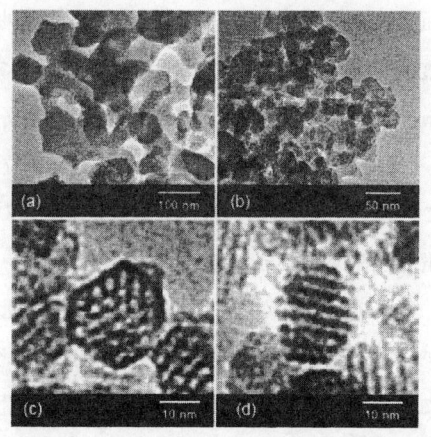

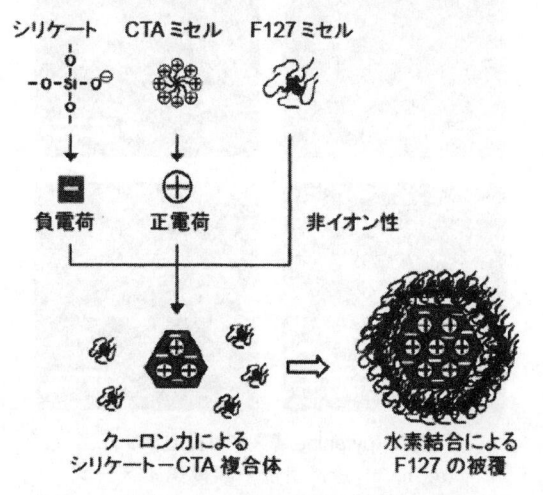

図5 六方配列メソポーラスシリカの透過型電子顕微鏡イメージ
(a) CTACのみを用いたメソ構造体
(b, c, d) CTACとF127を用いたメソ構造体

図6 メソ構造シリカナノ粒子の形成メカニズム

に関与する非イオン性界面活性剤は粒子内に取り込まれないので，メソ細孔の配列性はナノサイズ化しても失われない。合成したシリカナノ粒子は，高比表面積，高い細孔貫通性，高い光透過性などの多孔質材料および光機能性材料としての利点を合わせ持ち，新たな機能性材料としての展開が期待されている。

（3）色素ドープメソ構造シリカナノ粒子

2種類の界面活性剤とシリカから構成される六方晶メソ構造の30 nmのナノ粒子にさまざまな有機色素を導入することが可能である[19]。TEOS，CTAC，Pluronic F127を溶解させた酸性溶液にさまざまな色素（thymol blue, pyrene, methylene blue, rhodamine B, eosin Y, pyranine）を添加し，これにアンモニア水を加えると着色したナノ粒子が分散したゾルが得られる。色素含有シリカ-界面活性剤複合ナノ粒子の分散液は色素単独と同じ吸収と蛍光を示し，分散液は数ヶ月以上安定で透明であり沈殿は生じない。図7のように，透過型電子顕微鏡観察により粒子のサイズは約30 nmで内部に六方晶構造を持つこと，組成分析において色素分子由来の元素（pyranineの場合はイオウ）が検出できることから，ナノ粒子内に色素分子が導入されていることが確認される。この場合，界面活性剤を除去していないので，シリカはポーラス構造にはなっていない。疎水性蛍光色素であるpyreneを含むメソ構造シリカナノ粒子は，透明なゾルとして水に安定に分散し，色素モノマーからの高効率な蛍光を示した。一方，エキシマによる蛍光が極めて小さいことから（図8），シリカ粒子内のpyreneは単分散した状態でメソ細孔ミセルのナノスペースに強固に保持されていることが示唆され，分子運動の抑制が高い蛍光効率に

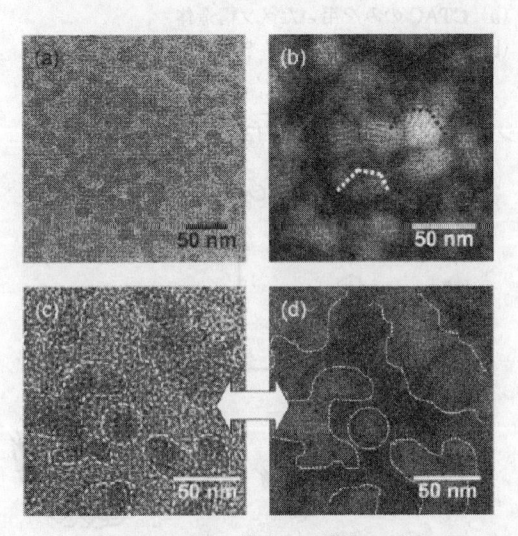

図7 pyranine導入メソ構造シリカ
(a, b, c) 透過型電子顕微鏡イメージ
(d) 元素分析によるイオウの分布図

図8 pyreneの蛍光スペクトル

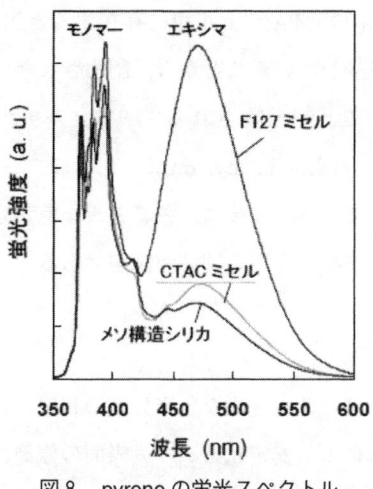

も寄与していると考えられる。

　界面活性剤ミセルの規則構造を内包するメソ構造シリカのナノ粒子は，さまざまな分子を取り込む両親媒的な環境を提供するとともに，外部との相互作用が容易であり，さらに可視光に対して透明であるから，光機能分子のホスト材料として期待される。thymol blue と pyranine を導入したナノ粒子は pH に応答することが確認されている。また，ナノ粒子のコロイドを用いればスピン法やディップ法によって色素を含有した透明な薄膜を容易に作製することが可能である。

　前述したように，メソ構造ナノ粒子は CTA ミセルの秩序構造が F 127 によって覆われている構造であり，その性質によって色素分子は異なる位置に導入されていると考えられる（図9）。疎水性の pyrene や thymol blue の蛍光は水中の界面活性剤 CTAC のミセル中の蛍光とほぼ同じ

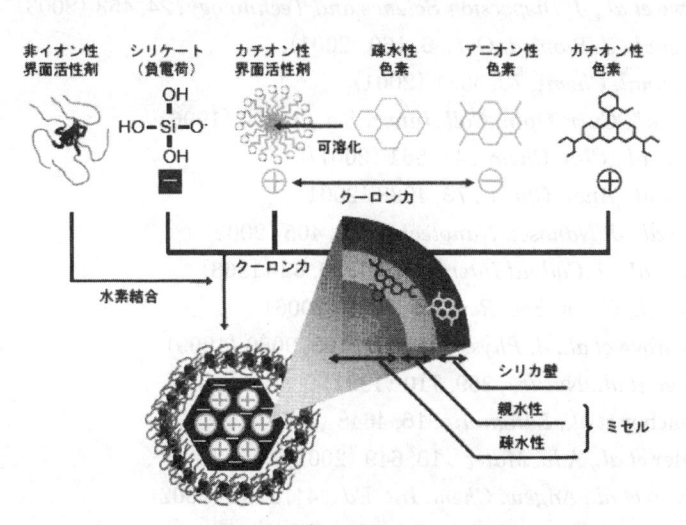

図9　メソ構造シリカ中の色素の導入部位のモデル図

で（図8），これらはメソ構造中の CTA ミセル中に存在すると思われる。さらにピレンの蛍光においてエキシマ由来成分が減少していることから，制約されたロッド状ミセル中において単分散状態で分子が存在していることが示唆される。一方，カチオン性（methylene blue, rhodamine B）およびアニオン性（eosin Y, pyranine）色素については，シリカ/ミセルの界面に存在している可能性が示唆されている。今後は，さまざまな色素分子の特性を活かした機能性付与やコアシェル化による外部との相互作用の制御が課題である。

6.3 おわりに

色素ドープシリカナノ蛍光体は，さまざまな色素分子の利用により多様な光機能が発現できるとともに，シリカマトリックスによる安定化とシリカ表面の修飾による機能化により，生体計測分野などへの応用が盛んに試みられている。さらに，コアシェル構造における複数の色素分子による多機能化，あるいはメソ多孔質構造中の色素分子と外部との相互作用による化学的センシング機能や薬剤の徐放機能など，構造制御による機能付与が報告され始めている。今後，さらなる精密なマトリックスの設計と機能分子の利用により，さまざまな高機能化の可能性があり，注目すべきナノ材料といえよう。

文　献

1) R. P. Bagwe et al., *J. Dispersion Science and Technology*, 24, 453（2003）
2) S. Santra et al., *J. Biomed. Opt*., 6, 160（2001）
3) J. Ji et al., *Anal. Chem*., 73, 3521（2001）
4) J. Eastoe et al., *Curr. Opin. Coll. Interf. Sci*., 1, 800（1996）
5) H. Harma et al., *Clin. Chem*., 47, 561（2001）
6) S. Santra et al., *Anal. Chem*., 73, 4988（2001）
7) R. Tapec et al., *J. Nanosci. Nanotechno*., 2, 405（2002）
8) W. Stöber et al., *J. Colloid Interface Sci*., 26, 62（1968）
9) A. Burns et al., *Chem. Soc. Rev*., 35, 1028（2006）
10) A. V. Makarova et al., *J. Phys. Chem. B*, 103, 9080（1999）
11) C. T. Kresge et al., *Nature*, 359, 710（1991）
12) K. Schumacher et al., *Langmuir*, 16, 4648（2000）
13) C. E. Fowler et al., *Adv. Mater*., 13, 649（2001）
14) S. Sadasivan et al., *Angew. Chem. Int. Ed*., 41, 2151（2002）
15) R. I. Nooney et al., *Chem. Mater*., 14, 4721（2002）

16) H. P. Lin *et al., Chem. Lett*., 12, 1092 (2003)
17) K. Ikari *et al., Langmuir*, 20, 11504 (2004)
18) K. Suzuki *et al., J. Am. Chem. Soc*., 126, 462 (2004)
19) S. Muto *et al., Chem. Lett*., 35, 880 (2006)

第4章 ナノ蛍光体の応用への展望

1 ナノ蛍光体の EL デバイスへの応用

足立大輔[*1], 外山利彦[*2]

ナノ蛍光体は，量子閉じ込め効果などのバルク蛍光体とは異なる新奇な電子物性を示す[1,2]。特に，ZnS など II–IV 族半導体ナノ蛍光体は，Bhargava らにより，高効率フォトルミネッセンス（PL）が報告され[3]，その優れた発光特性を生かした様々な試みがなされている[1,2]。数多くの応用の中でも，次世代フラットパネルディスプレイ（FPD）を目指した無機エレクトロルミネッセンス（EL）デバイスへの応用は，極めて魅力的である。無機 EL デバイスは，現在主力 FPD である液晶ディスプレイと異なり，自発光型で視認性に優れ，応答速度が速いなどの特長を持つ[4]。これまでに小型ディスプレイでは商品化が行われ，大型ディスプレイにおいても商品化に近い水準で開発が行われている[4,5]。しかし，駆動電圧が 200〜400 V と高いなどの短所のため，FPD としての高い競争力を持つには至っていない。駆動電圧を下げるために，発光層膜厚を減らす試みもあったが[6]，従来の無機 EL デバイスでは，発光層材料の ZnS の結晶性を損ねるため，膜厚 100 nm 以下の発光層は無機 EL デバイスには適応できないと信じられてきた。著者のグループは，さらに膜厚を減らし，粒径 2〜4 nm 程度の ZnS ナノ蛍光体を多層に積み上げたナノ構造 EL デバイスを新たに開発し[7〜11]，駆動電圧の低減化に一定の成果をあげてきた。本稿では，これまで行ってきたナノ構造 EL デバイスについて，作製法，デバイス特性および蛍光体励起機構について概観する。また，生産性やモバイルディスプレイなどの新たな使用用途への適応性の向上の観点から，最近取り組みを開始した液相法で作製したナノ蛍光体を用いた EL デバイスについても簡単に紹介する[12]。

表1に II–VI 族半導体ナノ蛍光体を用いた EL デバイスの主な報告をまとめて示す[7〜22]。発光の起源は，ナノ蛍光体母材半導体（CdSe, ZnS）のバンド間遷移発光[13,14]，ドナー（S 空孔，Al）―アクセプタ（Cu）ペア発光[15,16,20]，量子ドット内の励起子発光[18]，母材にドープされた発光中心（Mn^{2+}, Tb^{3+}, Tm^{3+}）イオンの内殻遷移発光[7〜12,17,19〜22]と多様である。また，デバイス構造も，ナノ蛍光体を分散させた支持母体層を電極間に挟み込んだ簡単な構造[8,12〜16]，有

---

*1 Daisuke Adachi 大阪大学 大学院基礎工学研究科
*2 Toshihiko Toyama 大阪大学 大学院基礎工学研究科 助教

第4章 ナノ蛍光体の応用への展望

表1 II-VI族ナノ蛍光体を用いたELデバイスの主な報告例。文献13),17),22)の輝度には,支持母材からの強い発光成分を含む

研究機関 (発表年)	蛍光体材料	作製方法	粒径(nm)	駆動方法	駆動電圧(V)	蛍光体発光波長(nm)	輝度(cd/m^2)	文献
UC Berkeley (1994)	CdSe	液相	3〜5	DC	約4	600〜650	約100	13)
Jilin U (1996)	ZnS	液相	約3	DC	2.5	520	記述無し	14)
Jilin U (1997)	ZnS:Cu	液相	約3	DC	4〜8	430	約15	15)
Nanyang IT 他 (1998)	ZnS:Cu	液相	約9	DC	≥5	約520	記述無し	16)
阪大 (2000)	ZnS:Mn	スパッタ	約2	AC:1 kHz	12〜20	約600	約3	8)
鳥取大 (2001)	ZnS:Mn および Zn$_x$Mg$_{1-x}$S:Mn	液相	2〜5	DC	10〜20	550〜600	約2	17)
MIT (2002)	CdSe(core)/ZnS(shell)	液相	3.8	DC	3〜10	561	2000	18)
Florida U 他 (2003)	ZnS:Mn	液相	4	DC	20〜28	626	記述無し	19)
Defence Lab (2004)	ZnS:Cu, Al および ZnS:Cu, Al, Mn	液相	約2	AC:100〜900 Hz	10〜100	462, 530, 590	記述無し	20)
阪大 (2005)	ZnS:Tb	スパッタ	約2	AC:1 kHz	50〜90	550	約30	10)
NHK 他 (2005)	ZnS:Mn	液相	記述無し	AC:5 kHz	250〜470	594	数 cd/m^2	21)
阪大 (2005)	ZnS:Tm	スパッタ	約2	AC,1 kHz	55〜120	480	約0.1	11)
Dalian NU 他 (2006)	ZnSTb(core)/CdS(shell)	液相	3	DC	10〜25	489, 546, 577	19	22)
阪大 (2007)	ZnS:Mn	液相	約3	DC,AC:1 kHz	40〜50,40〜100	596	約0.5	12)

機正孔輸送層[17〜20,22)]や量子閉じ込め構造[18)]を用いた発光ダイオード構造,そして二重絶縁型構造[10,11,21)]が報告された。蛍光体の作製方法には,主に液相法が採用されてきた[12〜22)]。これは,発光特性に大きく影響を与える蛍光体の粒径を容易に制御できるなどの利点があるためである。しかし著者らは[8)],ELデバイス応用には粒径の制御性を維持した上で,他のデバイス作製プロセスと親和性の高い方法が有利であると考え,作製方法には,無機ELデバイスとして一般的なスパッタ法を選択した。発光層には,スパッタ法に適したナノ蛍光体層を多層にした構造を取り入れ,これを基盤としたナノ構造ELデバイスを開発した[7〜11)]。

図1に従来の無機ELデバイスに使用されてきたデバイス構造とナノ構造ELデバイスの基本構造を示す。デバイス構造は,従来の無機ELデバイスと同様の発光層を絶縁層で挟む二重絶縁型構造である。なお,上下の絶縁層の無い構造でもEL発光は可能である[8)]。二重絶縁型構造に

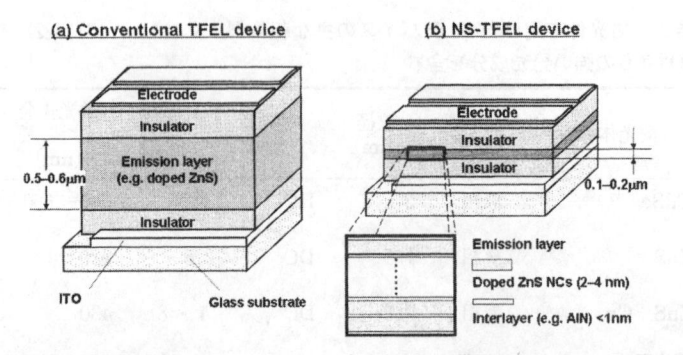

図1　(a) 従来の無機ELデバイスおよび (b) ナノ構造ELデバイスの基本構造

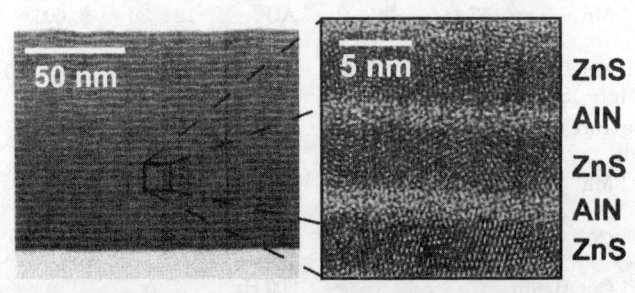

図2　発光層に用いたナノ構造多層膜の断面TEM像とその拡大像

より，より安定したデバイス動作と輝度および発光効率の改善効果が得られる[10]。図2に発光層に用いたナノ構造多層膜の断面透過型電子顕微鏡（TEM）像を示す。発光層は，発光中心材料をドープしたZnSナノ蛍光体層と極薄の層間絶縁層との多層膜であり，三元マグネトロンスパッタ装置を用いて作製した。主な堆積条件を表2に示す。ZnSナノ蛍光体層の膜厚は2～4nm，層間絶縁層は1nm未満である。層間絶縁層を挟むことによりZnSの結晶成長を抑制し，ナノ粒子を得ることが可能となった。層間絶縁層材料には，酸化物より窒化物，特にAlNが輝度および発光効率改善に有効である[23,24]。これは，液相合成したZnSナノ蛍光体と同様に[2]，ナノ蛍光体表面が発光特性に大きな影響を与えていることに起因すると推察される。図2の断面TEM像でも明らかなように，ZnSナノ蛍光体の粒径は，ZnS層の膜厚とほぼ一致する[8,9]。小角入射X線反射率測定で算出した膜厚ならびにX線回折パターンより算出した粒径の結果からも膜厚と粒径のおおよその一致が示された。また，ZnS層の膜厚は，堆積時間に比例することも明らかとなった。その結果，堆積時間で粒径制御が可能となった。

図3にナノ構造ELデバイスと従来のELデバイスの輝度―電圧特性を示す[8]。動作電圧（正弦波振幅電圧）は，12～20Vであり，従来のELデバイスより100V以上低い。また，図3のナノ構造ELデバイスでは，二重絶縁層を用いていないが，二重絶縁構造においても駆動電圧は，100V程度であり[10,11]，当初の低電圧駆動化という目的は達成されている。最近，ナノ構造

第4章 ナノ蛍光体の応用への展望

表2 ナノ構造発光層の主な作製条件

条件	ZnS	AlN
ターゲット	ZnS＋ドープ剤混合粉末	AlN 焼結体
雰囲気	Ar	
堆積時圧力（Pa）	4	
基板温度（℃）	200	
高周波電力（W）	130	250
一層あたりの堆積時間（s）	8	4
発光中心元素	Mn, Tb, Tm	—
ドープ濃度（mol. %）	1〜3	—

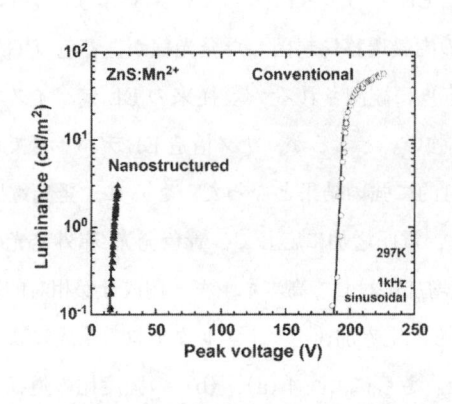

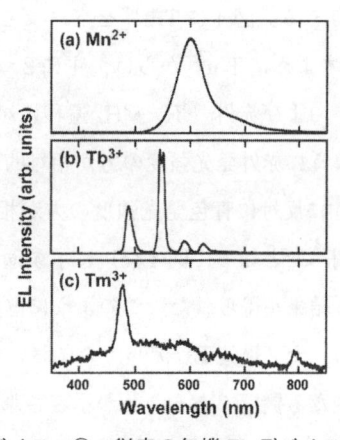

図3 左：輝度—電圧特性（▲：ナノ構造 EL デバイス，○：従来の無機 EL デバイス）およびナノ構造 EL デバイスの EL スペクトル
[(a)：Mn^{2+} ドープ，(b)：Tb^{3+} ドープ，(c)：Tm^{3+} ドープ]

EL デバイスの動作特性解析に基づいて[24,25]，ZnS 層膜厚や層間絶縁層材料選択などの再検討などを行い，さらなる輝度および発光効率の改善を図った。その結果，Mn^{2+} ドープ ZnS ナノ蛍光体を用いたナノ構造 EL デバイスにおいて，最高輝度約 1000 cd/m^2 および発光効率約 0.8 lm/W にまで性能が向上した。また，ディスプレイデバイスとして必要な多色化に関しても，異なる発光中心材料をドープすることで対応している。これまでに，Mn^{2+} イオンで赤色発光[8]，Tb^{3+} イオンで緑色発光[10]，Tm^{3+} イオンで青色発光を達成しており[11]，これらの三原色サブピクセルを有するマルチカラー発光 EL デバイスの試作にも成功した[11]。

では，なぜナノ構造 EL デバイスから，発光が得られたのだろうか？二重絶縁型構造では，電極からのキャリア注入は期待できない。一方，同構造で一般的である高電界下でのホットエレクトロンによる衝突励起[4]に基づく発光を期待するのも直感的には難しい。なぜなら，電界印加方向（膜成長方向）では，図2の TEM 像で示したように発光中心がドープされている ZnS 層は，AlN などの層間絶縁層により分離されており，発光中心を励起するホットエレクトロンを生成

するのに十分な電子走行距離が得られないと予想されるからである．しかし，実験結果からは，衝突励起機構を示唆する傍証が得られている．例えば，ナノ構造ELデバイスの発光しきい電界は，1 MV/cmを越え，従来の二重絶縁型構造無機ELデバイスの発光しきい電界[4]と同様である．輝度—電圧特性，移動電荷量—電圧特性，過渡発光特性は，同じ発光中心を用いた従来のELデバイスと極めて類似している[24,25]．そこで，発光に到るために必要な励起機構をまず明らかにする必要があり，Krupkaが提案した方法に従い[26]，実験を行った[11,27]．すなわち，2つの励起準位がある系において，それぞれの励起準位からのEL強度比を印加電圧に対してプロットした時，電圧増加に応じて高エネルギー側の相対強度が増加すれば，衝突励起機構が主機構であると解釈できる．図4にTm^{3+}をドープしたELデバイスに関して結果を示す[11]．図4(a)，(b)に示すようにTm^{3+}からは，主に2つの内殻遷移に起因した発光線が，青色（$^1G_4 \rightarrow ^3H_6$遷移に対応）および赤外（$^3H_4 \rightarrow ^3H_6$遷移に対応）に観測される[28]．従来のELデバイスでは，図4(a)のように赤外発光強度の方が相対的に強い．ところが，ナノ構造ELデバイスでは，図4(b)のように反対に青色発光強度の方が相対的に強い結果となった．さらに，発光電圧に対する変化を調べたところ，図4(c)に示す通り，電圧増加に応じて，青色発光/赤外発光の強度比が増加する結果が得られた．このように電界増加に対して高エネルギー側成分が相対的に増加することから，ナノ構造ELデバイスにおいても，電界加速ホットエレクトロン生成による衝突励起機構が主たる機構であることが示唆された．さらに，図4(a)，(b)の強度比の逆転は，ナノ構造ELデバイス中のホットエレクトロンの方が，より高いエネルギーを有することに起因していると推察される．したがって，ナノ構造を使用することは，予想に反して，高いエネルギーのホットエレクトロン生成には有利ではないかと考えている．最近，より詳細に励起機構を解析するため，低濃度（0.1 mol.%）Tb^{3+}ドープナノ構造ELデバイスにおいても実験を行い[27]，同

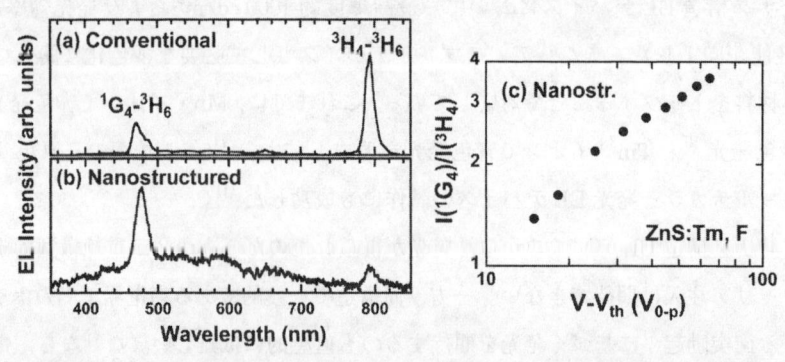

図4 Tm^{3+}ドープZnSからのELスペクトル（a：従来の無機ELデバイス，b：ナノ構造ELデバイス）．異なる内殻遷移（$^1G_4 \rightarrow ^3H_6$遷移および$^3H_4 \rightarrow ^3H_6$遷移）におけるEL強度比の印加電圧依存性（電圧は振幅値で，発光しきい電圧V_{th}を差し引いた値）

第 4 章　ナノ蛍光体の応用への展望

　　様な結論に到っている。

　　最後に液相合成したナノ蛍光体を発光層に用いた EL デバイスに関する著者のグループの最近の結果を簡単に紹介する[12]。液相合成したナノ蛍光体は，室温で粒径分布が少ないナノ蛍光体を大量に作製可能であり，表面修飾による発光効率改善も可能であることから，その応用は魅力的である。すでに，表 1 に挙げたように多くの研究機関が EL デバイスへの応用を報告している[12~22]。しかしながら，EL デバイス応用の際には，我々がスパッタ法を選択した理由，すなわち，従来プロセスとの適合性に関する問題が顕在化する。例えば，ナノ蛍光体を発光層として薄膜化するためには，ナノ蛍光体を支持母材に分散させ，塗布する方法が一般的であるが，ナノ蛍光体の凝集に起因した表面凹凸が生じ易い。また，熱的安定性に乏しいことにより[29]，ナノ蛍光体塗布以降の作製温度に制限が生じる。現時点では，これらの課題を克服したとは言い難いが，ある程度の制御性を得られたことにより，EL デバイスの試作を行った。図 5(a) に作製した EL デバイスの外観図を示す。Mn^{2+} ドープ ZnS ナノ蛍光体は，一般的に用いられている共沈法で作製し[2]，支持母材中に分散させ，スクリーン印刷法により，透明導電膜（酸化インジウム錫：ITO）上に塗布した。上部電極には Al を用い，抵抗加熱蒸着した。DC 駆動，AC 駆動（正弦波電圧，1 kHz）ともに発光を観測した。発光しきい電圧は，30～40 V，最高輝度は，約 0.5 cd/m^2 であった。ナノ蛍光体を用いた EL デバイスの EL スペクトルを図 5(b) に示す。液相合成 Mn^{2+} ドープ ZnS の EL スペクトルの過去の報告例では，母材有機材料からの発光など Mn^{2+} 以外の発光成分が観測されていたが[17,19]，Mn^{2+} イオンに起因した発光スペクトルのみが観測された。また，Mn–Mn 対に起因する 700 nm 近傍の発光成分[8,21]もほとんど観測されていない。したがって，これまでの報告例に比して，分散したナノ蛍光体の励起を選択的に行うことができたと推察され，今後，高性能化のための蛍光体作製方法やデバイス構造の検討を行う予定である。

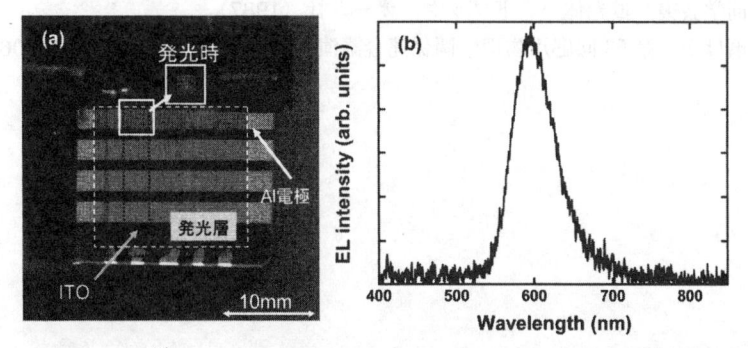

図 5　共沈法で作製した Mn^{2+} ドープ ZnS ナノ蛍光体を用いた (a) EL デバイスの外観写真と (b) EL スペクトル。短冊状 ITO 電極上にナノ蛍光体を印刷し，さらに Al 電極を蒸着形成した

文　献

1) A.P. Alivisatos, *Science*, 271, 933 (1996)
2) 磯部徹彦ほか, 応用物理, 72, No. 12, 1516 (2003)
3) R.N. Bhargava et al., *Phys. Rev. Lett.*, 72, 416 (1994)
4) 猪口敏夫, エレクトロルミネセントディスプレイ, 産業図書 (1991)
5) 和迩浩一, TDELの挑戦, 朝日新聞社 (2005)
6) R.O. Toernqvist et al., *Proc. SID*, 24, 128 (1983)
7) T. Toyama et al., *phys. stat. solidi* (a) (出版予定)
8) D. Adachi et al., *Appl. Phys. Lett.*, 77, 1301 (2000)
9) T. Toyama et al., *J. Non-Cryst. Solids*, 299-302, 1111 (2002)
10) T. Toyama et al., *Appl. Surf. Sci.*, 244, 524 (2005)
11) D. Adachi et al., *J. Non-Cryst. Solids*, 352, 1628 (2006)
12) 濱威史ほか, 第54回応用物理学関係連合講演会講演予稿集, p.1544 (2007)
13) V.L. Colvin et al., *Nature*, 370, 354 (1994)
14) Y. Yang et al., *Appl. Phys. Lett.*, 69, 377 (1996)
15) J. Huang et al., *Appl. Phys. Lett.*, 70, 2335 (1997)
16) W. Que et al., *Appl. Phys. Lett.*, 73, 2727 (1998)
17) Y. Horii et al., *Mater. Sci. & Eng. B* 85, 92 (2001)
18) S. Coe et al., *Nature*, 420, 800 (2002)
19) H. Yang et al., *J. Appl. Phys.*, 93, 586 (2003)
20) K. Manzoor et al., *Appl. Phys. Lett.*, 84, 284 (2004)
21) 岡本信治ほか, 信学技報 EID 2004-59, 29 (2005)
22) R. Hua et al., *Chem Phys., Lett.*, 419, 269 (2006)
23) D. Adachi et al., *Technical Digests of EL 2006*, p.262 (2006)
24) 武井孝平ほか, 信学技報 EID 2006-46, 9 (2007)
25) 白波瀬英幸ほか, 信学技報 EID 2005-65, 9 (2006)
26) D.C. Krupka, *J. Appl. Phys.*, 43, 476 (1972)
27) D. Adachi et al., *Proc. IDW'06*, p.401 (2006)
28) 蛍光体同学会編, 蛍光体ハンドブック, オーム社 (1987)
29) 森本琢磨ほか, 第53回応用物理学関係連合講演会講演予稿集, p.1518 (2006)

2 ナノビジョンデバイスへのナノ蛍光体の応用と展望

三村秀典[*]

2.1 はじめに

ナノビジョンは画像デバイスを構成する画素のサイズをサブミクロン程度にすることにより，従来の画像工学の延長では実現できない完全動画3Dディスプレイ，腕時計サイズプロジェクタ，電子増倍を用いない広ダイナミックレンジフォトンカウンティング撮像素子などの実現を目指すプロジェクトである[1,2]。フィールドエミッションディスプレイ（FED）は，図1に示すように，各サブピクセル（青，緑，赤の3サブピクセルで1画素を構成）に対向して電界放出微小電子源を形成し，微小電子源からの電子ビームで蛍光体を励起発光させるディスプレイである[3]。FEDの発光原理はブラウン管（CRT）と同じであるため，現在，自然な動画を表示できる唯一のフラットパネルディスプレイである。また，電子ビームを用いているため，適切なレンズ系を形成することにより，画素のサイズをサブミクロン程度にすることができ，ナノビジョンディスプレイとして有望である。ナノビジョンディスプレイ用のFEDを考えた場合，その蛍光体はナノ（サブミクロン以下）である必要がある。そのため，通常のCRTで用いる粒径 $5\mu m$ 程度の蛍光体は使用できない。また，単純にその粒径を小さくすると，蛍光体に占める表面非発光領域（デッドレイヤー）の割合が発光領域に対して大きくなり発光効率が著しく低下する。微粉末蛍光体の代わりに薄膜蛍光体[4]を用いるという方法もある。しかし，薄膜蛍光体は蛍光体とITO（透明電極）の屈折率の違いから薄膜表面で全反射が起こり，蛍光体中の光が有効に外部に取り出せないという問題がある。

我々は，ナノビジョンディスプレイ用の蛍光体，つまりナノ構造と高効率化を実現するため，従来材料探索が主であった蛍光体に構造による機能性を付加することを考えている。すなわち，

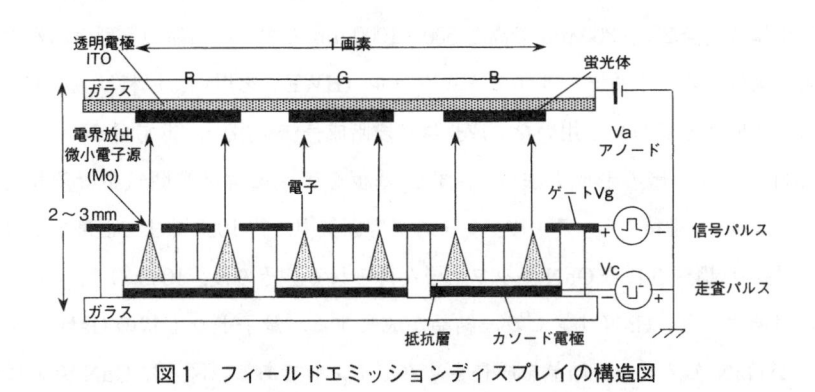

図1 フィールドエミッションディスプレイの構造図

---

[*] Hidenori Mimura　静岡大学　電子工学研究所　教授，所長

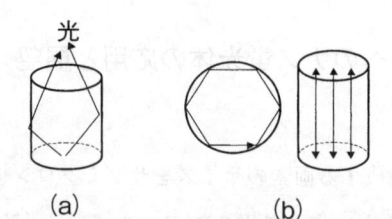

(a)　　　　　(b)
光導波路　微小共振器による光の閉じ込め
図2　光導波路や微小共振器を持つ蛍光体の概念図

光導波路構造や微小共振器構造を持つ蛍光体の開発を行い，形状による発光制御により光の指向性や光閉じ込め，また蛍光体での誘導放射を視野に入れた研究を行っている。たとえば，レーザ蛍光体が実現できれば，光の指向性や干渉を利用した新しい概念のディスプレイが出来る可能性がある。図2(a)(b)に，光導波路構造や微小共振器構造を持つ蛍光体の概念図を示す。(a)は微小構造を光導波路として用い，垂直方向への光取り出し効率を大きくした場合。(b)は微小共振器による発光制御の場合で，左側は球やディスク構造による光が壁面で全反射を繰り返しながら伝播する"ささやきの回廊"（WGM：フィスパリングギャラリーモード）と呼ばれる光閉じ込め，右側は微小構造の上下の壁面を反射鏡として用いた光閉じ込めの場合である。

本稿では，微小構造を光導波路として用いたGaNナノピラー蛍光体，また最近，研究が盛んになりつつある微小共振器を有する蛍光体として，まだナノ構造ではなくマイクロメートルオーダーではあるが，WGMで光制御する$TiO_2：Eu^{3+}$球状蛍光体，ZnOピラミッド蛍光体，ZnOディスク蛍光体を紹介する。

2.2 GaNナノピラー蛍光体[5]

図3にGaNナノピラー蛍光体の側面図と上面図の電子顕微鏡（SEM）写真を示す。GaNナノピラー蛍光体は直径200〜300 nmで高さ500〜1000 nmで六方晶結晶の典型である六角柱構造をしている。製作はホットウォールエピタキシャル（HWE）を用い，原料は金属Gaとアンモニアである。基板はSi(111)を用いた。成長は2段階成長法を用い，まずGaNバッファ層を形成する。GaNバッファ層の形成方法は，まずSi基板をアンモニア雰囲気中で窒化し，その後550℃で，金属Gaを堆積する。その後アンモニア雰囲気中で約1020℃まで温度を上昇すると，GaN島状結晶から構成されるGaNバッファ層が得られる。その後，1000℃で，Gaとアンモニアを同時に供給すると，GaNナノピラー結晶が成長する。量子ドット状のGaNバッファ層を用いることがGaNナノピラー結晶を成長させるポイントである。図4にGaNナノピラー結晶の断面透過電子顕微鏡（TEM）写真を示す。TEM用の試料を製作する際，1個のナノピラーが倒れてしまっているが，これからもピラーの上面が六角柱構造になっていることがわかる。TEM

第4章 ナノ蛍光体の応用への展望

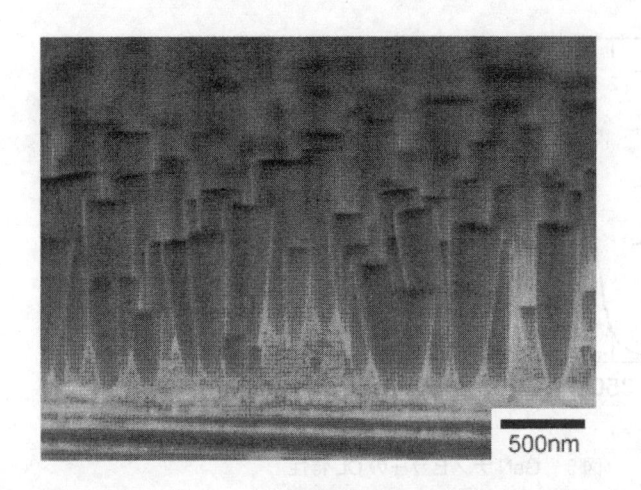

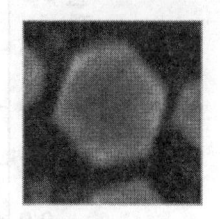

側面図 　　　　　　　　　　　　　　　　　上面図

図3　GaNナノピラー蛍光体のSEM写真

図4　GaNナノピラー蛍光体の断面TEM写真

写真中の中央の黒い線は六角柱構造の端に対応しており，結晶の縁に見られる線は電子ビームの干渉によるものである。図よりGaNナノピラー結晶は無転移であることがわかる。図5にGaNナノピラー結晶の電子線励起発光（CL：カソードルミネッセンス）を示す。電子ビームの加速電圧は2 kV，電流は$60\,\mu A/cm^2$である。図には，単結晶薄膜GaNの特性も示す。発光は367 nmのGaNバンド端発光のみを示し，これらの結晶が良質の結晶であることを示している。図より明らかなように，GaNナノピラーは単結晶薄膜GaNよりはるかに強い（約200倍）CLを示す。これは，GaNナノピラーの結晶性が良いこと，また単結晶薄膜GaNでは屈折率の違いによる全反射のため，光が薄膜表面から有効に取り出されないのに対して，ナノピラーが図2(a)に示すように光導波路の役割を果たし，光が効率よく垂直方向に取り出されるためだと考えられる。現状のGaNナノピラーでは，GaNナノドットからナノピラーが成長していく。そのため，上下の結晶面で共振器を形成できる構造とはなっていない。今後，上下の結晶面が光共振器となる

191

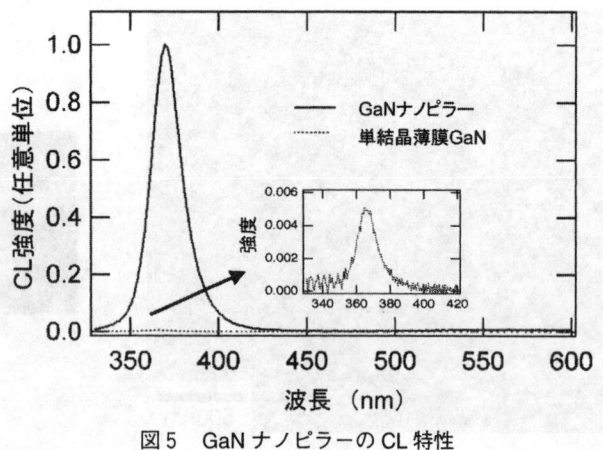

図5 GaNナノピラーのCL特性

GaNナノピラー結晶を製作し，微小共振器構造へと展開していく予定である。

2.3 TiO$_2$：Eu^{3+}微小球蛍光体[6]

TiO$_2$はゾル-ゲル法において真球度の高い，すなわち高いQ値を持つ微小球を作製できる。作製方法は次の通りである。ハイドロキシプロピルセルロース（HPC）を含むn-オクタノールとアセトニトリルの混合溶液にTiアルコキシド（Ti(OC$_4$H$_9$)）を撹拌する。その後，水を加えたエタノールを所定の容量になるように加えて，加水分解させる。なお，Euのドーピングは，TiO$_2$微小球を硝酸ユーロピウムの水溶液中につけることにより行った。図6にこのような方法で製作したTiO$_2$：Eu^{3+}微小球蛍光体のSEM写真を示す。真球度の高いTiO$_2$：Eu^{3+}が得られ

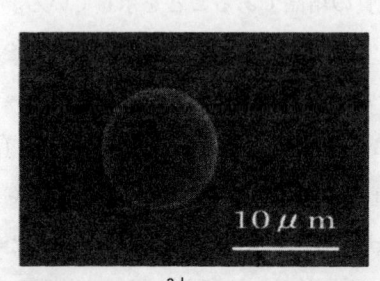

図6 TiO$_2$：Eu^{3+}微小球のSEM写真 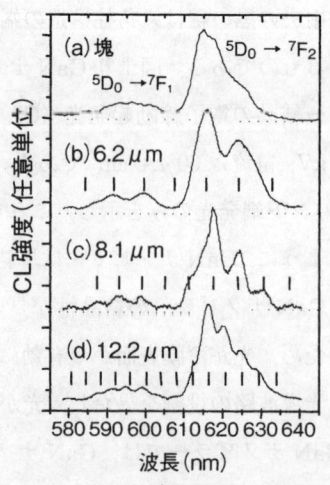　　　図7 TiO$_2$：Eu^{3+}微小球のCL特性

ていることがわかる。図7に作製したTiO$_2$：Eu^{3+}微小球のCLスペクトルを示す。図7(a)はTiO$_2$：Eu^{3+}の塊からの発光で，(b)，(c)，(d)は微小球の直径がそれぞれ，6.2μm，8.1μm，12.2μmの1つの微小球からのCLスペクトルを示す。測定はSEM中で行い，測定の際の電子ビームの加速電圧は10 kVである。(a)に見られる595 nmおよび620 nmのピークはそれぞれEu^{3+}イオンの$^5D_0$から$^7F_1$および$^7F_2$への遷移による発光である。(a)には，周期的な微細構造は現れていないが，(b)，(c)，(d)に見られる微小球からの発光スペクトルには，Eu^{3+}イオンからの発光に重ね合わさるように周期的な微細構造が現れていることがわかる。また，微小球の直径が大きくなるにつれ，微細構造の間隔が狭くなっていることがわかる。これらの周期的な微細構造は，微小球共振器に光が閉じ込められたことにより生じるWGMによるものである。このことは，CLでも微小共振器を反映したモードが得られること，すなわち蛍光体に共振器を導入することにより光を制御できることを示している。

2.4 ZnO微小ピラミッド蛍光体[7]およびZnO微小ディスク蛍光体[8]

図8(a)(b)(c)は，D. Kimらによって製作されたZnO微小ピラミッドのSEM写真(a)(b)と原子間力顕微鏡（AFM）像(c)である。ZnO微小ピラミッドは，ZnOターゲットを用いたAr＋O$_2$雰囲気中で（0001）Al$_2$O$_3$基板上にマグネットスパッタリングを用い，ZnO層の膜厚が2 μm

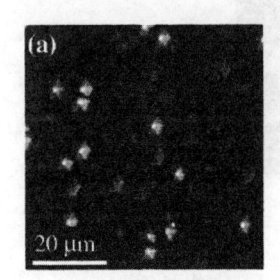

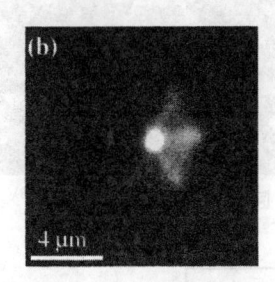

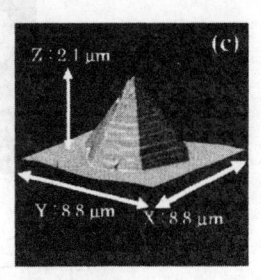

図8　(a)ZnO微小ピラミッドのSEM写真，(b)微小ピラミッド1個のSEM写真，(c)AFM像[7]

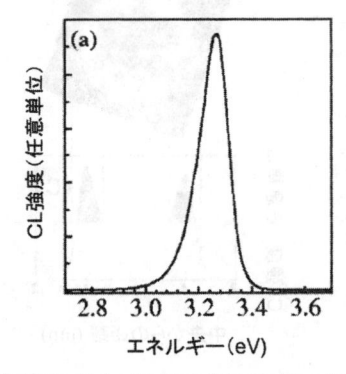

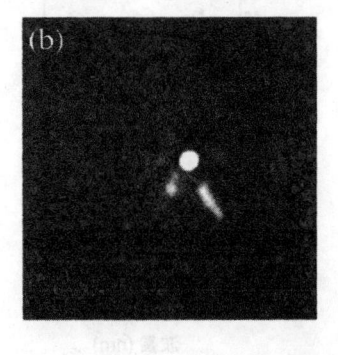

図9　(a)ZnO微小ピラミッドのCLスペクトル，(b)3.3 eVにおけるCL強度分布図[7]

以上で観測された。基板温度は650℃である。底辺は六方晶結晶の典型である六角構造をしている。図9(a)(b)はZnO微小ピラミッドのCLスペクトル(a)および3.3 eVにおけるCL強度分布図(b)である。測定はSEM中で行われ，電子ビームの加速電圧は20 kVである。強度分布図の黒い部分は下地のZnO膜で，ZnO微小ピラミッドは下地のZnO膜より強いCL（約30倍以上）を示すことがわかる。また，図9(b)に見られるように，微小ピラミッド内には発光のパターンが見られる。このような発光パターンを伴った強いCLは微小ピラミッド構造が微小共振器として働き，発光がWGMで制御されていることを示している[9]。

図10はC. KimらによってZnO製作されたZnO微小ディスクのSEM写真である。六方晶結晶の典型である六角柱構造をしている。作製方法は以下の通りである。ZnOのナノ粒子をSi基板上にスピンコートする。その後，Si基板を酢酸亜鉛，水酸化ナトリウム，クエン酸ナトリウムからなる溶液に浸け，圧力容器にいれ95℃で12時間保温する。そのようにして得られたZnO微小ディスクの直径は1〜5 μmで，厚さは50〜200 nmである。図11(a)(b)(c)にZnO微小ディスクのCLスペクトル(a)，378 nmにおけるCL強度分布図(b)，CLの強度断面分布図(c)を示す。CL測定はSEM中で行われ，電子ビームの加速電圧は20 kVである。CLスペクトルは378 nm付近のバンド端発光のみで，良好な結晶が得られていることを示している。CL強度分布図

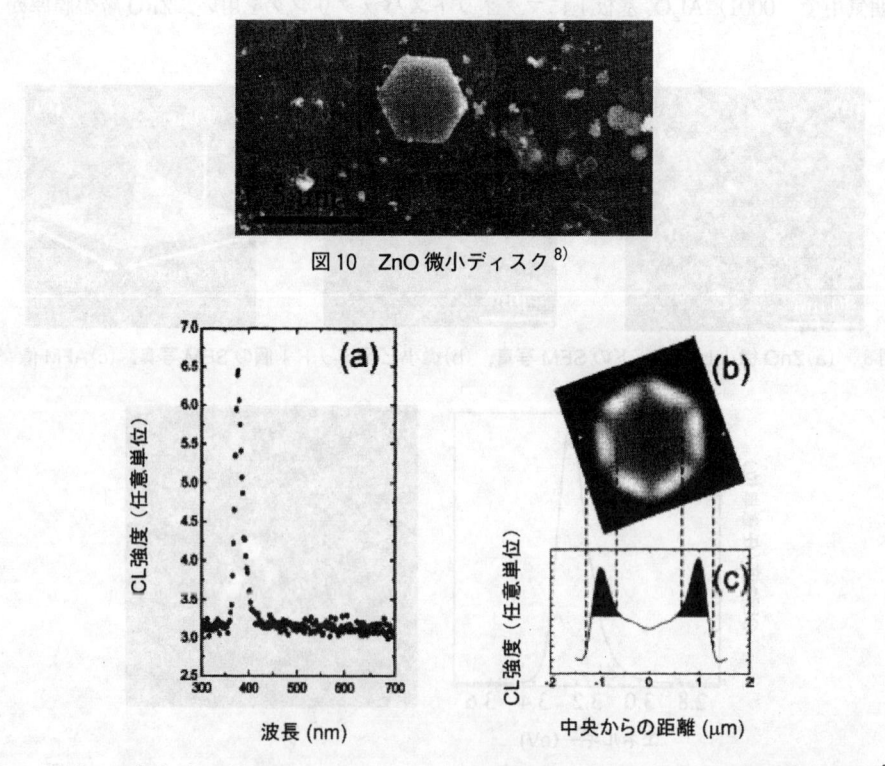

図10　ZnO微小ディスク[8]

図11　(a)ZnO微小ディスクのCLスペクトル，(b)CLの強度分布図，(c)CLの断面強度分布図[8]

から，光が六方晶結晶の端に集中していることがわかる。これは，ZnO 微小ディスクが微小共振器として働き，発光が WGM で制御されていることを示している[9]。

2.5 まとめ

ナノビジョンディスプレイ用の蛍光体，すなわちナノ構造と高効率化を実現するため，光導波路構造や微小共振器構造を持つ蛍光体を開発しようとする試みについて述べた。従来の蛍光体の研究は材料探索が主であったが，今後，蛍光体においても微小構造により光を制御することがより積極的に行われるものと考えられる。

文　献

1) 三村，未来材料6, 51 (2005)
2) http://www.gsest.shizuoka.ac.jp/coe/outline/index.html
3) フィールドエミッションディスプレイ技術，斉藤監修，シーエムシー出版 (2004)
4) Y. Nakanishi, H. Nakajima, U. Uekura, H. Kominami, M. Kottaisamy, and Y. Hatanaka, *J. Electrochem. Soc.,* 149, H 165 (2002)
5) Y. Inoue, T. Hoshino, S. Takeda, K. Ishino, A. Ishida, H. Fujiyasu, H. Kominami, H. Mimura, Y. Nakanishi, and S. Sakakibara, *Appl. Phys. Lett.,* 85, 2340 (2004)
6) M. Tomita, K. Totsuka, H. Ikai, K. Ohara, H. Mimura, H. Watanabe, H. Kume, and T. Matsumoto, *Appl. Phys. Lett.,* 89, 061126 (2006)
7) D. Kim, S. Wakaiki, S. Komura, M. Nakayama, Y. Mori, and K. Suzuki, *Appl. Phys. Lett.,* 90, 101918 (2007)
8) C. Kim, Y. Kim, E. Jang, G. Yi, and H. Kim, *Appl. Phys. Lett.,* 88, 093104 (2006)
9) J. Wiersig, *Phys. Rev.,* A 67, 023807 (2003)

3 カソードルミネッセンスで必要とされるナノ蛍光体

伊藤茂生[*1], 磯部徹彦[*2]

3.1 はじめに

　現在環境問題製品の材料・製造プロセスにおいて，重要な評価基準となっている。そんな中で，カソードルミネッセンス用蛍光体は，これまでディスプレイ用蛍光体として，CRTの開発当初からその製品構成上の主材料の1つとして使われてきた。しかし，CRTが，フラットパネルディスプレイとしては，その位置を現在，完全にPDPやLCDに明渡し，カソードルミネッセンス用蛍光体としても，蛍光表示管やFED用などの一部を除いては，国内では使用される機会が少なくなってきた。このような状況の中で，その生産量の少なさ，高価格から，ますます蛍光体の使用量の極少化，不要な廃棄蛍光体の極少化を目指す試みの重要性が取り上げられつつある。

　蛍光体形成方法としては，①スラリー法，②電着法，③印刷法，④光粘着法，⑤沈降法などがあるが，いずれも，所定のアノード面への蛍光体形成時に，無効分として処理される蛍光体量が極めて多く，回収を前提とするCRTでも，2色目以降の蛍光体混合の問題から，有効な回収効率に至っていない。

　以上のような課題から，蛍光体インク材料を開発し，インクジェット法などの直接描画法による形成が注目されている。それは，原理的には，最も不要蛍光体として処理される量が少なく，マスクレスで多色印刷が可能，などの利点がある反面，蛍光体インクの開発，インクジェットヘッドとのマッチング，蛍光体インクと形成基板表面の濡れ性問題など，現実的には課題も多い。印刷形成の一例として図1に，インクジェット法により形成された，平均粒径$1.2\mu m$径ZnO:Zn蛍光体による$50\mu m$ドットの丸パターンを示す。また，図2に，インクジェット法に

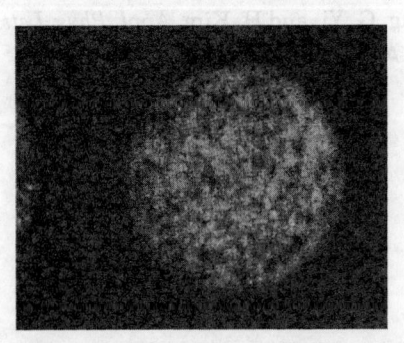

図1　丸パターン（ドット径$50\mu m$）

[*1] Shigeo Itoh　双葉電子工業㈱　研究開発本部　技師長
[*2] Tetsuhiko Isobe　慶應義塾大学　理工学部　応用化学科　准教授

第4章 ナノ蛍光体の応用への展望

図2 インクジェット法により形成した蛍光体アノード使用VFDの発光状態
ϕ 4 mmの中に，文字高約1.5 mm。縁の暗部はアノード電極がないため。

より形成した蛍光体アノード使用VFDの発光状態を示すが，まだまだ実用には程遠い。

3.2 ナノサイズ蛍光体の作製方法

インクジェット用インクとしての蛍光体形成の利点を生かし，その表示品位を上げるためには，よりインクとして優れた発光特性をもつ微小粒子サイズ（ナノ）蛍光体が必要とされる。微粒子蛍光体を作製する方法としては，以下の方法がある。

1）従来の合成法で作製した蛍光体を機械的に微粒子化する方法

2）微粒子蛍光体サイズを目指しての結晶成長析出法

1）の場合，現状の蛍光体のほとんどに対して適用可能であるが，一般に蛍光体を機械的粉砕すると，微結晶蛍光体粒子中に歪が導入され，発光効率が大きく低下することが知られている。この回復のために，通常特定雰囲気下でのアニール処理が行われる[1]。$(Zn_{0.25}Cd_{0.75})$ S：Ag, Cl蛍光体の粉砕処理によって導入された結晶の格子歪をHallの式から算出し，その紫外線励起および低電圧電子線励起により測定した発光効率の相対値との関係を図3に示す。図3より紫外線励起および電子線励起共に，導入格子歪量に応じて発光効率が低下することがわかる。

2）の場合，十分な分散状態が可能であれば，必要とする，揃った粒子サイズを持つ蛍光体が得られるという利点がある反面，従来の熱合成に比べて比較的低温で合成される場合が多く，この点が通常の実装過程でのパネル化の際のプロセス工程での安定性に欠ける原因となりやすい。

3.3 ナノサイズ蛍光体への期待

ナノサイズ蛍光体とは，蛍光体の粒径が数ナノメートルから数10ナノメートルの蛍光体の呼称である。またナノサイズ蛍光体は，大きく分けて2種類あり，CdSeのような母体からの発光を利用するものとZnS：Mn^{2+}のようにMn^{2+}等のドーパントからの発光を利用するものがあ

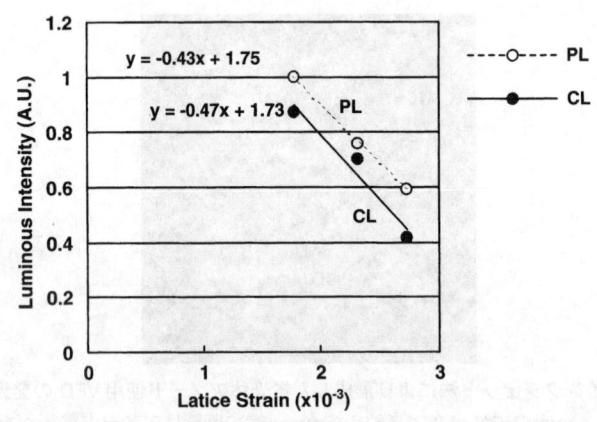

図3 紫外線および電子線励起発光効率に対する格子歪量の関係

る。

　蛍光体をボーア半径まで小さくすると，量子効果の発現が期待でき，桁違いの発光効率の上昇が期待できるという話が，ナノ蛍光体が注目されたきっかけである。しかし，現実には，その効果の発現は，まだ確認されたとはいい難い。

　蛍光体の粒子をナノサイズに小さくし，蛍光体のバンドギャップを変化させることにより，発光スペクトルを変化させることが出来る。例えば，CdSeの場合，粒径を小さくするほど，バンドギャップが広がり，青色に変化し，水色から赤色までの発光が得られており，効率も高い。

　これに対して，ドープ型蛍光体のZnS：Mn^{2+}の場合には，母体のZnSはナノサイズになるとバンドギャップが大きくなり，吸収スペクトルや励起スペクトルも短波長側に移動する。紫外線ランプ（302 nm）で照射した場合，まずZnSが励起されるが，速やかにMn^{2+}にエネルギー移動する。このため発光は常にMn^{2+}からのオレンジ色の発光である。ZnS：Mn^{2+}についてはナノ粒子の大きさが小さくなるに伴って，発光量子効率が室温で1％から18％へ増大することが報告されている。

　有機蛍光体は，元来発光効率が低いことに加えて，電子線照射により染料の分子結合が容易に破壊されて発光能力が低下するため，一度の走査で著しく発光が弱まり，一度劣化したものは回復しない。また，これら有機蛍光体は，保存時の安定性にも欠け，劣化を生じる。有機物分子からなる蛍光体としては，分子状の有機蛍光体染料の他にも，数十nmの粒径を有し赤色，緑色または青色の発光を呈するポリスチレン球が知られているが，上記と全く同様な問題がある。これに対して，無機蛍光体は，紫外線照射ならびに電子線照射に安定で劣化が少ない。しかし，TV用あるいはランプ用で工業化されている蛍光体は通常1μm以上の大きさである。そこで粒径を小さくするために，蛍光体を粉砕したり酸でエッチングすることが考えられるが，これらの方法では個々の粒子表面を覆う非発光層の占める割合が多くなるため発光効率が著しく低下してし

第4章 ナノ蛍光体の応用への展望

まう。

また，電子顕微鏡でカソードルミネッセンス像を観察する際に，カラーで鮮明な画像を得るためには，3原色についてそれぞれ残光の短い無機蛍光体が求められる。しかし，現状では高効率かつ短残光の緑色用蛍光体は知られておらず，通常のシュウ酸塩共沈および焼成により，特に粒径の小さいものを得ることも困難である。一方，発光中心としてEuを添加した希土類酸化物からなる赤色蛍光体（例えばY_2O_3：Eu）は製造が比較的容易で発光効率が高いが，残光時間が〜ミリ秒で比較的長いためカソードルミネッセンス像がぼやけてしまう。

以下にカソードルミネッセンス用として試作されたナノサイズ蛍光体を紹介する。

3.4 逆ミセル法によるシリカ被覆ZnS：Mn^{2+}/SiO_2

界面活性剤が集合して形成された逆ミセルをナノサイズ反応場として利用し，ナノサイズ蛍光体を凝集せずによく分散した状態で合成すると同時に，電子線によって蛍光体が劣化しないように表面修飾を行う合成技術を開発した。本方法により，ナノサイズ蛍光体をコアとし，その外側にシェル層として電子線で劣化せず量子閉じ込め効果を引き起こす透明ガラスを用いて，コア/シェル型複合形態を有する蛍光体を合成できる。図4に，逆ミセル法を利用したZnS：Mn^{2+}/SiO_2ナノ蛍光体の概念図を示す。これにより，一つ一つのナノクリスタル蛍光体に表面被覆層を形成でき，かつ，量子閉じ込め効果を有するナノ蛍光体を合成できる。ZnS：Mn^{2+}にSiO_2を被覆すると蛍光強度が増大する[2]。これは，蛍光体表面にある欠陥をSiO_2でキャッピングして補修するため，バンドギャップの大きな材料で被覆することになり，エネルギーの閉じ込めが起こるため，と言われている。SiO_2を被覆するのは，特に電子線励起時における，耐熱性，耐光性の向上が目的である。

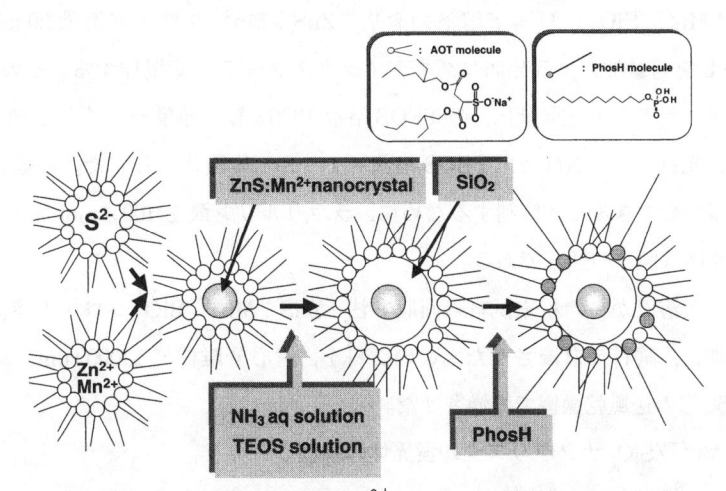

図4 逆ミセル法によるZnS：Mn^{2+}/SiO_2ナノ蛍光体の合成概念図

3.4.1 ZnS：Mn^{2+}/SiO_2 ナノ蛍光体の合成方法

(ⅰ) 逆ミセル溶液の調製：溶媒のヘプタン 350 mL に界面活性剤のビス［2-エチルヘキシル］スルホ琥珀酸ナトリウム 37.3 g を加えてマグネチックスターラーで 15 min 攪拌する。その後，超純水 11.92 g を加えてさらにマグネチックスターラーで 5 min 攪拌し，この溶液をホモジナイザーによって 3000 rpm で 10 min 攪拌したものを逆ミセル溶液とする。

(ⅱ) 0.1 M $Mn(CH_3COO)_2$ 水溶液と 1 M $Zn(CH_3COO)_2$ 水溶液の調製：超純水 10 mL に $Mn(CH_3COO)_2 \cdot 4H_2O$ 0.2453 g を加えて，マグネチックスターラーで攪拌して溶解させる。これを 0.1 M $Mn(CH_3COO)_2$ 水溶液とした。一方，超純水 5 mL に $Zn(CH_3COO)_2 \cdot 2H_2O$ 水溶液 1.105 g を加えて，マグネチックスターラーで攪拌して溶解し，これを 1 M $Zn(CH_3COO)_2$ 水溶液とした。

(ⅲ) ZnS：Mn^{2+} コロイド溶液の合成：(ⅰ)で調製した逆ミセル溶液 80 mL に(ⅱ)で調製した 1 M $Zn(CH_3COO)_2$ 水溶液 545 μL と 0.1 M $Mn(CH_3COO)_2$ 水溶液 50 μL をマグネチックスターラーで攪拌しながら加えた。また，逆ミセル溶液 30 mL には $Na_2S \cdot 9H_2O$ 550 μmol（0.1321 g）を同様にマグネチックスターラーで攪拌しながら加える。それぞれの溶液をマグネチックスターラーで攪拌してから 90 min 後，80 mL のカチオン逆ミセル溶液の方を 30 mL のアニオン逆ミセル溶液の方に攪拌しながら注入し，10 min 攪拌した。この攪拌混合以後の操作では，生成される粒子の光溶解・光酸化を防止するために容器の周りをアルミ箔で覆い光を遮断した。ただし，カチオンのモル比 Mn/(Mn+Zn) は 5/550（=0.909 %）であり，カチオンに対するアニオンのモル比 S/(Mn+Zn)＝1 とした。合成方法の概略図は，図 5 の通りである。

(ⅳ) ZnS：Mn^{2+}/SiO_2 コロイド溶液の合成：ZnS：Mn^{2+} コロイド溶液 20 mL に，NH_3 水 100 μL を適量加え，5 分間マグネティックスターラーで攪拌する。その後，TEOS：ヘプタン＝1：1（重量比）の TEOS 溶液 1000 μL を適量ゆっくりと滴下し，さらに 5 分間攪拌した。NH_3 水：TEOS 溶液＝1：10（体積比）とした。最後に，逆ミセル間の凝集をできるだけ抑制するために，ラウリルリン酸を 400 μmol 加えた。合成方法の概略図は図 6 の通りである。

(ⅴ) コロイド溶液からの粉末試料の回収方法：ZnS：Mn^{2+}/SiO_2 コロイド溶液にエタノールを加え，試料を白濁させた。この試料を，遠心分離機で 13000 rpm，20 min 分離させ，50 ℃の送風乾燥機で乾燥させた。

3.4.2 ZnS：Mn^{2+}/SiO_2 ナノクリスタル蛍光体の特性

図 7 (a)および(b)は ZnS：Mn^{2+} ナノクリスタルに SiO_2 を被覆する前後の FE-TEM 写真で

第4章　ナノ蛍光体の応用への展望

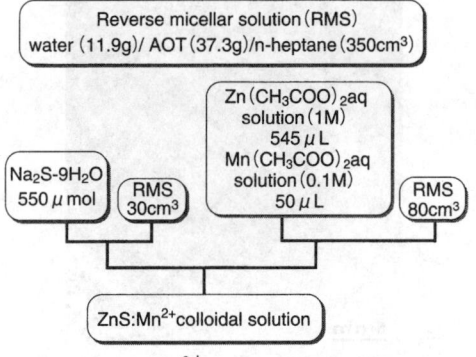

図5　ZnS：Mn^{2+}コロイド溶液の合成方法

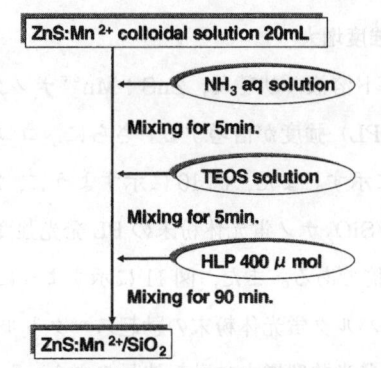

図6　ZnS：Mn^{2+}/SiO_2コロイド溶液の合成方法

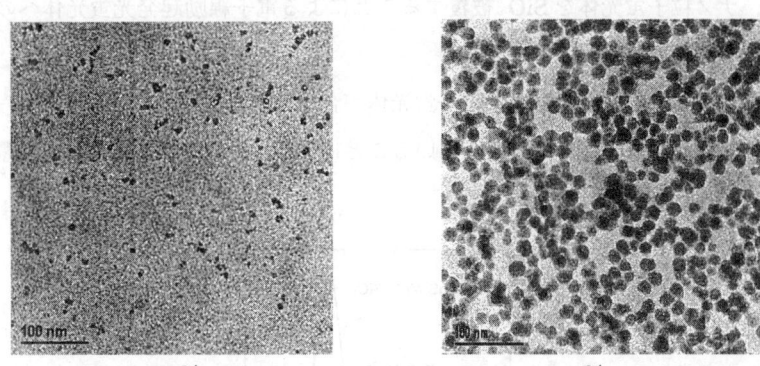

図7　(a) ZnS：Mn^{2+}ナノクリスタル　　図7　(b) ZnS：Mn^{2+}/SiO_2ナノクリスタル

ある。SiO_2の被覆により，粒子サイズが3 nmから20 nmへ大きくなる様子が観察されている。さらに，図7(b)の粒子1個を拡大して観察した写真を図8に示す。結晶のコア部にはZnS：Mn^{2+}の格子像が観察されている。

201

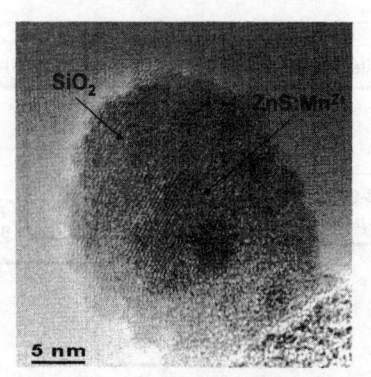

図8 ZnS：Mn^{2+}/SiO$_2$ナノクリスタルのFE-TEMの拡大写真

3.4.3 SiO$_2$被覆による発光強度増大

図9に示すように，コロイド溶液の状態で，ZnS：Mn^{2+}ナノクリスタルにSiO$_2$を被覆すると，フォトルミネッセンス（PL）強度が倍増する。さらに，コロイド溶液から回収した粉末試料のPLスペクトルを図10に示す。また，図10に示すように，ZnS：Mn^{2+}ナノクリスタルにSiO$_2$を被覆したZnS：Mn^{2+}/SiO$_2$ナノ蛍光体粉末のPL発光強度は，ミクロンサイズのバルク蛍光体粉末のPL強度の約2倍である。また，図11に示すように，ZnS：Mn^{2+}/SiO$_2$ナノ蛍光体粉末の励起スペクトルは，バルク蛍光体粉末の励起スペクトルよりも，短波長側へ30 nmもシフトしている。このような発光強度増大や励起波長のブルーシフトは，SiO$_2$の被覆による量子閉じ込め効果の発現に起因する。これは，ナノクリスタル蛍光体に特有な現象である。

このように，ナノ粒子蛍光体をSiO$_2$被覆することによる電子線励起発光蛍光体への期待効果としては，以下の通りである。

①電子線励起によっても発光するナノ粒子蛍光体が合成できる。

②合成方法として液相での逆ミセル法を用いることにより，比較的容易に，しかも量子閉じ込

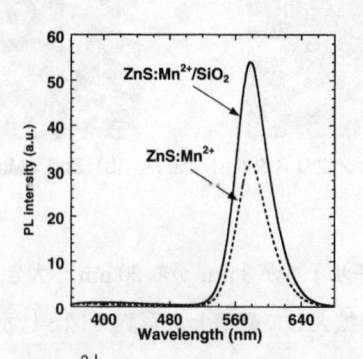

図9 SiO$_2$被覆の有無によるZnS：Mn^{2+}ナノクリスタルコロイド溶液のPL発光スペクトルの差異

第4章 ナノ蛍光体の応用への展望

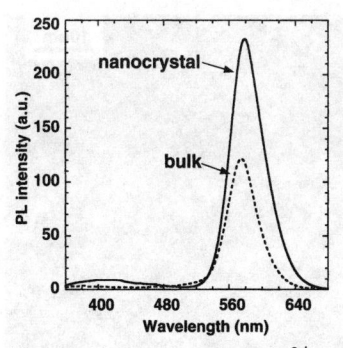

図10 ZnS：Mn^{2+}/SiO_2 ナノ蛍光体粉末および ZnS：Mn^{2+} バルク粉末の発光スペクトル

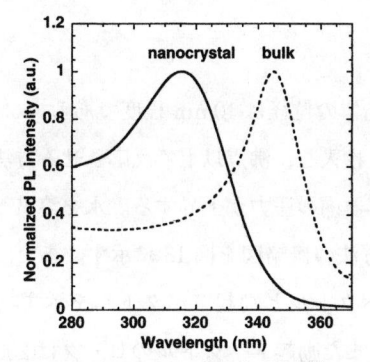

図11 ZnS：Mn^{2+}/SiO_2 ナノ蛍光体粉末および ZnS：Mn^{2+} バルク粉末の励起スペクトル

め効果による高発光効率ナノ粒子蛍光体を合成できる。

③一つ一つのナノ粒子表面を完璧にシリカまたはガラスで被覆できる。

安定な無機材料である，SiO_2 がコートされた ZnS：Mn^{2+}/SiO_2 ナノクリスタル蛍光体の一つ一つが，長期に渡って安定に分散された懸濁液の状態で維持されることで，極限に近いサイズである1個1個の蛍光体粒子を用いたバイオや医療に於けるフラッグとして用いる PL 発光分析，真空中での電子線励起発光などが可能となる。すなわち，その取り巻く雰囲気が，励起エネルギーが十分透過できる状態であれば，気体，液体，固体の状態で，安定に発光を維持できる。

3.5 $ZnGa_2O_4$：Mn^{2+} ナノクリスタル蛍光体

$ZnGa_2O_4$ 蛍光体は，低速電子線励起発光用青色蛍光体として開発された。低電圧から発光し，熱的にも安定な蛍光体であり，蛍光表示管に実用されている[3]。この蛍光体に Mn をドープすることにより，純度の高い緑色発光蛍光体が得られる[4]。このナノサイズ蛍光体の開発を試みた。図12に，ソルボサーマル法により合成した $ZnGa_2O_4$：Mn^{2+} ナノクリスタル蛍光体の TEM 写

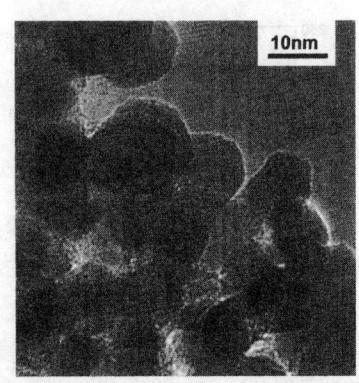

図12 $ZnGa_2O_4:Mn^{2+}$ナノクリスタル蛍光体のTEM写真

真を示す[5]。写真からこの蛍光体の粒径は10 nm程度である。ソルボサーマル法とは，溶媒を入れた圧力容器中に出発原料を投入し，沸点以上で反応させる方法である。密閉された容器内で一部の溶媒が気化するので，容器内の圧力が上昇する。水を溶媒として利用する場合は，水熱合成と呼ばれている。その合成方法の概略図を図13に示す。また，図14に，$ZnGa_2O_4:Mn^{2+}$ナノクリスタル蛍光体の蛍光スペクトルと励起スペクトルを示す。図14に示すように，Mn^{2+}からの緑色の発光が得られた[4]。また励起スペクトルのピークは290 nmと，ミクロンサイズの蛍光体よりも短波長側にシフトしている。$ZnGa_2O_4$のTEM写真でさらに高倍率のものを図15に示す。図15から単位構造が観察できる。図16にこの粒度分布を示す。13 nmの粒子サイズが多

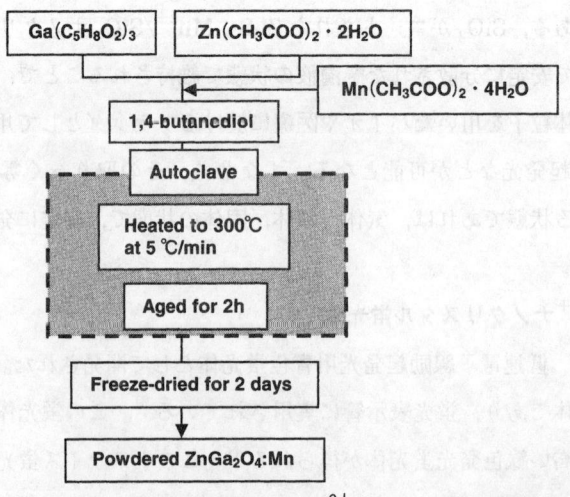

図13 ソルボサーマル法による$ZnGa_2O_4:Mn^{2+}$ナノクリスタル蛍光体の合成方法

第4章 ナノ蛍光体の応用への展望

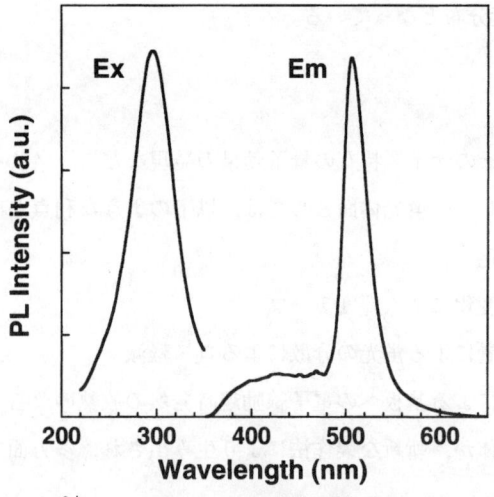

図14 ZnGa₂O₄：Mn²⁺ナノクリスタル蛍光体の蛍光スペクトルと励起スペクトル

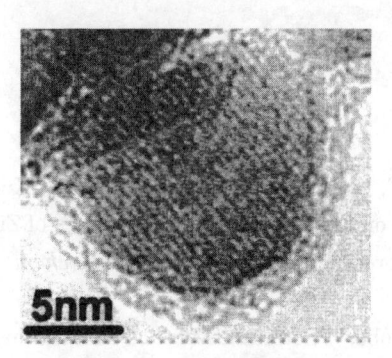

図15 ZnGa₂O₄ナノクリスタル蛍光体のTEM写真

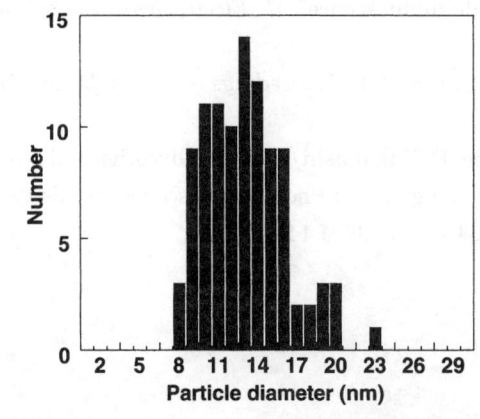

図16 ZnGa₂O₄ナノクリスタル蛍光体の粒度分布

く，8 nm〜20 nm の粒度分布となっている。

3.6 おわりに

ナノサイズ蛍光体は，そのサイズ特有の量子効果の発現など，ナノサイズ特有の効果以外に，電子線励起発光ディスプレイの蛍光体面としては，以下のような利点が期待されている。

(ア) 画像の高精細度化

(イ) 蛍光体層の高密度化による輝度アップ

(ウ) 粒子の高密度配置による蛍光の分散によるロス軽減

(エ) 微粒子高密度化による基板への電子線励起時発熱の放熱の改善

今後，さらに新規蛍光体が，斬新な製作法により生み出され，多方面での応用展開が生まれることを期待したい。

文　献

1) S. Itoh, T. Tonegawa, T. L. Pykosz, K. Morimoto and H. Kukimoto; "Influence of Grinding and Baking Process on the Luminescent Properties of Zinc Cadmiumu Sulfide Phosphors for Vacuum Fluorescent Displays", *J. Electrochem. Soc.,* Vol. 134, No. 12, pp. 3178-3181 (1987)

2) H. Takahashi and T. Isobe; "Photoluminescence Enhancement of $ZnS:Mn^{2+}$ Nanocrystal Phosphors: Comparison of Organic and Inorganic Surface Modifications", *Jpn. J. Appl. Phys.,* 44 (2), 922-925 (2005)

3) S. Itoh, H. Toki, Y. Sato, K. Morimoto and T. Kishino; "The $ZnGa_2O_4$ Phosphor for Low Voltage Blue Cathodoluminescence", *J. Electrochem. Soc.,* Vol. 138, No. 5, May, pp 1509 1512 (1991)

4) T. Toki, H. Kataoka and S. Itoh, *Proceedings of Japan Display'92,* Hiroshima, pp. 421-423 (1992)

5) M. Takesada, T. Isobe, H. Takahashi, S. Itoh; "Glycothermal Synthesis of $ZnGa_2O_4:Mn^{2+}$ Nanophosphor and Change in its Photoluminescence Intensity by Heat Treatment", *J. Electrochem. Soc.,* 154 (4), J 136-J 140 (2007)

4 量子ドットを用いたナノ免疫電顕法

伊東丈夫*

4.1 はじめに

　近年，診断領域（特定遺伝子解析，フローサイトメトリー，イムノブロッテイング，病理診断），がん関連領域［標的（遺伝子）治療，遺伝子発現］，再生医学領域［幹細胞生物学］，テーラーメイド医療等々のポストゲノム研究の中で，Bio-Imaging（画像）による解析は改めて注目されており，更に診断・治療へとその応用範囲を拡大させている。その主流を成しているのが，蛍光試薬を用いる方法で，免疫組織細胞化学「蛍光抗体法」を始め，DNAマイクロアレイ解析，「蛍光プローブ法など生体分子の検出」に汎用されている。場（時間軸をふくめた）の概念を包括したtargetの細胞内局在やその分子動態を時間的，空間的挙動を可視化する解析技術が求められており，GFP（Green Fluorescent Protein）に代表される蛍光タンパク質等が幅広く活用され，さらには標的分子の動態をより正確にモニタリングする手段など，新しい技術が求められている。

　本稿では，それらの新技術の中の，新しい蛍光プローブについて述べる。

　従来の蛍光物質の欠点とされていた「退色」を限りなく開放し，微弱陽性反応の増強性に優れているなどの利点を有したナノクリスタル（重金属・半導体）蛍光物質の免疫組織細胞化学と，ナノクリスタルの重金属という性格を活用した免疫電顕への応用について紹介する。

4.2 量子ドット Quantum dot（Qdot）

　本項で紹介する量子ドット・ナノクリスタル Quantum dot（Qdot）は硫化カドミウム，セレン化カドミウム，塩化銅などの発光性ナノ粒子（直径数nmの半導体素材）のうちセレン化カドミウムからなる新しい蛍光プローブである[1〜10]。

　従来の蛍光色素と異なる利点は，ナノクリスタル粒子径のサイズ（バンドギャップ）に依存して発光蛍光波長が決定される点である。これは1つの励起波長（レーザ光）で複数の蛍光が得られることを意味する。そしてこの蛍光は，卓越した光安定性（長時間の検出が可能），退色が遅い（生きた細胞での（経時変化）観察に有利），極めて明るい蛍光（感度の向上，定量的な検出），検出波長の分布がシャープ（波長の重なりが少ない），複数の蛍光標識を同時に解析可能，ストークスシフトが長い（自家蛍光の影響を受けにくい）などである。さらに素材が重金属による半導体であるので，電子密度を有する決定的なアドバンテージがある。また生細胞にもQdotは応用可能なため，in vivo, in vitoro, macro, micro, confocal, ultrastructureなど一連の解析へと

＊　Johbu Itoh　東海大学　医学部　教育・研究支援センター　細胞科学部門

その範囲は拡大される。

4.2.1 蛍光とは

外部より吸収したエネルギーにより,物質は,安定な基底状態から不安定な励起状態に遷移する。不安定な励起状態から安定な基底状態に戻るときに,励起された分子は,振動,熱などの形でエネルギーを失うにつれて振動準位を下げ,ついで高い電子状態の励起状態から放射遷移が起こる。この過程で放出される光が蛍光である。蛍光は入射より低い振動数のところで起こる(ストークスの原理)が振動エネルギーをロスした後に蛍光放射が起きるからである(図1)。

4.2.2 通常の蛍光色素の蛍光特性

吸収スペクトルは高い側のエネルギー状態に特有の振動構造を,蛍光スペクトルは,低い側の状態に特有の構造を示す。また蛍光は低振動数側にずれて吸収の鏡像に似たものとなる(ストークスの原理)(図2)。

4.2.3 量子ドット (quantum dot)

今回紹介する量子ドット(quantum dot)は,selenium セレン(Se),cadmium カドミウム(Cd)の異核2原子分子(CdSe)による半導体である。

量子ドット(quantum dot)においては,電子は3次元的な微少空間に封じ込められ(量子効果),運動が束縛されている。半導体を光で励起すると電子と正孔(ホール)対ができ,より小さい粒子は,電子とホールがより近く存在し,近ければ近いほどバンドギャップは広がり,励起に必要なエネルギーは高く,従って放射されるエネルギーも大きくなる(青色に近くなる)[5]。

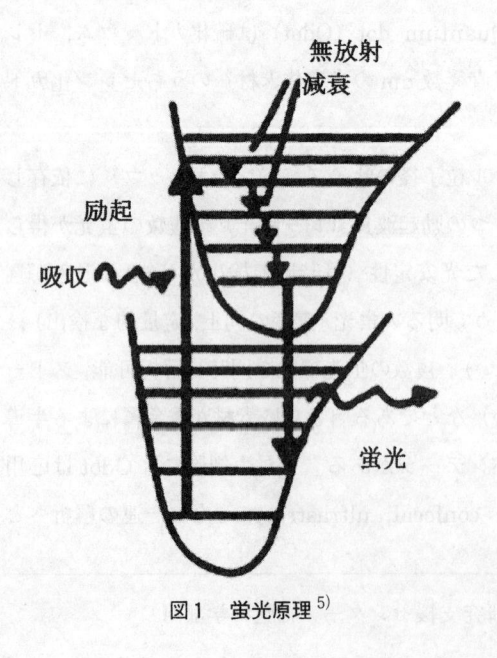

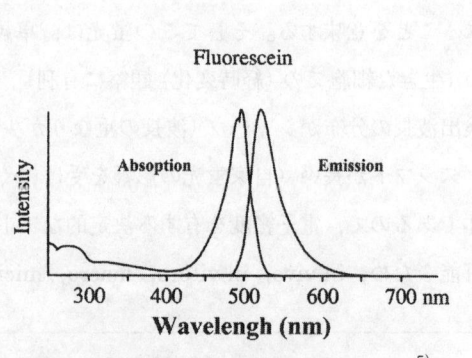

図1 蛍光原理[5]

図2 通常蛍光色素(FITC)スペクトル[5]

第4章 ナノ蛍光体の応用への展望

微小結晶構造における半導体の電子

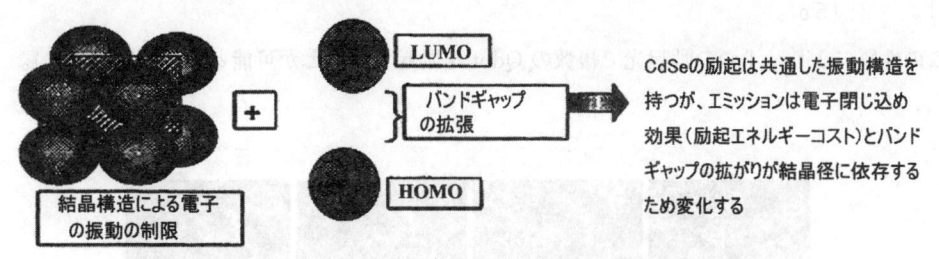

CdSeの励起は共通した振動構造を持つが、エミッションは電子閉じ込め効果（励起エネルギーコスト）とバンドギャップの拡がりが結晶径に依存するため変化する

図3 微小結晶（ナノクリスタル）構造における半導体の電子[5]

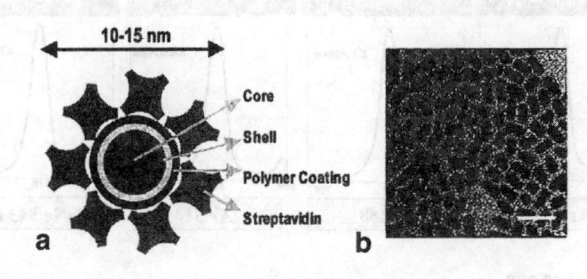

図4 Qdotの模式図[5]

すなわち、プローブとして用いる quantum dot の粒子径が小さいほど青色、大きい程赤色の蛍光を発する。

Qdot にストレプトアビジンなどをコーティングして生体分子との親和性を持たせる工夫が為されている。Streptavidin 標識 Qdot はナノメートル・スケールの半導体素材（CdSe）の結晶（Core）から成り、光学特性を改良するため外殻にさらに半導体（ZnS）がコーティングされている。これらの粒子は最大蛍光波長が 605 nm または 655 nm で、その最大波長を中心に対称的でシャープな蛍光スペクトルを有している。このコアーシェル部分（図4b）の光学特性を保持し、生体分子への結合性を持たせるため、ポリマーで外殻をコーティングしている。このポリマー層に直接 streptavidin が結合した構造になっている（図4a）。Streptavidin 標識 Qdot は巨大分子またはタンパク質（～10-12 nm）ほどのサイズである。

4.2.4 Qdot（quantum dot）の蛍光特性

従来の蛍光色素は、励起と蛍光スペクトルの関係はいわば相似形に近く比較的小さなストークス・シフトしか存在しない（図2）。従って最適な励起波長が蛍光ピークのすぐ近くに来ることになり、極めて近接している場合が多いが、Qdot の場合これとは全く異なり、通常の蛍光色素の様な最大吸収ピークは持たず、蛍光波長より短い波長域であれば、どの波長でも励起可能である。図5a-d に示すように、Qd 605 を異なるレーザ光（Ar 458, 488, 514, HeNe 543）で励起して

ナノ蛍光体の開発と応用

も，同様に蛍光波長を得ることができる。励起エネルギーが高い（波長が短い）ほど蛍光発光効率はよい（図5e）。

この性質により，1つの励起光で複数のQdotを励起することが可能となる（図6，7）。

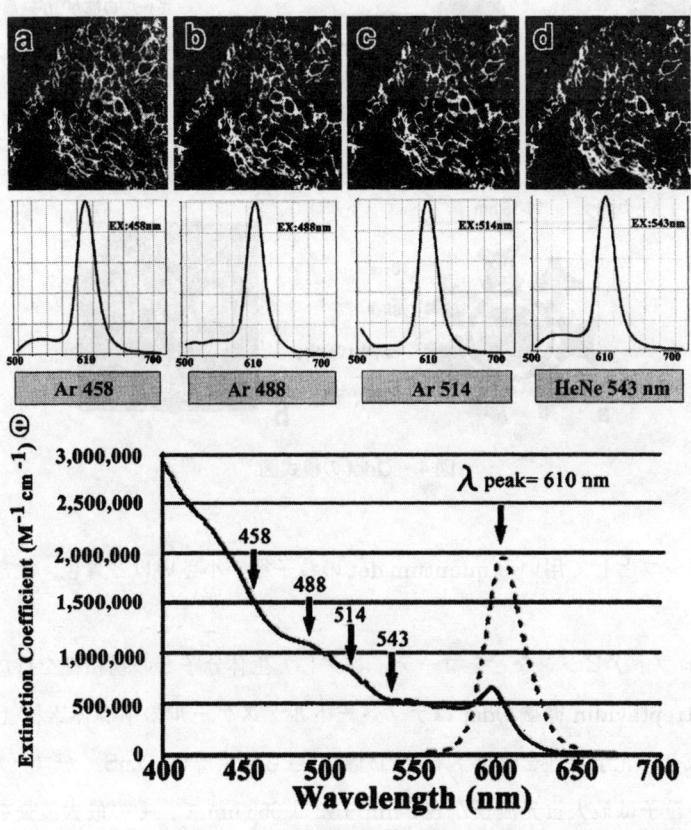

図5　Qdotの吸収特性と蛍光特性

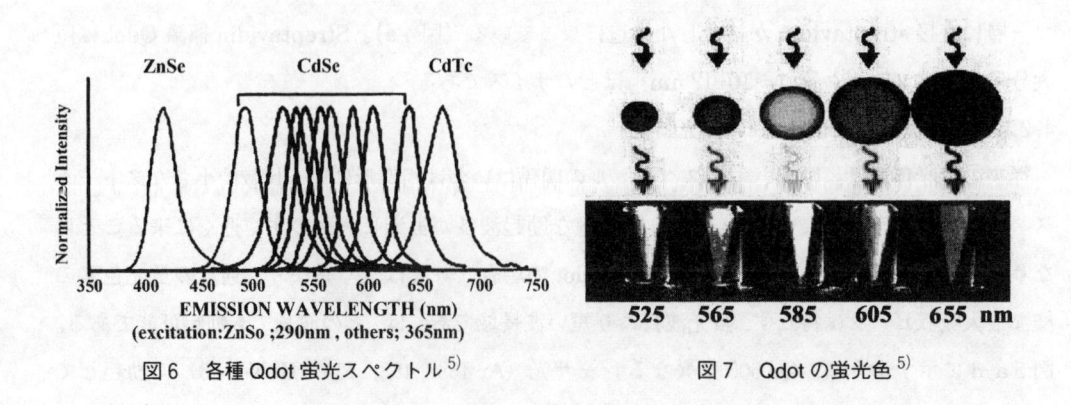

図6　各種Qdot蛍光スペクトル[5]

図7　Qdotの蛍光色[5]

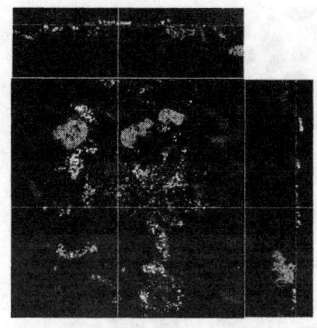

第4章　ナノ蛍光体の応用への展望

図8　GH-HRP-DAB 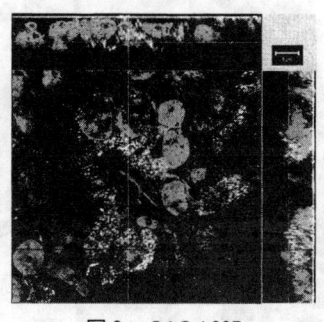　　　図9　SAQd 605 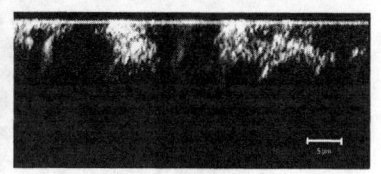　　　図10　SAQd 605 cutting image

4.3　Qdot の免疫組織化学への応用

4.3.1　ラット下垂体における成長ホルモン（Growth Hormone；GH）の局在[8]

　ラット下垂体における GH の共焦点レーザ走査顕微鏡（Confocal Laser Scanning Microscopy；CLSM）観察例で，GH-Qd streptavidin 605（GH）を Argon 488 レーザで励起している。対照試験として GH-HRP-DAB の組み合わせを施行している。極めて明瞭に分泌顆粒に GH（図中の白い顆粒状の反応物）の局在を認める（図 8～10）。DAB 反応に比べて Qdot 反応は，深部まで観察される。

4.3.2　免疫電顕への応用例

　図11は，ラット下垂体における GH の局在を post embedding 法で免疫電顕観察を施行した例である。陽性対象として Protein A Gold 法を用いている。Protein A Gold 法では，抗原の検出が主であったが，Qd では，その局在様式までも識別できると思われる。

　図12は，ラット下垂体における GH の局在を pre embedding 法で免疫電顕観察を施行した例である。

　陽性コントロール（図12a）従来の HRAP-DAB-OsO4 による免疫電顕で分泌顆粒上に GH の局在を認める。一方実験群（図12b）においても陽性コントロール同様分泌顆粒上に GH の陽性所見を認める。

　このように免疫電顕観察（pre-, post-embedding 法）においても，Qdot は観察可能であることが示され，さらに分布状態などの解析から，機能的な状態までも推測できると思われる。今後さらにその応用が期待される。

4.4　Living Cell 観察への応用

　ヒト乳がん腫瘍培養株 BT 474 を用いた Qd 655 conjugated anti-HER 2［Human Epidermal growth factor Receptor（HER 2）］抗体による Living Cell 4次元観察への応用を示す。

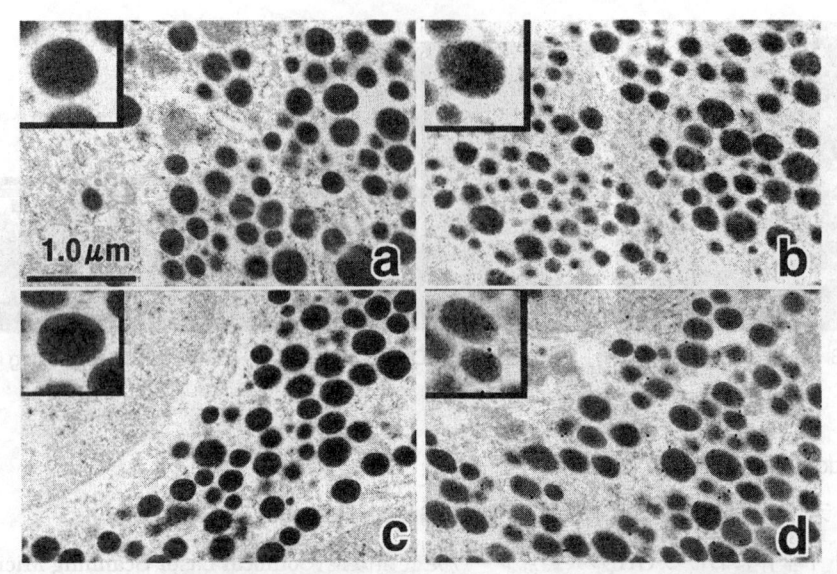

図11 免疫電顕 (post embedding 法) によるラット下垂体 GH の局在観察
a：negative control (1st antibody (Ab)：(BSA-PBS), b：1st Ab (anti-GH), c：positive control (1st Ab anti-GH, 2nd Ab Protein A Gold 10 nm), d：positive control (1st Ab anti-GH, 2nd QdSA (streptavidin) 605)

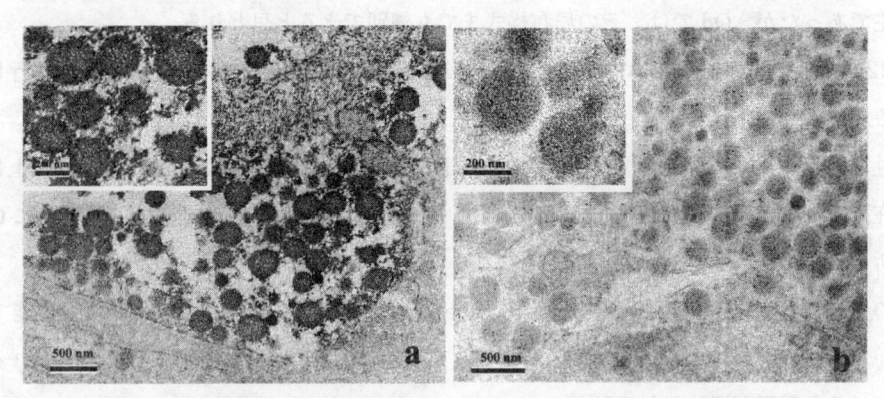

図12 免疫電顕 (pre embedding 法) によるラット下垂体 GH の局在観察
a：GH-HRP-DAB+OsO4　b：GH-QdSA605

第4章 ナノ蛍光体の応用への展望

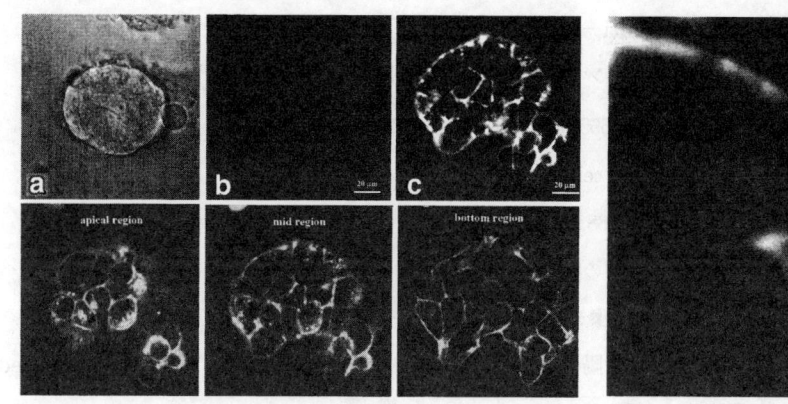

図13 Living Cell 観察
a, b：negative control　a；透過像，b；蛍光観察像
c：Qd 655 conjugated anti-HER 2 antibody の反応した蛍光画像

図14 図13 c 高倍率画像

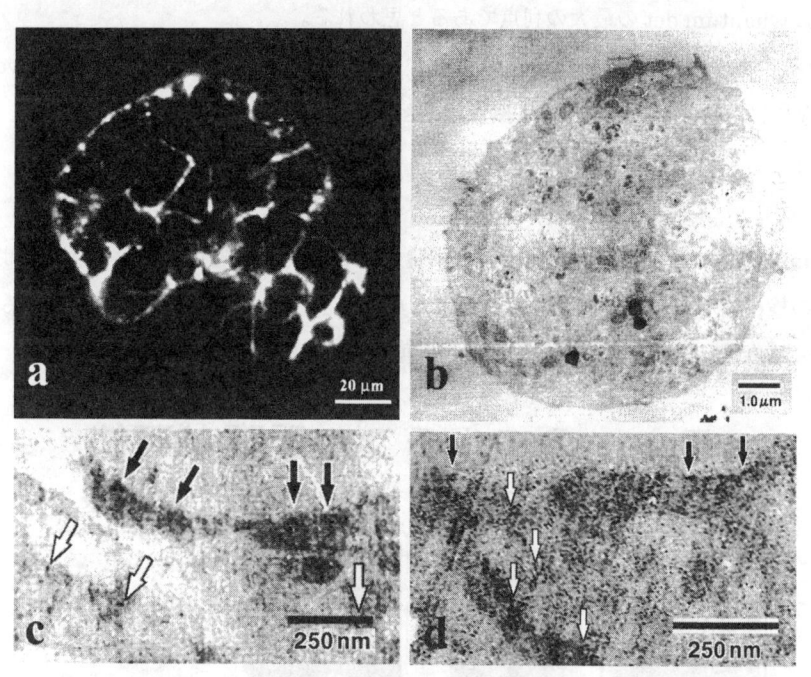

図15 Qd 655 の電顕像
黒矢印：細胞膜表面，白矢印：細胞内に取り込まれたQd陽性像が観察できる。

213

培養細胞にQd 655 conjugated anti-HER 2を滴下し，5分間静置し，その後CLSMにて，finger print method（フィンガープリント法）より4次元観察を行った（図13，図14）。

Immunocytochemical direct method：Qd 655 conjugated anti-HER 2 antibody

Living cells：BT 474 human breast tumor cell line,

CLSM：LSM 510-META（Carl Zeiss），488 nm Argon ion laser ray, time raps image.

Finger Print Method：あらかじめ目的の物質の蛍光スペクトルを入手登録しておき，観察時にそのスペクトルと合致したシグナルのみにより，画像を形成する方法。

図13a，bの陰性コントロールでは，陽性反応を認めないが，実験群では，Qd 655 conjugated anti-HER 2 陽性反応を細胞膜上に認める。

観察終了後，直ちに，4% PFA（paraformaldehyde）+0.5 GA（gutaraldehyde）固定を施し，型どおりLR white樹脂包埋，超薄切片を作成，電顕観察を施行した。図15にこの細胞の電顕観察像を示す。

このように，in vivo imagingで捉えられたtargetをそのまま，電顕レベルで観察できるのは，まさにQuantum dotの最大の利点であると思われる。

図16で示すように，Qdotをtargetのマーカーとして使用することにより，in vivo，in vitroから光学顕微鏡，レーザ顕微鏡，電子顕微鏡へと一連の観察を行うことが可能となる。

4.5 まとめ

Quantum dotプローブを用いた免疫組織細胞化学の新技法を紹介した。この技法は従来の蛍光抗体法の検出精度を一段と向上させると考えられ，さらに電顕観察をも可能とする。本手法が，免疫電顕の新しい解析方法の1つとして発展することを期待したい。

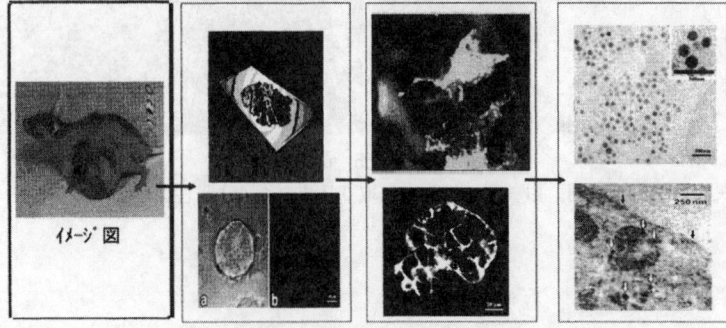

図16 サマリー

第4章 ナノ蛍光体の応用への展望

文　献

1) Tokumasu, F. & Dvorak, J., Development and application of quantum dots for immunocytochemistry of human erythrocytes, *J. Microscopy*., 211, pp. 256(2003)
2) Jayne M. Ness, Rizwan S. Kevin A. Roth *et al*., Combined Tyramide Signal Amplification and Quantum Dots for Sensitive and Photostable Immunofluorescence Detection, *JHC*, 51, pp. 981-987(2003)
3) Dickinson ME, Simbuerger E, Fraser SE *et al., J Biomed Opt.,* 8, 329 (2003)
4) Liang Zhu, Simon Ang, and Wen-Tso-Liu., Quantum Dots as a Novel Immunofluorescent Detection System for Cryptosporidium parvum and Giardia lamblia, *AEM*, 70, pp. 597-598(2004)
5) Qdot^{TM} Streptavidin Conjugates User Manual, Cat. # 1000-1, Cat. # 1001-1, Cat. # 1002-1, Cat. # 1003-1, Cat. # 1004-1, Cat. # 1005-1, Quantum Dot Corporation CA USA
6) Li Wenhum, Xie Haiyan, Xie Zhixiong *et al*., Exploring the mechanism of competence development in Escherichia coli using quantum dots as fluorescent probes, *JBBM* 58, pp. 59-66(2004)
7) 伊東丈夫，共焦点レーザ顕微鏡によるナノクリスタル3次元スペクトル解析，組織細胞化学 2004, 学際企画，pp. 289-296 (2004)
8) 伊東丈夫，蛍光抗体法の新たな展開－ナノクリスタル免疫蛍光抗体法，組織細胞化学 2006, 日本組織細胞化学会，pp. 25-34 (2006)
9) Inomoto C, Itoh J, Osmaura RY. *et al*., Granulogenesis in Non-neuroendocrine COS-7 Cells Induced by EGFP-tagged Chromogranin A Gene Transfection: Identical and Distinct Distribution of CgA and EGFP, *JHC 2007 May*, 55(5), 487-93, Epub 2007 Jan 22.
10) Itoh J, Osamura RY, Quantum dots for multicolor tumor pathology and multispectral imaging, *Methods Mol Biol.,* pp. 374, 29-42(2007)

5 生体反応検出用蛍光プローブへの応用

古性 均[*1], 長崎幸夫[*2]

5.1 はじめに

　高い蛍光量子収率を有する半導体ナノ粒子の合成法が確立され，それら粒子のバイオイメージングへの応用研究が現在活発に展開されている。特に可視光領域で発光するCdS，CdSe-ZnS（コアシェル構造），ZnTe，ZnSeがこの分野では多く検討されている。これら半導体ナノ粒子はその光学特性が粒子径に依存して変化することが量子サイズ効果として知られている。具体的には数十ナノメートル以上の粒子においてはその特性はほぼ巨大結晶のそれと一致すると考えられているが，十ナノメートル以下の結晶においては，その粒子径の減少に伴って光学遷移の最低エネルギーが増大する現象が現われる。この現象を量子サイズ効果という。これら半導体ナノ粒子は有機蛍光体とは異なり耐候性に優れ，また粒子径を整えることにより，非常に色純度の高い材料が得られ，更に単波長励起でマルチ発光させることができることから，その粒子径分布を狭めるさまざまな合成法が検討され，一部技術は商業化されるに至っている。これら粒子の発光量子収率も80％を超え半導体ナノ粒子合成技術はほぼ完成したといえる。

　現在，広く言われているナノテクノロジーとは，ナノ粒子の合成ではなく，ナノ粒子を，例えば規則性を持たせた配列，集積また，特殊分子による粒子表面の修飾（複合化）により，新たな機能を発現させることである。我々バイオイメージングの分野でもこれら半導体ナノ粒子は，幅広い光吸収領域とシャープな蛍光発光特性，単波長励起での多色発光を可能とすることからハイスループットマルチバイオ分析，分子認識分野への展開が期待されている。

　本節では先ず，高い蛍光量子収率を有する半導体ナノ粒子の合成の歴史と生体分子とのコンジュゲートを可能とする粒子表面の構築，さらに半導体ナノ粒子からの蛍光共鳴エネルギー移動（Fluorescence Resonance Energy Transfer：FRET）を医療診断に応用した分子認識とバイオタグへの応用技術に関して紹介したい。

5.2 半導体ナノ粒子の合成

　半導体ナノ粒子の合成法としては，一般的に逆ミセル法が広く用いられる。ビス（2-エチルヘキシル）スルホコハク酸（AOT）で形成されるミセル径はAOT濃度で制御することが可能なため，この形成されたミセル中で半導体ナノ粒子を合成することにより非常に粒子径の整った粒

[*1] Hitoshi Furusho　筑波大学　数理物質科学研究科　物性・分子工学専攻
　　　　　　　　　　日産化学工業㈱　物質科学研究所　合成研究部　主任研究員
[*2] Yukio Nagasaki　筑波大学大学院　数理物質科学研究科　物性・分子工学専攻　教授

子を合成することが可能となった[1]。一方，粒子径が小さくなる場合，その表面の結晶欠陥は無視できない。また，反応温度が低いと結晶化が不十分であるため高い発光量子収率は望めない。これを解決する手段として1993年，マサチューセッツ工科大学のグループからホットソープ法が提案され[2]発光量子収率の非常に高い半導体ナノ粒子の合成が可能となった。これは，トリ-n-オクチルホスフィンオキシド（TOPO：$(C_8H_{17})_3PO$）またはトリ-n-オクチルホスフィン（TOP：$(C_8H_{17})_3P$）を配位子として使用し，高温状態（200〜300℃）に保ちながら半導体粒子の原料である有機金属化合物を添加する方法である（図1）。更に，表面に存在するであろう結晶欠陥を抑制する方法として格子不整合が小さく，比較的大きなバンドギャップを有する化合物でコアシェル構造を形成させる方法が開発され，例えば，CdSe-ZnSのコアシェル構造で，その発光量子収率は80％まで向上した[3]。

また，近年低温での半導体粒子合成の検討も活発に行われ，産業技術総合研究所のグループはマイクロリアクターを用いた半導体ナノ粒子の合成を150℃という低温で行い，発光量子収率70％の粒子合成に成功している[4,5]。

5.3 半導体ナノ粒子の安定分散

ナノ粒子をバイオ材料として用いる場合，生体環境下で分散安定化する工夫が必要である。例えば，ヒトの血液ではpH＝7.4，塩分濃度150 mM程度とされているが，半導体ナノ粒子を生体環境下で使用するのであれば，ナノ粒子の凝集を防ぐために何らかの方法で粒子表面を修飾する必要がある。

微粒子の多くは等電点を持つ。等電点付近では粒子表面の電荷が小さく，電荷反発が減少し凝集するが，この表面電荷をpHを調節して安定に保つことにより溶液中における微粒子の分散安定性を確保できる。これは静電的安定化といわれ一般的に用いられる方法で，特に粒子質量の小

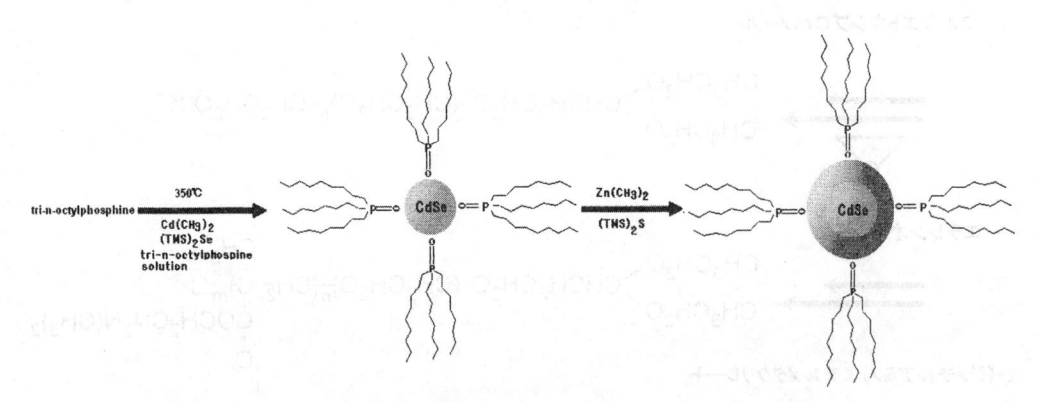

図1　TOPOを利用するCdSならびにCdS/ZnSナノ粒子の合成スキーム

さいナノ粒子では浮力，運動エネルギーが小さい一方，表面積が大きいためこの静電的安定化の作用は大きい。しかし，この方法は，熱や電解質投与に弱く，容易に凝集を引き起こすためバイオ材料には用いることができない。そこで，我々は研究の当初からポリエチレングリコール（PEG）に着目し，半導体ナノ粒子表面への固定化の検討を行ってきた。PEGは無毒性，高光透過性，高水溶性の他に体積排除効果に基づく分子間の凝集抑制能を兼ね備えており，これを半導体ナノ粒子表面に固定化することで粒子の分散安定化を実現する。半導体ナノ粒子表面へのPEGの固定化は現在まで共有結合や金属錯体形成反応を利用する方法が提案されているが[6]，そのなかで，我々のグループは3級アルキルアミンに注目し，PEGとのブロック共重合体（PEG-b-PAMA）（図2）を合成し，このPEG-b-PAMAのアミンサイトを粒子表面に吸着させることによって分散安定性に優れる硫化カドミウム（CdS）ナノ粒子の合成法を提案した[7,8]。合成法は非常に簡便で，同ブロック共重合体と塩化カドミウムを水に溶解し，これに還元剤として硫化ナトリウムを添加することで粒子表面にPEG-b-PAMAが吸着した粒子が合成できるものである。得られた粒子の分散安定性に対するイオン強度依存性を，修飾を施していないCdS（a），末端水酸基PEGを添加したCdS（b），更にPAMAのみを添加したCdS（c）で比較すると，（a）および（b）は塩を添加する以前に凝集が確認され，また（c）は塩添加しない溶液環境下ではかろうじて安定分散するものの，高イオン強度の溶液環境では凝集を起こす。これに対して，PEG-b-PAMA修飾したCdS（d）は0～0.3のいずれのイオン強度環境下にお

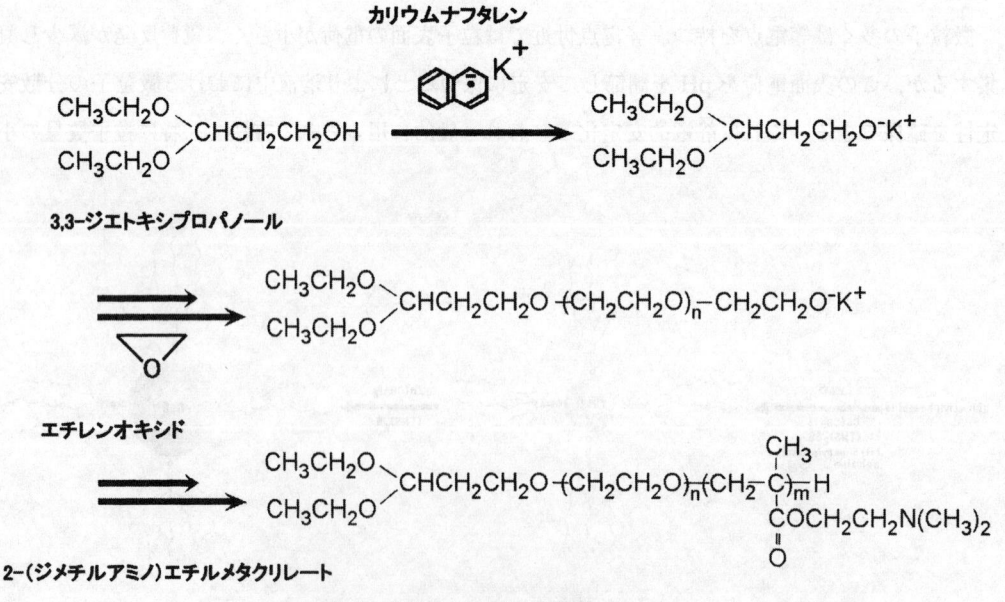

図2　PEG-b-PAMAの合成スキーム

第4章 ナノ蛍光体の応用への展望

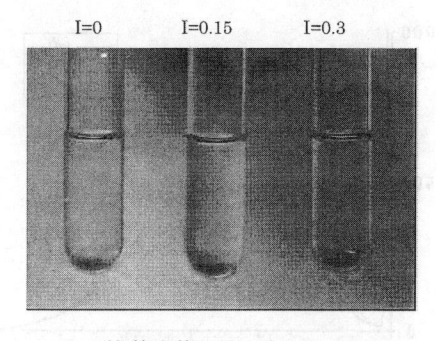

(a) 修飾を施していないCdS　**(b) 末端水酸基PEGを添加したCdS**

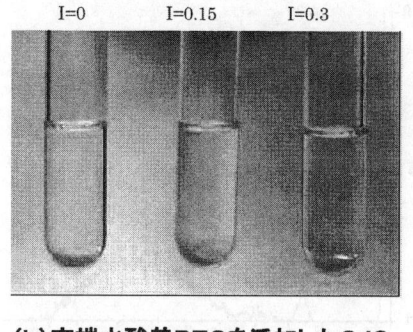

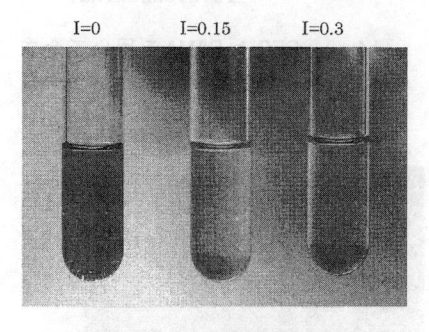

(c) PAMAのみを添加したCdS　**(d) PEG-b-PAMA修飾したCdS**

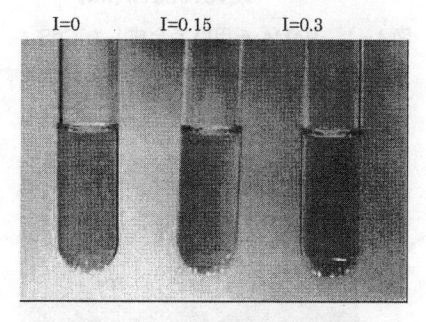

図3　各種表面修飾剤によりコートされたCdSナノ粒子の分散安定性及び分散安定性のイオン強度依存性

いても安定分散し(図3)，更に，遠心分離による精製後の再分散も可能であることから，PEG-b-PAMAの粒子表面への吸着も強固なものであることが確認された。また，PAMA及びPEG-b-PAMAを用いて合成したCdSナノ粒子の蛍光発光特性を見ると，図4-1, 2に示すようにPAMAを用いて合成したCdSナノ粒子（I=0）がほとんど蛍光発光を示さないのに対してPEG-b-PAMAを用いて合成したCdSナノ粒子はイオン強度0.3においても高強度で発光していることが示されている。このことはPAMAのCdS粒子表面への吸着が弱いため凝集を引き起こしているのに対してPEG-b-PAMAの吸着が非常に強固であることを示すものと考えている。透過型電子顕微鏡によるPEG-b-PAMA固定化CdS粒子の観察結果を図5に示す。この方法による表面修飾型半導体ナノ粒子の生成メカニズムは不明な点が多いが，現在我々のグループでは次のように考察している。一般にポリアミンはその分子構造にもよるが，金属イオンと錯体形成を起こすため，ブロックポリマー存在下ではマイクロ反応場内に金属イオンは補足されていると考えられる。この混合溶液中にNa$_2$Sを添加すると，その低い溶解度積（5×10^{-28} mol^{2}L^{-2}）のため共沈作用によりCdS半導体の析出が起こるが，ブロックポリマーによるマイクロ環境下

図4-1　PAMAを用いて合成したCdS
　　　 ナノ粒子の発光特性

図4-2　PEG-b-PAMAを用いて合成
　　　 したCdSナノ粒子の発光特性

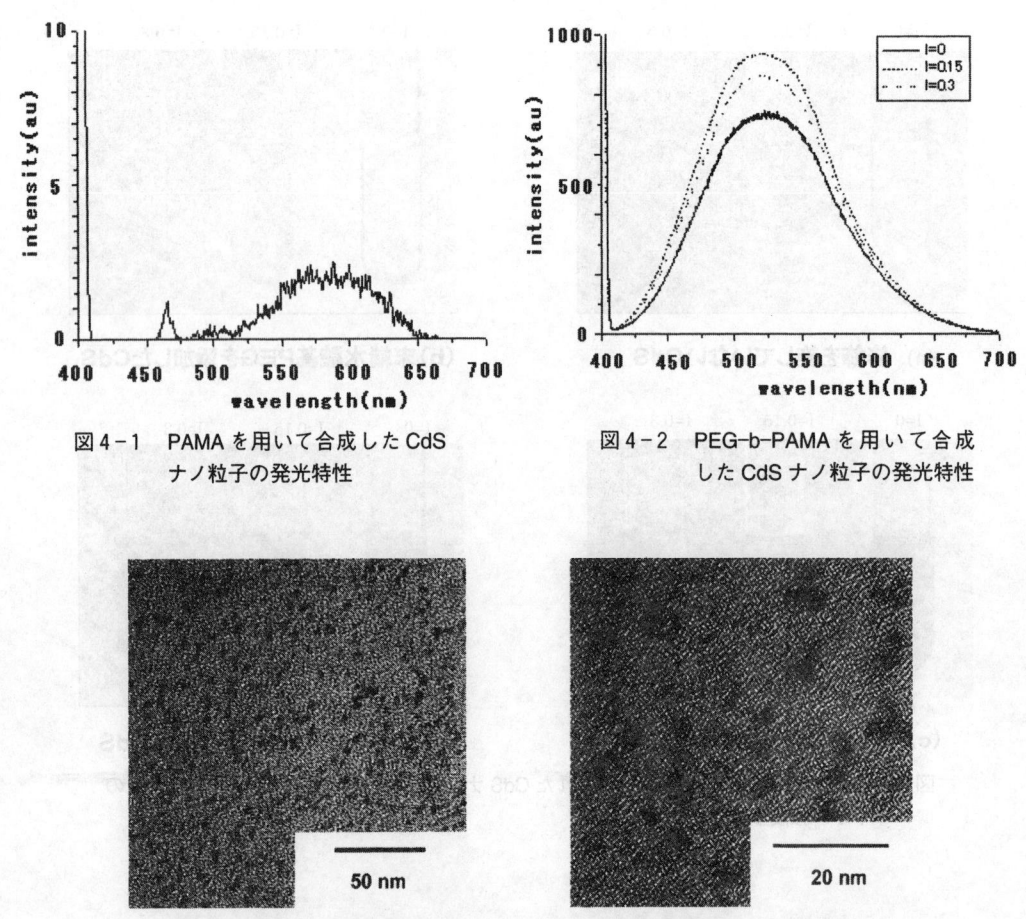

図5　PEG-b-PAMA固定化CdSナノ粒子の電子顕微鏡写真（分散状態）

での結晶析出のため，結晶の成長が抑制され，ナノサイズで得られるものと考えられる。成長した粒子はPEG-b-PAMAマトリックスの立体的障害によって高イオン強度下においても凝集が抑制されるものと考えられる。

5.4　発光微粒子のバイオセンサーへの応用

ここでは，半導体ナノ粒子のバイオセンサーへの応用例として，我々のグループが検討した共鳴エネルギー移動（Fluorescence Resonance Energy Transfer：FRET）を用いた生体分子認識について説明し，さらに，半導体ナノ粒子の単波長励起によるマルチ蛍光発光特性を応用した生体分子認識バーコードに関する事例について説明する。

これら半導体ナノ粒子をバイオセンサーとして応用した例としては，先ずFRETがあげられる。PEGは先にも述べたように水に対する親和性が高く分散安定性に優れることのほかに，生

体材料の見地から中性高分子であり,優れた生体適合性を有し,非特異吸着抑制などの効果が期待される。我々のグループでは早くからこの PEG の片末端に,生体分子認識リガンドを導入したヘテロ二官能 PEG を検討し,バイオセンサーとしての応用を検討してきた[9]。ここでは特に PEG-b-PAMA の片末端にビオチンを導入したポリマーで表面修飾した CdS ナノ粒子とテキサスレッドをコンジュゲートしたストレプトアビジンとの分子認識機構を例に説明する。

センサー粒子として合成された片末端に生体物質リガンドとしてヒドラジン基を有するビオチンを導入した PEG 化 CdS 粒子と,蛍光標識(この場合テキサスレッド;TR)したストレプトアビジンとはビオチンリガンドとの間で選択的な反応を起こし,それにより蛍光物質同士が近接する。この為,ある励起光で CdS を励起するとそのエネルギーは TR に移動し,赤色蛍光を発色する。FRET によるエネルギー移動の効率 E_T は,励起エネルギーの移動速度が発光,遷移速度,無放射遷移よりも速ければ大きくなる。この為 FRET の起こりやすさは次の三つのパラメータによって決まる。

① ドナーの発光遷移モーメントとアクセプターの吸収遷移モーメントの相対的な向き
② ドナーの発光スペクトルとアクセプターの吸収スペクトルの重なりの程度
③ ドナーとアクセプターの間の距離

50 %の FRET 効率を与える距離は Förster 半径と呼ばれ,R_0 で表される。R_0 はドナーとアクセプターの組み合わせによって決まる値であるが,ドナーとアクセプターが R_0 より近傍にある場合は高い効率で FRET が起こるが,R_0 より離れると FRET 効率は極度に低下し,距離の増大とともに 0 に近づく。実際の Förster 半径は 2〜10 nm 程度とされる。

実際に検討したバイオセンサーとして,ビオチン—アビジンにより起こる FRET を蛍光スペクトルで可視化した実験例を示す。片末端をビオチン化した PEG-b-PAMA-CdS ナノ粒子溶液中,一定量の TR 修飾ストレプトアビジンを添加(I=0.15)し,400 nm 励起波長による蛍光発光挙動を観測した(図 6)。400 nm で励起した場合,フリーの TR 標識化ストレプトアビジンの発光はほとんど観察されない(図中 c)。これに対して,ビオチン末端を有する PEG-b-PAMA 固定化 CdS に TR 標識化ストレプトアビジンを添加した場合,CdS 粒子の発光と共にテキサスレッド由来の強い蛍光が観察された(図中 b)。また,コントロール実験として,ビオチンを持たない PEG-b-PAMA を固定化した CdS ナノ粒子に TR 標識化ストレプトアビジンを添加しても TR 由来の蛍光が観測されなかったことから,ビオチン—アビジンの選択的な分子認識が同粒子表面上で発現していることが明らかとなった。

図 7 は半導体ナノ粒子の存在しない条件下での TR の発光ピーク面積を S_0,それぞれの CdS 濃度における TR のピーク面積を S_x として,S_x-S_0 を算出し,その CdS ナノ粒子濃度依存性を示す。この図からビオチンを末端に有する PEG-b-PAMA を用いた場合,CdS 濃度増加と共に

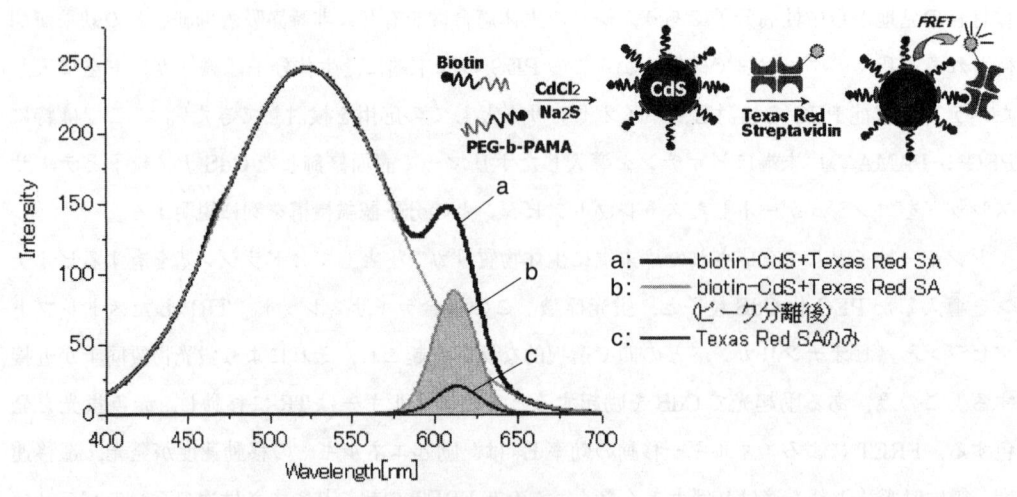

図6 ビオチン-PEG-b-PAMA修飾CdS粒子とストレプトアビジンの反応に伴う蛍光スペクトル変化

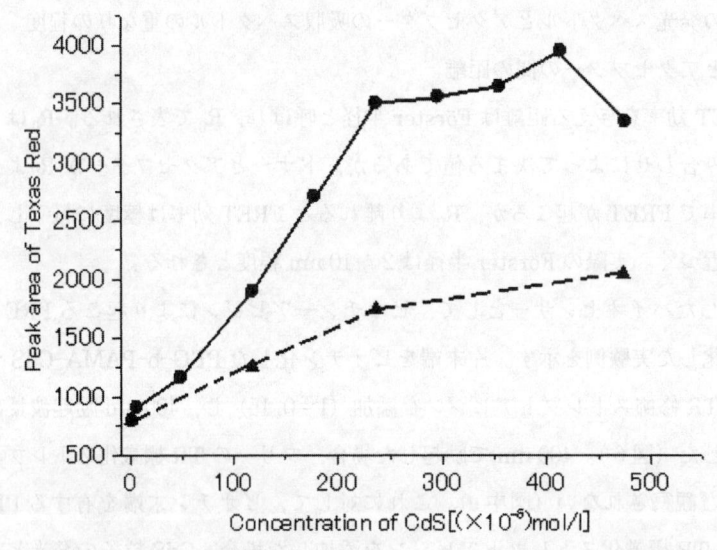

図7 Acetal-PEG-b-PAMA（破線）及びビオチン化PEG-b-PAMA（実線）で表面修飾した蛍光粒子を用いたFRETによるエネルギー移動挙動

エネルギー移動によるTRの発光強度が増加しているのに対して，アセタールを末端に有するPEG-b-PAMAでは蛍光物質間の距離が接近しにくいためエネルギー移動が起こりにくくTRからの蛍光発光強度が上がらないことが示された。これらのデータは，ビオチン―ストレプトアビジン間の分子相互作用によるFRETが起こっていることを裏付けていると同時に，PEGが本来持つ排除体積効果に基づく高い分子吸着抑制能にもかかわらず，CdS表面に固定化されたビオ

チン化PEGは認識素子の分子認識能を低下させることなく生体分子認識が可能であるということを示している。

以上述べた事例は単色蛍光発光の半導体ナノ粒子による分子認識である。半導体ナノ粒子の1つの特徴は先にも述べたが，粒子径に依存した単色励起波長によるマルチ蛍光発光である。この特性を用いれば多種の生体分子をさまざまな粒子径の半導体ナノ粒子で標識し，単発光励起することにより標識生体分子を同時にモニターできることになる。Gao等のグループは6種類の波長の異なる（粒子径の異なる）CdSe-ZnSコアシェル構造粒子を合成し，これら粒子をラテックス粒子に正確な比率で含有させることでその強度を10段階に調整し，約100万の生体分子認識が可能なバーコード粒子が得られることを報告している[10]。このように半導体ナノ粒子は現在医療診断分野へ積極的に応用展開され今後ハイスループット診断への応用が期待される。

5.5 まとめ

我々はナノテクノロジーの分野の中で特に，蛍光体ナノ粒子表面をヘテロ置換型PEGにより修飾しバイオセンサーとして応用する検討を行ってきた。この粒子複合化に関して，その表面修飾剤に求められた特性は，粒子表面への安定な吸着，pHや塩濃度に左右されない溶液中での安定分散，さらに，生体分子をセンシングする生体分子リガンドの導入など，多岐にわたっており，さらにこの多くの機能を1つの表面修飾剤に集積させることが求められてきた。今回紹介したヘテロ置換型PEGはこれら必須条件の全てを備えた分子であり，さらに多くのリガンドの導入が可能であることから，今後半導体ナノ粒子のみならず多くの金属表面を使ったバイオを含むセンシング分子材料として期待されると考える。

文　献

1) M. L. Steigerwald, A. P. Alivisatos, J. M. Gibson, T. D. Harris, R. Kortan, A. J. Muller, A. M. Thayer, T. M. Duncan, D. C. Douglass, and L. E. Brus, *J. Am. Chem. Soc.,* 110, 3046-3050 (1988)
2) C. B. Murray, D. J. Norris and M. G. Bawendi, *J. Am. Chem. Soc.*, 115, 8706-8715 (1993)
3) a) H. A. Margaret and S. -G. Philippe, *J. Phys. Chem.*, 100, 468-471 (1996) ; b) : *J. Am. Chem. Soc.,* 124 (9), 2049-2055 (2002) ; c) D. V. Talapin, I. Mekis, S. Götzinger, *J. Phys. Chem. B*, 108, 18826-18831 (2004)
4) 特許公開公報　特開 2006-143526

5) H. Nakamura, Y. Yamaguchi, M. Miyazaki, H. Maeda, M. uehara, and Paul Mulvaney, *Chem.Comm*., 23, 2884-2845(2002)
6) X. Gao, L. Yang, J. A. Petros, F. F. Marshall, J. W. Simons, and S. Nie, *Curr. Opin. Biotechnol.,* 16, 63-72 (2005)
7) Yukio Nagasaki, Takehiko Ishii, Yuka Sunaga, Yousuke Watanabe, Hidenori Otsuka, and Kazunori Kataoka, *Langmuir,* 20(15)6396-6400(2004)
8) Takehiko Ishii, Yuka Sunaga, Hidenori Otsuka and Kazunori Kataoka, *J. Photopolym. Scie. Tech*., 17, 95-98(2004)
9) a) Y. Akiyama, H. Otsuka, Y. Nagasaki, M. Kato and K. Kataoka, *Bioconjug Chem.,* 11, 947-950 (2000); b) S. Cammas, Y. Nagasaki and K. Kataoka, *Bioconjug Chem.,* 6, 226-230 (1995); c) Y. Nagasaki, M. Iijima, M. Kato and K. Kataoka, *Bioconjug Chem.,* 6, 702-704 (1995); d) Y. Nagasaki, T. Kutsuna, M. Iijima, M. Kato, K. Kataoka, S. Kitano and Y. Kadoma, *Bioconjug Chem.,* 6, 231-233 (1995)
10) M. Han, X. Gao, J. Z. Su, and S. Nie, *Nature Biotechnol*., 19, 631-635 (2001)

6 バイオラベル用蛍光プローブの作製と応用

朝倉　亮[*1]，磯部徹彦[*2]

6.1 はじめに

　蛍光を検出端とする分析方法は簡便で検出感度が高いため，生化学研究や医療診断における細胞イメージングや蛋白質の定量に広く用いられている。もっぱら蛍光物質として用いられているのは有機色素であるが，有機色素はラジカル化した溶存酸素の攻撃を受け退色を起こしやすい。また，代表的な有機色素であるFITCで30 nm，Cy 3で13 nmとストークスシフトが小さいため，励起光の迷光によりS/N比が低下する，単一励起波長による複数色の発色が困難であるといった欠点を有する。

　近年，この問題に対し様々な対策が考えられてきた。1つは有機色素をシリカなどのマトリクス中に閉じ込める方法である。ZhouらはCy 5をシリカ中に封止してプローブを作製し，光安定性が向上することを示した[1]。2つ目は錯体を用いる方法である。錯体は，励起した配位子からのエネルギー移動によって中心金属を発光させるため，有機色素よりもストークスシフトを大きくすることができる。また，蛍光寿命が数100μ秒と長いことを利用して，蛍光寿命がナノ秒である組織の自家蛍光と分離する時間分解測定を行うことにより，バックグラウンドを低下させることができる[2,3]。もう1つの方法は，無機ナノ粒子を利用する方法である。その中でもCdSe-ZnS量子ドットは研究の中心であり，単一励起波長での複数色の同時発色が可能，40％という高い蛍光量子効率，光退色に対する高い安定性という利点を有する[4~8]。

　本稿ではCdSe-ZnS量子ドットを例に挙げ，主に表面修飾に着目して解説する。また，その他の無機ナノ蛍光体のバイオ応用への動向についても簡単に触れる。

6.2 CdSe-ZnS量子ドット

6.2.1 CdSe-ZnS量子ドットの合成

　CdSe-ZnS量子ドットは通常ホットソープ法と呼ばれる方法で合成される[4~6]。これは，溶媒としてトリオクチルフォスフィン（TOP）やトリオクチルフォスフィンオキシド（TOPO）を用いる方法であり，図1のようにTOPやTOPOがナノ粒子表面に配位することで，粒子成長を抑制し，また粒子同士の凝集を防ぐ役割を果たしている。このようにして合成されたナノ粒子表面は疎水性であり，生体環境にはそのまま用いることはできない。そのため，量子ドットを親水性へ改質するために，これまで様々な方法が開発されてきた。

[*1] Ryo Asakura　慶應義塾大学　理工学部　応用化学科
[*2] Tetsuhiko Isobe　慶應義塾大学　理工学部　応用化学科　准教授

図1 ホットソープ法

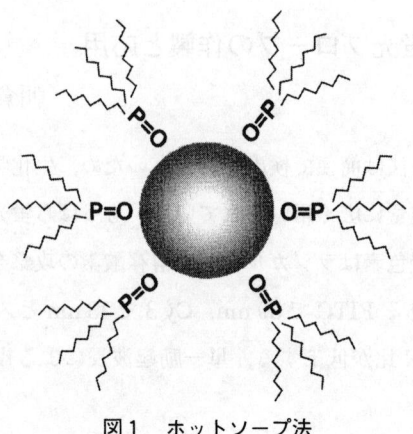

6.2.2 CdSe-ZnS量子ドットの表面修飾

初めに考えられたのがSH基を有する分子の利用である。これは金コロイドにもよく利用される方法であり，図2(a)に示すように量子ドット表面にSH基を共有結合的に配位させることで表面を修飾する。WarrenらはSH基とCOOHの両方を持つメルカプト酢酸を用いて，CdSe-ZnS量子ドットを修飾し，COOH基を量子ドット表面に導入することで親水性にすることに成功した[8]。MattoussiらはSH基を2つ有するジヒドロリポ酸を用いて，より強固に表面を修飾した[9]。

もうひとつは界面活性剤を用いた方法である。Dubertretらは図2(b)に示すようにポリエチレングリコール鎖を修飾したフォスファチジルエタノールアミンやフォスファチジルコリンといったリン脂質を用いて，CdSe-ZnS量子ドットをミセル化し親水性にした[10]。

次に考案されたのが，シリカやポリマーなどのマトリクスによって粒子を被覆する方法である。これには，図2(c)のように粒子表面で重合を行い量子ドットを1粒子ずつ被覆する方法[7,11]と，図2(d)のようにビーズの中に量子ドットを封止する方法[12,13]の2種類が考えられる。シリカやポリマーで量子ドットを被覆することで，金属イオンの溶出を抑制して毒性を低減することができ，また，その後の官能基や生体分子の導入を容易にすることができる。MarcelらはシリカでCdSe-ZnS量子ドットを被覆することで粒子を親水性にしたのちに，さらにシランカップリング剤で処理することで官能基を導入した[7]。Shengらはオリゴマーフォスフィンで被覆した量子ドットの共存下で乳化重合を行い，ポリスチレンビーズ中に量子ドットを封止した[13]。

このようにして親水性にした量子ドットを蛍光プローブとして用いるためには，さらに生体分子をコンジュゲートさせる必要がある。一般的には，量子ドット表面へCOOH基，NH_2基，SH

第4章 ナノ蛍光体の応用への展望

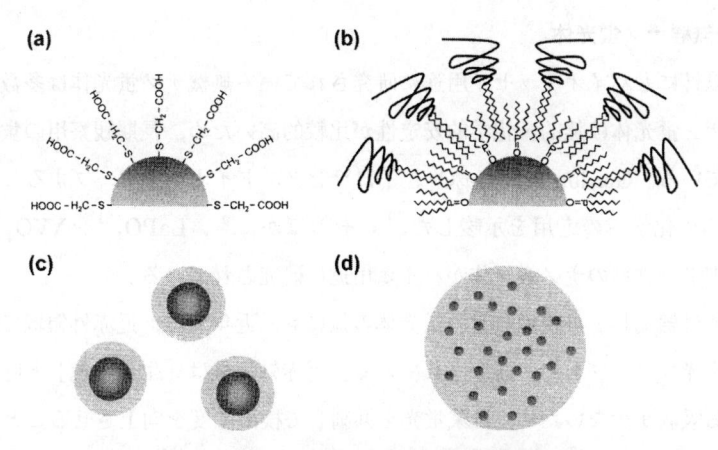

図2 CdSe–ZnS 量子ドットの表面修飾方法
(a) SH 基をもつ分子による表面修飾[8]；(b) 界面活性剤によるミセル化[10]；
(c) マトリクス被覆による表面修飾[7,11]；(d) マトリクス封止[12,13]

基などの官能基を導入した後に，それらと生体分子とを共有結合的に結合させる方法が採られている。それ以外の方法として，静電的な相互作用を利用した方法が挙げられる。Mattoussi らは，ジヒドロリポ酸によって量子ドット表面に COOH 基を導入したのちに，ロイシンジッパーと呼ばれる正に帯電したペプチドを静電的に量子ドット表面へ作用させることで生体分子とのコンジュゲートを行った[9,14]。

6.2.3 CdSe–ZnS 量子ドットの毒性

Cd はイタイイタイ病などの公害を引き起こした有害な元素であるが，CdSe–ZnS 量子ドットはこの Cd を構成元素として含んでいるため，その毒性が懸念される。Cd は肝臓と腎臓に蓄積されるが，低摂取量で毒性が現れ，体外への排出も遅く，慢性的なカドミウム中毒を治療する有効なキレート剤がないことが，その治療を困難にしている[15]。

Derfus らは CdSe が UV 照射によって Cd^{2+} となって溶出すること，また ZnS の被覆によって毒性は改善されるものの完全には Cd^{2+} の溶出を防ぐことができないことを報告した[16]。また，Shiohara らはメルカプトウンデカン酸とヤギ血清アルブミンで被覆した CdSe–ZnS 量子ドットを用いた場合，ZnS の被覆による溶出抑制の効果が十分でないことを指摘した[17]。一方で，Chen らは，CdSe–ZnS 量子ドットにシリカ被覆を施すことによってその毒性を低減し，長期にわたる観察が可能であると報告した[18]。Kirchner らは，細胞への取り込まれ方に着目し，細胞に取り込まれた場合はシリカ被覆を行った量子ドットでも Cd^{2+} の溶出に敏感に反応してアポトーシスが誘発されることを示した[19]。

6.3 その他の無機ナノ蛍光体

量子ドット以外にもバイオアッセイ用途に研究されている無機ナノ蛍光体は多数存在する。例えば、酸化物ナノ蛍光体は熱的・化学的安定性が比較的高いため、長期観察用の蛍光プローブとして注目されている。GordonらはGa_2O_3粒子にランタニドイオンをドープすることで、長残光性の蛍光粒子の生化学への応用を示唆した[20]。そのほかにも、$LaPO_4$[21]、YVO_4[22]を母体とするランタノイドドープ型のナノ蛍光体がバイオ用途に研究されている。

このような紫外線励起・可視域発光の蛍光体の他にも、近年では、近赤外領域で励起や発光を行う蛍光体も蛍光プローブとして研究されている。近赤外領域は「生体の窓」と呼ばれており、生体組織による吸収が少ないため、自家蛍光を抑制して検出感度を向上させることができる。Jiangらは、CdSe-ZnSよりもエネルギーギャップの小さな$CdTe_xSe_{1-x}$-CdSを用いて近赤外域で発光するナノ粒子を作製した[23]。Yiらは$NaYF_4$:Yb, Euの近赤外励起によるアップコンバージョンを利用し、イメージングのモデル実験を行った[24]。その他、ナノダイヤモンド[25]やSiナノ粒子[26]も近赤外発光蛍光粒子として着目されている。

6.4 YAG:Ce^{3+}ナノ蛍光体

筆者らは、無機ナノ蛍光体として$Y_3Al_5O_{12}$:Ce^{3+}(YAG:Ce^{3+})ナノ粒子に着目し、生化学への応用を目指してきた。YAG:Ce^{3+}は固体照明の発光材料として用いられている蛍光体であり、熱的・化学的安定性が高く、Ce^{3+}のd-f許容遷移を利用して励起・発光を行うために発光効率が高い。また、可視光である青色で励起できるため、多くの無機ナノ蛍光体のような紫外線による励起を必要とせず、細胞に与えるダメージは小さい。さらに、CdSe-ZnS量子ドットのようにCdを含まないため、その毒性も低い。

YAG:Ce^{3+}ナノ粒子はグリコサーマル法により合成する。具体的には、溶媒である1,4-ブタンジオールに原料となる金属塩を投入し、密閉した圧力容器中で加熱熟成を行うことで得られる[27]。このようにして合成されたYAG:Ce^{3+}ナノ粒子は、図3に示すように1次粒子径が約10 nmであり、波長450 nmの青色励起により波長530 nmの黄色発光を示す。

合成したYAG:Ce^{3+}ナノ粒子は、そのままでは生体分子とのコンジュゲートに有効な官能基を有しないため、図4に示すようにシランカップリング剤による表面修飾を行った。3-アミノプロピルトリメトキシシラン(APTMS)をYAG:Ce^{3+}ナノ粒子表面に作用させることにより、粒子表面にNH_2基を導入した[28]。その後、この導入されたNH_2基を利用して、生体分子であるbiotinを共有結合的に粒子表面に固定した。このようにして調製したbiotin-YAG:Ce^{3+}ナノ粒子とavidin固定マイクロビーズを混合すると、図5(a)に示すようにavidinとbiotinの生体特異的な相互作用により、avidin固定マイクロビーズ表面にbiotin-YAG:Ce^{3+}ナノ粒子が

第4章 ナノ蛍光体の応用への展望

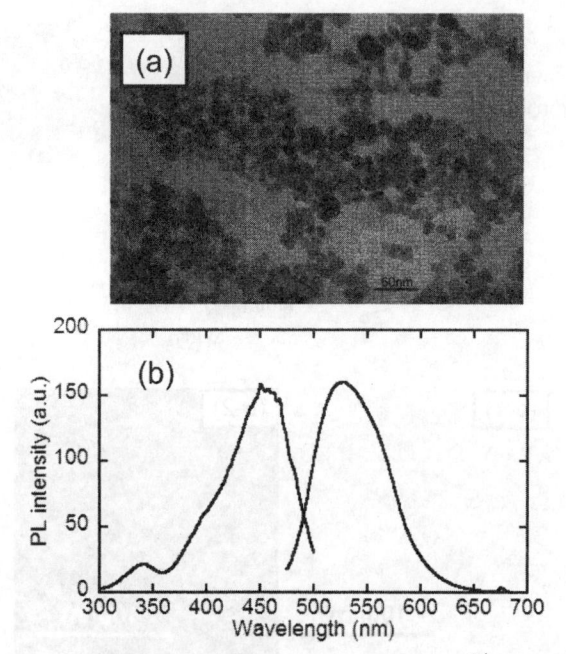

図3 グリコサーマル法により合成したYAG：Ce^{3+}ナノ粒子
(a) FE-TEM像；(b) PL・PLEスペクトル[28]

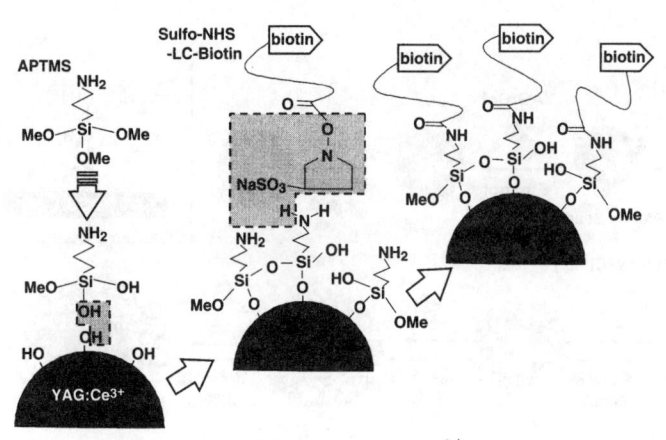

図4 シランカップリング剤によるYAG：Ce^{3+}ナノ粒子表面修飾と生体分子のコンジュゲート[28]

標識され，図5(b)に示すような蛍光像を蛍光顕微鏡により観察することができた。

一方で，筆者らは蛍光ビーズの開発も行っている。その作製方法を図6(a)に示す。正に帯電したYAG：Ce^{3+}ナノ粒子と負に帯電したPMMAビーズを混合・撹拌すると，図6(b)のようにYAG：Ce^{3+}ナノ粒子は静電的にPMMAビーズ表面に吸着した。またアニオン性高分子であるpoly(sodium 4-stylenesulfonate)(PSS)をバインダーとして用いてYAG：Ce^{3+}ナノ粒

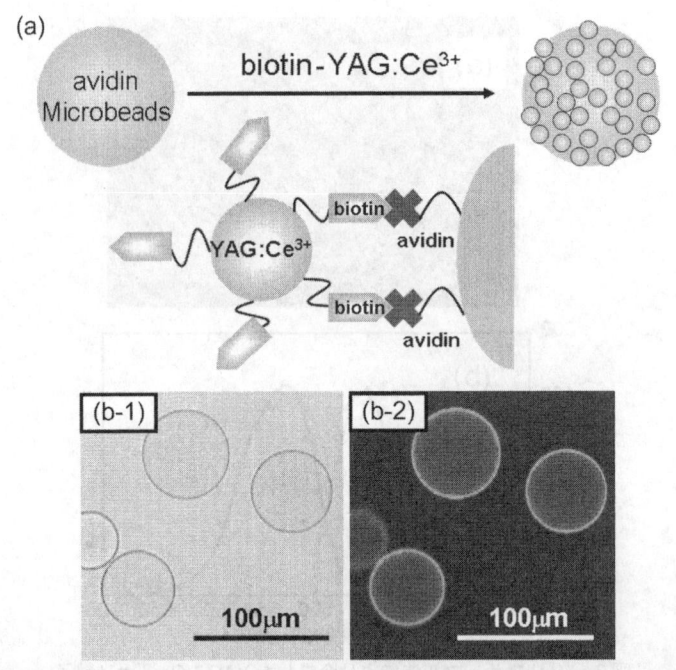

図5 biotin—YAG：Ce^{3+}ナノ粒子を使った細胞イメージングのモデル実験[28]
(a) 反応スキーム；(b) 蛍光顕微鏡画像［(b-1) 透過光画像，(b-2) 蛍光画像］

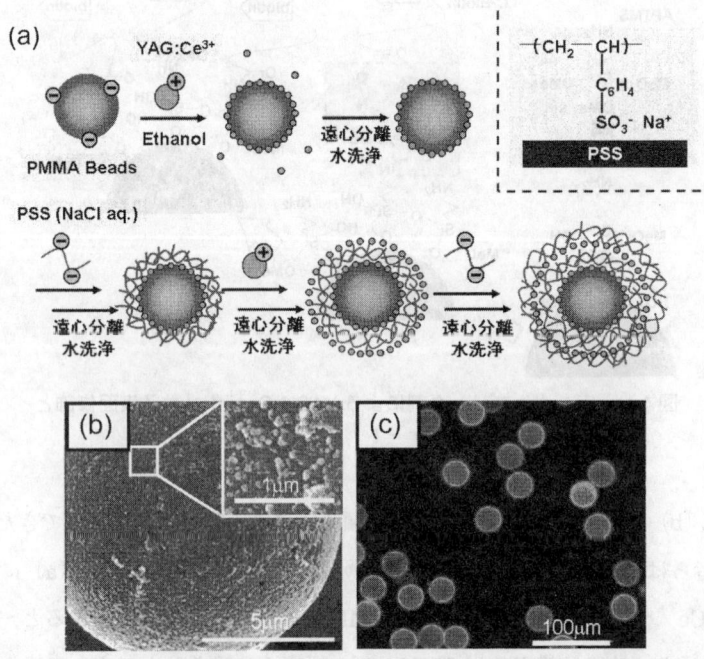

図6 交互吸着法による YAG：Ce^{3+}—PMMA 複合ビーズの作製[29]
(a) 反応スキーム；(b) 作製した蛍光ビーズ表面の FE-SEM 像；(c) 蛍光顕微鏡画像

第4章 ナノ蛍光体の応用への展望

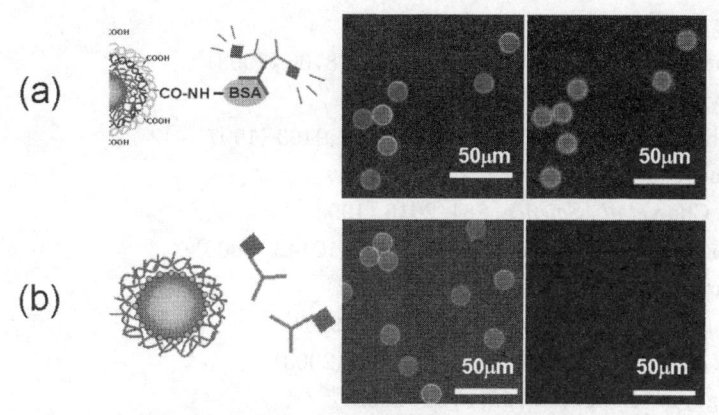

図7 蛍光ビーズの赤色発光色素による標識[30]
(a) ビーズ表面にBSAを固定した場合は，抗原抗体反応を通じて赤色発光色素が粒子表面に標識される。
(b) ビーズ表面にBSAを固定しなかった場合は，抗原抗体反応が起こらず，赤色発光色素は粒子表面に標識されない。

子の吸着を繰り返し行い，蛍光ビーズの多段階化を図ることができた[29]。また，最外層にポリアクリル酸を被覆してCOOH基を導入し，このCOOH基を利用して抗原であるウシ血清アルブミン（BSA）をビーズ表面に固定した。このようにして導入された抗原は，図7に示すように，抗原抗体反応を通じた色素標識に利用可能であることを確認した。この複合蛍光ビーズは多種の生体分子を自動かつ同時に解析するフローサイトメトリーのようなビーズアッセイに非常に有用である[30]。

6.5 まとめ

本稿では，無機蛍光ナノ粒子の蛍光プローブへの応用について，主に表面修飾方法に着目して解説した。無機蛍光ナノ粒子は，高い耐久性を持ち，機能の付加も容易であるため，ラベル化剤として今後もますます発展していくと予想される。将来，有機色素にはない特徴や機能を活かした独自の観察・診断方法が提案され，生化学研究や医療の発展につながるものと期待される。

文　献

1) X. Zhou *et al., Anal.Chem*., 76, 5302（2004）
2) J. Yuan *et al., Anal.Sci*., 14, 421（1998）

3) L. Pan *et al., Anal. Sci*., 21, 713 (2005)
4) C. B. Murray *et al., J. Am. Chem. Soc*., 113, 8706 (1993)
5) A. P. Alivisatos, *Science*, 271, 933 (1996)
6) B. O. Dabbousi *et al., J. Phys. Chem. B*, 101, 9463 (1997)
7) M. Bruchez *et al., Science*, 281, 2013 (1998)
8) W. C. W. Chan *et al., Science*, 281, 2016 (1998)
9) H. Mattoussi *et al., J. Am. Chem. Soc*., 122, 12142 (2000)
10) B. Dubertret *et al., Science*, 298, 1759 (2002)
11) N. Yabuuchi *et al*., U. S. Patent 5367039 (1994)
12) X. Gao *et al., J. Phys. Chem. B*, 107, 11575 (2003)
13) W. Sheng *et al., Langmuir*, 22, 3782 (2006)
14) H. Mattoussi *et al., Phys. Stat. Sol. B*, 224, 277 (2001)
15) G. D. Clayton *et al*., 化学物質毒性ハンドブックⅢ, 丸善, p. 138 (1999)
16) A. M. Derfus *et al., Nano Lett*., 4, 11 (2004)
17) A. Shiohara *et al., Microbiol. Immunol*., 48, 669 (2004)
18) F. Chen *et al., Nano Lett*., 4, 1827 (2004)
19) C. Kirchner *et al., Nano Lett*., 5, 331 (2005)
20) W. O. Gordon *et al., J. Lumin*., 108, 339 (2004)
21) P. Schuetz *et al., Chem. Mater*., 14, 4509 (2002)
22) E. Beaurepaire *et al., Nano Lett*., 4, 2079 (2004)
23) W. Jiang *et al., Chem.Mater*, 18, 4845 (2006)
24) G. Yi *et al., Nano Lett*., 4, 2191 (2004)
25) C. Fu *et al., Proc. Natl. Acad. Sci. USA*, 104, 727 (2007)
26) 佐藤慶介ら, 第54回応用物理学会関係連合講演会講演予稿集 (3), 28 p-ZK-15, p. 1524 (2007)
27) R. Kasuya *et al., J. Alloy. Compd*., 408-412, 820 (2006)
28) R. Asakura *et al., Anal. Bioanal. Chem*., 386, 1641 (2006)
29) 草山育美ら, 第54回応用物理学会関係連合講演会予稿集 (3), 28 a-ZK-10, p. 1519 (2007)
30) R. Asakura *et al., Jpn. J. Appl. Phys., in press*

7　ポリマーと複合化したナノ蛍光体の作製と応用

藤本啓二[*]

7.1　はじめに

ナノ蛍光体は，有機色素と比較して発光スペクトルがシャープで励起スペクトルと発光スペクトルとの重なりが少なく，粒子サイズに応じて励起波長や発光波長を制御できる。さらに耐久性も優れているため退色を気にせず長時間観測できるため，多色化および長寿命化を要求する生体分子の検出システムや表示材料など，幅広い分野への応用が期待されている。一方，粒子がナノサイズになると凝集が起こりやすくなり，表面のダングリングボンドが増え，発光効率が低下してしまう。これらの欠点を克服するために，ナノ蛍光体表面に界面活性剤やポリマーを用いて化学修飾を施す研究が行われている。

図1(a)に示すように界面活性剤をナノ蛍光体表面に吸着させることにより，静電的反発および立体反発により凝集を防ぐことができる。ポリマー鎖は多点で表面に吸着するため，安定な表面層を形成することができる（図1(b)）。タンパク質とDNAはともにポリマー化合物であり，同様に吸着させることができる。バイオの領域ではこれらの生体分子をナノ蛍光体に結合させて，ハイスループットかつ高感度に検出する研究，およびモニタリングする研究が行われている。最近ではタンパク質からナノ蛍光体へのエネルギー移動（FRET；Fluorescence Resonance Energy Transfer）が検出に広く利用されている[1]。これらはナノ蛍光体に近いスケールでの複

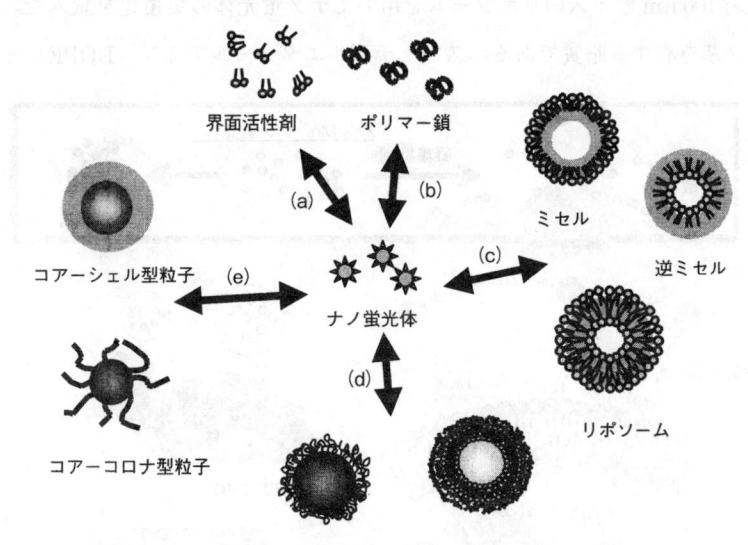

図1　ポリマーとナノ蛍光体との関係

---

[*]　Keiji Fujimoto　慶應義塾大学　理工学部　応用化学科　准教授

合化であるが，より大きなスケールではミセルや逆ミセルのような脂質集合体，脂質二分子膜のリポソーム，ポリマー粒子などが複合化の対象となりうる（図1(c)）。例えば，メゾポーラスシリカビーズにナノ蛍光体を複合化することによって，均一で高強度の蛍光を得ることができる[2]。また，この孔内に蛍光体と磁性体を同一粒子に複合化することも行われている[3]。図1(d)のように粒子表面にポリマーを交互に吸着させる際に，蛍光体と磁性体を堆積させて複合化することもできる[4]。さらに，異なるナノ蛍光体を同一の粒子に固定化することによりカラーバーコードを形成させることもできる[5]。これにより多種類の抗原－抗体反応を同時に検出することができ，ハイスループット検出およびバイオチップへの応用が期待できる。本稿では，リポソームおよびポリマー粒子にナノ蛍光体を集積化することで，凝集を抑制して新たな機能を有する蛍光材料の開発について概説する。

7.2 $ZnS:Mn^{2+}$ナノ蛍光体とリポソームの複合化

$ZnS:Mn^{2+}$ナノ蛍光体（発光波長：580 nm）は，半導体であるZnSの中にMn^{2+}が添加物として導入され，それが発光している材料である。有機色素に比較すると発光強度が弱いため，均一に分散したナノ蛍光体を選択的に集積して利用することを考えた。また，ナノ蛍光体の凝集が起こる前に担体に結合させることによって良好な分散状態で取り扱うことも期待できる（図2）。

まず，直径約100 nmサイズのリポソームを用いてナノ蛍光体の集積化を試みた。図2に示すように，アミノ基を有する脂質であるホスファチジルエタノールアミン（DOPE）とそのアミノ

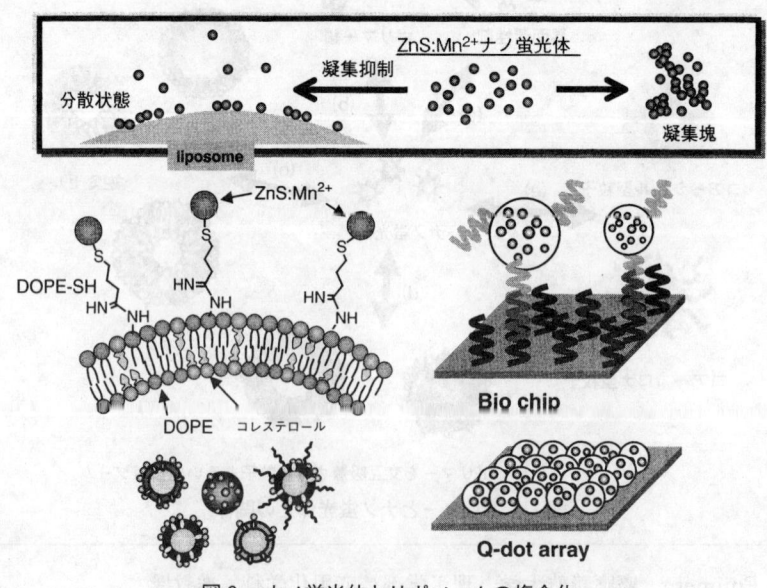

図2 ナノ蛍光体とリポソームの複合化

基をSH基に変換した脂質（DOPE-SH）を用いてリポソームを作製した。このリポソーム表面のSH基は$ZnS:Mn^{2+}$のカチオン表面と結合する。さらに，カルボン酸基を有するコレステロールを添加することにより，SH基，リン酸基，およびカルボン酸基を有するリポソームを作製できる[6]。$ZnS:Mn^{2+}$のZn^{2+}とMn^{2+}の金属イオンは，リン酸基及びカルボキシル基と相互作用をするため，励起されたZnSのエネルギーはリン酸基もしくはカルボキシル基へ移動し，さらにMn^{2+}へ移動することにより発光量子効率が増大する[7]。$ZnS:Mn^{2+}$ナノ蛍光体は硫化ナトリウム，酢酸亜鉛，および酢酸マンガンを用いて共沈法にて作製することができる。反応中にリポソームを添加して，生成したナノ蛍光体をその表面に集積させた。数十分以内にリポソームを添加することによりPL強度の高い複合体を作製することができた。ナノ蛍光体は自己凝集して沈降する傾向が強く，凝集する前にいかに集積させるかが重要となる。さらに，得られたナノ蛍光複合体の分散安定性を向上するために，ポリエチレングリコール（PEG）鎖を表面に結合させたリポソームを用いて複合化を行った。図3に示すようにPEG鎖の有無にかかわらず，ナノ蛍光体はリポソームに吸着していることがわかる。さらにPEG鎖の存在によりリポソーム同士の凝集が抑制されていることも観察される。$ZnS:Mn^{2+}$は低pH下で熟成させることによって蛍光強度が増大する。これは，ナノクリスタル中のZn^{2+}がMn^{2+}と交換反応するためと考えられている。PEG修飾した複合体は広範囲のpHで良好な分散安定性を示すため，ナノ蛍

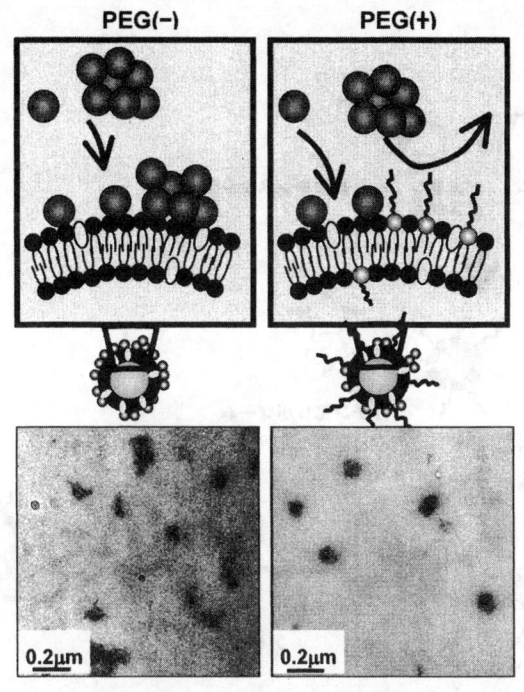

図3　ナノ蛍光体とリポソームの複合体の分散性に及ぼすPEG鎖の効果

光体を pH 4～5 で熟成させることができる。この pH 処理により，蛍光強度が最大で3倍まで増大することを見い出した。これもポリマーと複合化を行うことの利点である。

卵白中に存在するアビジンは，ビタミンの一種であるビオチンと非常に高い親和性かつ特異性を持って結合する。この親和力は抗原抗体反応よりはるかに強く，ほとんど不可逆的に結合する。このビオチンとアビジンを用いてナノ蛍光複合体にバイオアフィニティを付与することを試みた。図4に示したビオチン化試薬（ビオチン N-ヒドロキシスクシンイミド エステル）を用いて PEG 修飾リポソームの表面のアミノ基との反応によりビオチンを結合させた。ナノ蛍光体を導入した後にアビジンを加えて動的光散乱によるサイズ測定を行ったところ，300 nm 程度の会合体が形成されていることがわかった。アビジンには4つのビオチンとの結合サイトがあるため，ビオチンを固定化したナノ蛍光複合体にアビジンを加えると会合によって凝集体が形成される。このようにリポソームからなる複合体に生体分子などを修飾することで，検出デバイスとしての利用が可能である。

7.3 ポリマーの交互吸着による ZnS：Mn^{2+} ナノ蛍光体とリポソームの複合化

自己組織化を利用した薄膜作製技術のひとつに交互吸着法がある[8]。電荷を有する基板をカチオン性またはアニオン性の高分子電解質の水溶液に交互に浸漬させ，静電相互作用を利用して高分子電解質を吸着させる。この過程において基板の表面電荷は中和にとどまらず過剰に起こるた

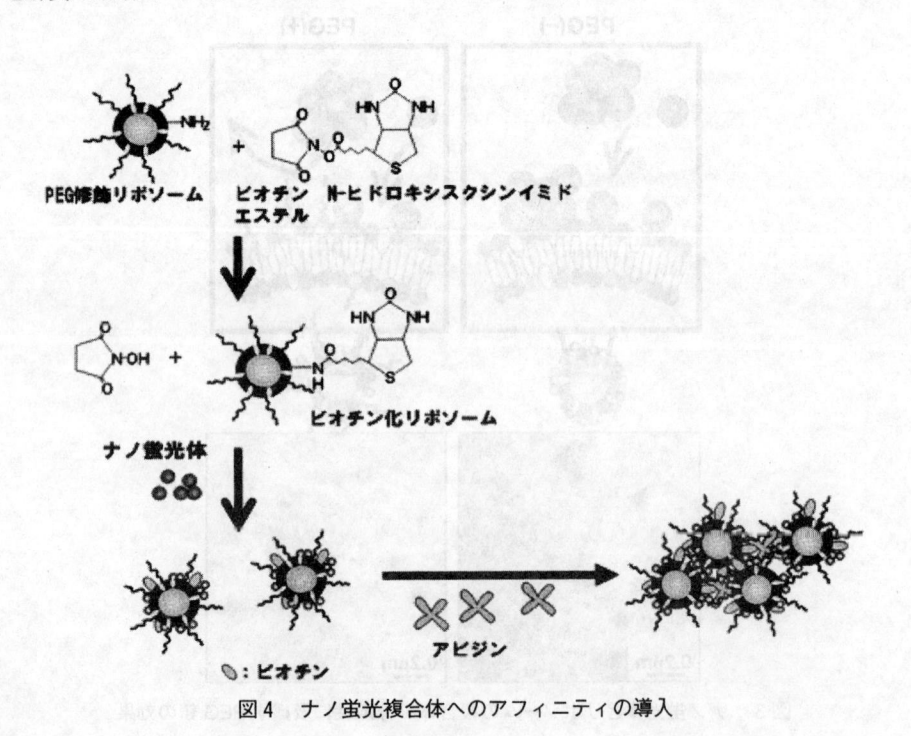

図4 ナノ蛍光複合体へのアフィニティの導入

め，高分子電解質の積層ごとに表面電荷の反転が生じる。この過程を繰り返すことにより高分子電解質からなる薄膜を形成させることができる。この方法は操作の簡便性に加え，様々な高分子電解質を用いることができ，容易に膜厚をコントロールすることができる。この交互吸着法を利用することにより，吸着させたナノ蛍光体の固定だけでなく，同種のナノ蛍光体の積層による強度の向上および多種類のナノ蛍光体の集積化によるマルチカラー化とカラーバーコード化が期待できる。これまでに粒子表面への交互吸着の例はいくつかある。われわれもリポソームへの交互吸着により中空ナノ粒子を作製してきた[9]。図5には負電荷を持つリポソームに正電荷を持つポリマーを吸着させ，次に負電荷を持つナノ蛍光体を吸着させた複合化を示す。

具体的には，リポソームの構成脂質としてジラウロイルホスファチジン酸（DLPA）とジミリストイルホスファチジルコリン（DMPC）を選択し，凍結融解法及びエクストルージョン法によってマイナスの表面電荷を持つ小さな一枚膜リポソーム（SUV）を作製した。ポリカチオンとしてはポリアリルアミンを選択し，各pHにおけるポリアリルアミン鎖の状態を粘度法によって調べた。その結果，pHが低いとポリアリルアミンの側鎖のアミノ基が$-NH_3^+$型になるため，プラス電荷同士の反発により高分子鎖は広がって粘性が高い状態となった。一方，pHを高くするとポリアリルアミンの側鎖のアミノ基が$-NH_2$型になるため，高分子鎖は縮んで粘性が低下した。また，高分子鎖の周りに添加塩が存在すると，鎖の電荷が対イオンによって遮蔽されて高分子鎖は広がることができず，粘度が下がることがわかった。これはpHやイオン強度によって交互吸着膜の物性を制御できることを示唆している。リポソームに対するポリアリルアミンの吸着等温線を作製した。リポソーム表面のマイナス電荷の量が多くなるほど，またポリアリルアミンがカチオン性を帯びるほど，リポソームにポリアリルアミンが多く吸着することが分かった。次に得られた複合体の形状安定性の評価を行なった。何も被覆されていないリポソームおよび被覆が十分でない複合体は界面活性剤であるTritonX-100の作用によって崩壊してしまった。一方，ポリアリルアミンで完全に被覆された複合体はTritonX-100を添加しても形状安定性が保たれ

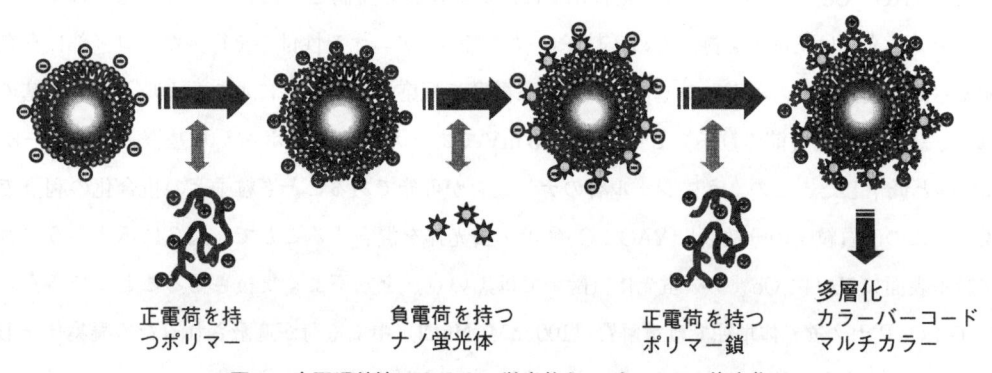

図5　交互吸着法によるナノ蛍光体とリポソームの複合化

ていた。交互吸着法により長期に渡って分散状態が保たれ，蛍光発光可能なナノ中空粒子を得ることができた。

7.4 ナノ蛍光体とコアーシェル型粒子の複合化

ポリマー粒子としてコアーシェル型粒子，量子ドットとして$ZnS:Mn^{2+}$ナノ蛍光体（発光波長：580 nm）および$YAG:Ce^{3+}$ナノ蛍光体（発光波長：530 nm）を用いて複合化を試みた。コアーシェル型粒子とは図6に示すように，表面層にポリマー鎖からなるルースなシェル層と中心に硬いコアを持つ粒子のことを指す。ここではシェル層にナノ蛍光体を取り込み，蛍光体の凝集抑制とともに分散安定状態を保ち，多色化およびアフィニティの導入を可能とすることを目的として複合化を行った。さらに，シェル層に応答性を付与することにより蛍光特性の制御も期待できる。粒子の合成は2段階で行った。まず，反応性モノマーのグリシジルメタクリレート（GMA），温度応答性ポリマーを与えるN-イソプロピルアクリルアミド（NIPAM），さらに架橋性モノマーであるN, N'-メチレンビスアクリルアミド（MBAAm）を用いてソープフリー乳化重合によりコア粒子を作製した。このコア粒子にNIPAMおよびアクリルアミド（AAm）を添加してシード重合によりコアーシェル型粒子を作製した。

$ZnS:Mn^{2+}$ナノ蛍光体については共沈法によって生成反応が進んでいる分散液に粒子を添加して複合化を行った。この際には高塩濃度下でも，シェル部が膨潤状態であることが必要である。この粒子には親水性のポリアクリルアミドがシェル中にランダムに存在するため，高塩濃度下でも凝集することがない。得られた複合体は長期にわたって蛍光発光を示した。さらに，時間の経過と共にナノ蛍光体中のZn^{2+}とMn^{2+}の交換反応が起こり，複合体の蛍光強度が増大することもわかった。一方，この粒子のシェル層は感温性ポリマーのポリイソプロピルアクリルアミドが主成分である。そのため，温度を変化させるとシェル層が膨潤収縮して粒径が変化する[10]。実際に温度を上昇させると蛍光強度が減少し，下げると蛍光強度が増大することを見出した。

次に$YAG:Ce^{3+}$ナノ蛍光体との複合化では，シェル層を膨潤させた状態で複合化を行った。このナノ蛍光体は正電荷を持つため，粒子のコア部へのアニオン性付与を行った。コア部に存在するGMA成分由来のエポキシ基にメルカプト酢酸を反応させることにより，カルボキシル基の導入を試みた。改質前の粒子のζ電位は+38 mVであったが，カルボキシル基導入により-83 mVへと低下した。このようにシェル層のデザインが可能であることも粒子との複合化の利点である。この改質粒子の分散液に$YAG:Ce^{3+}$ナノ蛍光体を混合することで，図7に示すようにコア粒子表面に$YAG:Ce^{3+}$ナノ蛍光体（図中では黒い点）を効率よく集積させることができた。$YAG:Ce^{3+}$ナノ蛍光体単独では電解質（100 mM NaCl）中で電荷が遮蔽されるため凝集体を形成してしまったが，複合化することにより電解質中でも凝集しないようになった。

第4章　ナノ蛍光体の応用への展望

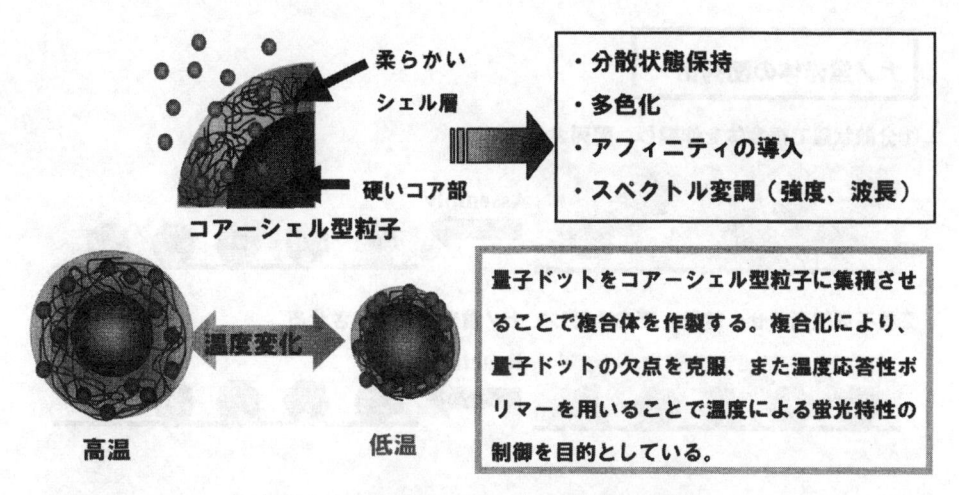

図6　ナノ蛍光体とコアーシェル粒子の複合化

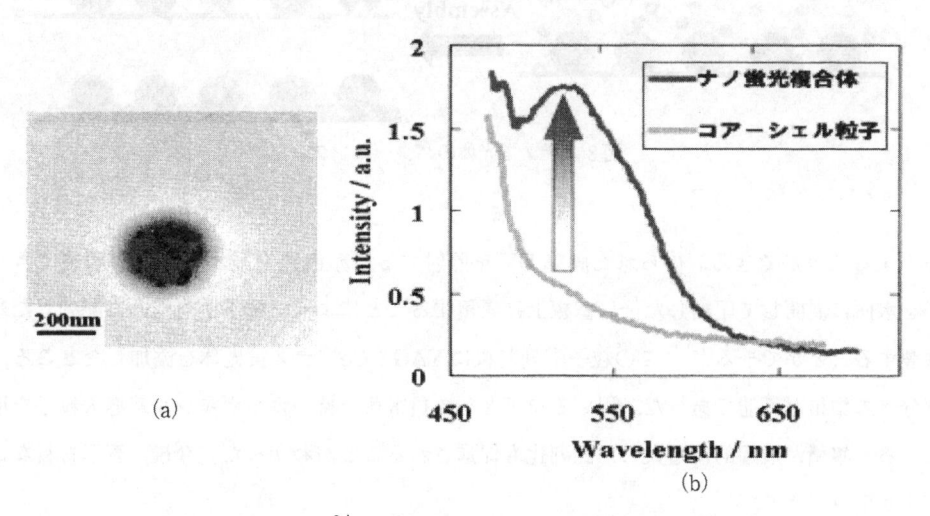

図7　YAG：Ce^{3+}ナノ蛍光体とコアーシェル粒子との複合化
透過型電子顕微鏡像と蛍光発光スペクトル（励起波長450 nm）

　電子・光学デバイスの製造において，従来のドライプロセスからウエットプロセスに注目が集まっている。溶液からの塗布，印刷，インクジェットなどにより機能性物質の集積化が進められている。粒子と複合化することにより，基板上にナノ蛍光体をパターニングすることができる。これはエレクトロニクスだけでなく，バイオチップなどの分野への応用も期待される材料となる。図8のように，ナノ蛍光体を粒子に集積させた後に基板上に配列させる方法，基板に付着した粒子を反応場としてナノ蛍光体を生成させる方法，粒子を配列させたパターン上にナノ蛍光体を配列させる方法などナノ蛍光体の集積および配列制御に向けてのアプローチを試みた。ZnS：Mn^{2+}ナノ蛍光体と粒子の複合体では自然乾燥やスピンコートによって基板上に均一に

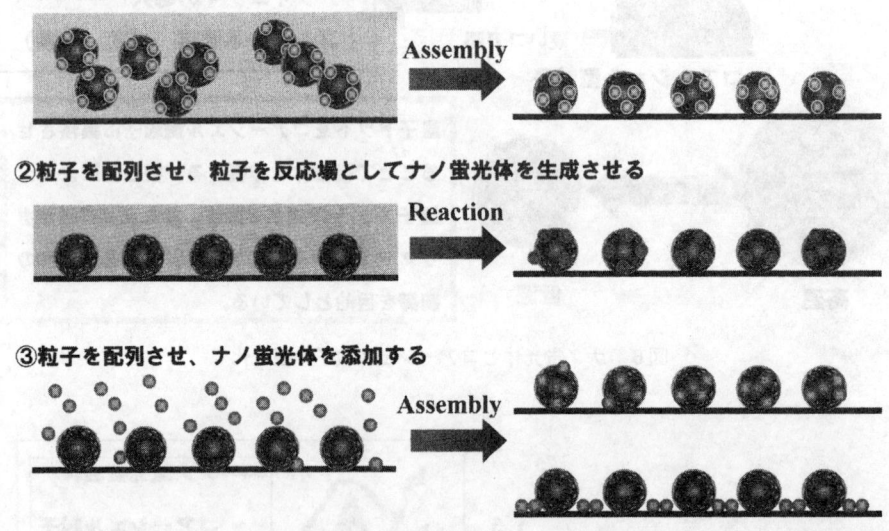

図8 ナノ蛍光体のパターニング

コートすることができる。得られた膜にUVを照射すると赤色光を呈することが観察できた。粒子を水面に展開して圧縮した後に基板上に累積することにより，粒子が規則的に配列した基板を作製することができる[11]。この粒子配列基板にYAG：Ce^{3+}ナノ蛍光体を添加したところ，粒子部分への集積が可能であった。用いる粒子として負電荷を持つカルボキシル基導入粒子を用いたところ，集積が飛躍的に増大し，配列化も促進されることがわかった。今後，表示材料などへの応用が期待できる。

7.5 まとめ

ナノ蛍光体をポリマー粒子やリポソームなどの担体と複合化することにより，下記のような利点が考えられる。

① ナノ蛍光体に直接結合させると失活しやすい生体成分を間接的に標識することが可能となる。
② 多数のリガンドを固定化した担体との複合化によりアフィニティの上昇が期待できる。
③ 異なる蛍光色を呈するナノ蛍光体を組み合わせてバーコードのように多種類の生体成分と対応させることにより，多種成分の同時検出が可能となる。
④ リガンドをリポソームあるいは粒子に固定化して分散系で生体成分を検出することが可能と

なる。
⑤ アフィニティを導入することによりバイオチップなどハイスループット分析系における検出素子として用いることができる。
⑥ シグナル伝達などの際における細胞内での分子イメージングが可能となる。タンパク質発現などのモニタリングも可能となり薬物開発のツールとなる。
⑦ 生体組織に対する刺激性が極めて低いため，生体計測に用いることが可能となる。細胞一個について分子の異常を検出して癌化など細胞の異常化を早期に検出できるシステムの構築も期待できる。
⑧ 複合化したリポソームおよび粒子を一次元，二次元，三次元で配列制御を行うことにより，ナノ蛍光体の配列化が達成できる。これはディスプレイなどの表示用材料に応用可能である。

謝辞

ここで紹介したナノ蛍光体との複合化に関する研究は，慶應義塾大学理工学部の磯部徹彦先生との共同研究の成果であります。ここに感謝いたします。

文　献

1) Jares-Erijman, E.A. and Jovin, T. M., *Nature Biotechnology*, 21, 1387-1395 (2003)
2) Gao, X. and Nie, S., *Anal. Chem.*, 76, 2406-2410 (2004)
3) Sathe, T.R., Agrawal, A., and Nie, S., *Anal. Chem.*, 76, 5627-5632 (2006)
4) Hong, X., Li, J., Wang, M., Xu, J., Guo, W., Li, J., Bai, Y., and Li, T., *Chem. Mater.,* 16, 4022-4027 (2004)
5) Han, M., Gao, X., Su, J. Z., and Nie, S., *Nature Biotechnology*, 19, 631-635 (2001)
6) Maeda, T. and Fujimoto, K., *Colloids and Surfaces B: Biointerfaces*, 49, 15-21 (2006)
7) 磯部徹彦，表面科学, 22, 315-322 (2001)
8) Decher, G., *Science*, 277, 1232-1237 (1997)
9) Fujimoto, K., Fukui, Y., and Toyoda, T., *Macromolecules*, 40, 5122-5128 (2007)
10) Fujimoto, K., Katsuta, I., and Adachi, T., *Colloids and Surfaces A: Physicochemical and Engineering Aspects*, 290, 118-124 (2006)
11) Miura, M. and Fujimoto, K., *Colloids and Surfaces B: Biointerfaces*, 53, 245-253 (2006)

8 フローサイトメーター用蛍光試薬

大久保典雄[*]

本節では,ナノ蛍光体のライフサイエンス分野への応用として,フローサイトメーターに用いられる蛍光試薬の開発に関して,フローサイトメーターの概要と,使用される色素の条件,更に現在の開発状況を概説する。

8.1 フローサイトメーターの概要

フローサイトメーター(図1)とは,懸濁させた細胞等の被測定物をラミナーフローが形成される流路に高速でフローさせ,整然と列を成して流れている状態の被測定物にレーザー光を照射し,得られる散乱光等の光学情報を自動的に解析する装置(アナライザー)である。得られた光学情報は,電気信号に変換して定量化することで,被測定物の大きさ,形状,内部構造,種類ごとの存在比等が得られる。更にその情報を元に,目的とする目標物を回収(細胞の場合は生存したまま)することのできる機能も付加される装置(セルソーター)もある。

フローサイトメーターは,次のようなプロセス[1]から構成されている。

① 水流系:測定対象とする試料一つずつを一列に並べる。
② 光学系:試料にレーザー光を照射し,発生した散乱光と蛍光を測定する。
③ 電気系:発生した光を検知し,電気的信号(電圧パルス)に置き換える。
④ 分取系:目的とするサンプル(細胞,粒子等)を分離・回収する。

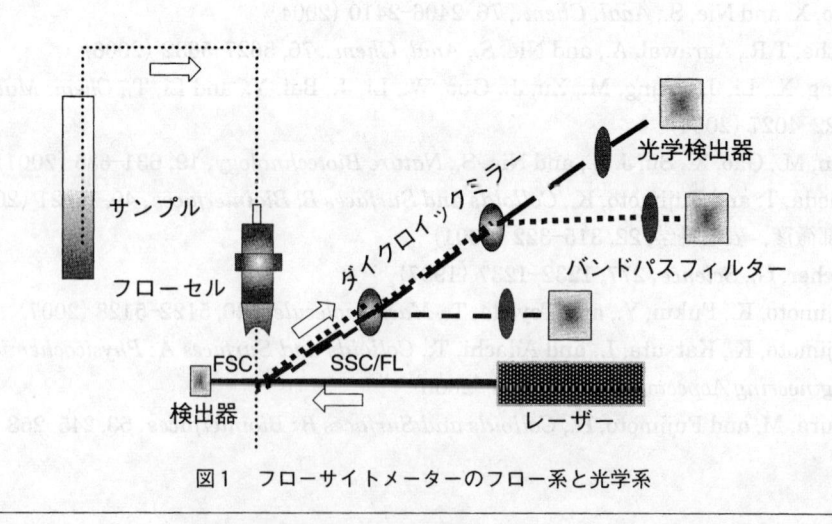

図1 フローサイトメーターのフロー系と光学系

---

[*] Michio Ohkubo 古河電気工業㈱ 横浜研究所 ナノテクセンター マネージャー

①のプロセスでは，サンプルは流路が層流化されるような条件でフローされており，1秒間に数千個以上という高速で，レーザー照射されるフローセル中を通過する。

②のプロセスでは，被測定物が一個ずつレーザー光を照射されることにより発する前方散乱光（Forward Scatter：FSC），側方散乱光（Side Scatter：SSC），及び被測定物が蛍光標識される場合には蛍光強度（FL：Fluorescence）を測定する。また，蛍光は適切なバンドパスフィルターを光学検出器直前に設けることで，様々な波長の蛍光を選択的に検出することができ，複数の蛍光色素を用いた多重染色が可能となる。多重染色は，複数の抗原などの検出ターゲットが混在したサンプルに，特定の異なる蛍光波長を持つ色素で標識した抗体を加え反応させることにより，サンプルの同時解析，及分離・回収を可能にする。

③のプロセスでは，②のプロセスで得た各情報の定量化を行う。光学検出器で検出された電圧パルスの形状は，検出方法によって「ピークパルス」と「積分パルス」の2種類がある。ピークパルスは，標的物がレーザーの中心を通ったときに最も強い強度を示し，そのピークパルスを積分回路に通すと積分パルスに変換される。積分パルスの高さは，粒子がレーザーの中を通過した時の総蛍光量を示す。通常は感度の向上や直線性の良さから，パルスの面積を表す積分パルスが用いられる。

④のプロセスは，セルソーターに搭載されている機能で，目的サンプルを解析データにシンクロさせて分離・回収する機構である。フローサイトメーターで用いられる分取方法には，主に「液滴荷電方式」と「セルキャプチャー方式」が用いられるが，ほとんどの場合は，その高速動作性から前者が採用されている。液滴荷電方式とは，流路中に設けられた圧電素子を利用して超音波を発生させることで被測定物を含むような液滴を形成し，更に水流を通じてその液滴を荷電させることで，目的とする被測定物を電気的に分離・回収する方法である。

8.2 フローサイトメーター用蛍光試薬の種類と特徴

フローサイトメーター用の蛍光試薬は二つに大別される。一つは，被測定物に蛍光プローブを直接結合させるための蛍光標識試薬である。蛍光プローブとは，ある特定の物質を特異的に検出するための対となる物質で，フローサイトメーターでは，蛍光色素を結合した特異抗体がプローブとして利用される。もう一つは，ビーズアッセイと呼ばれる蛍光標識されたビーズ試薬である。ビーズアッセイとは，ビーズ上に，図2のように抗原やDNAである被測定物を収集するための機能を付加（抗原の場合は抗体，DNAの場合は相補的なDNAを結合させる）し，そのビーズの識別のためにビーズ自体を蛍光染色した試薬を用いる手法である。ビーズアッセイの特徴は，異なる蛍光で染色されたビーズそれぞれに，異なる被測定物を収集させることで，複数種の被測定物の同時測定が可能となる点で，フローサイトメーターと組み合わせることで，複数のサ

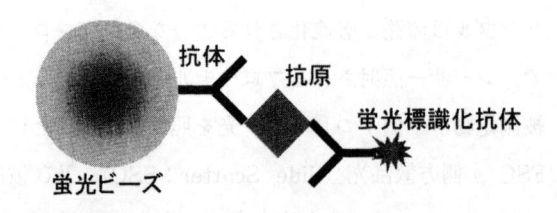

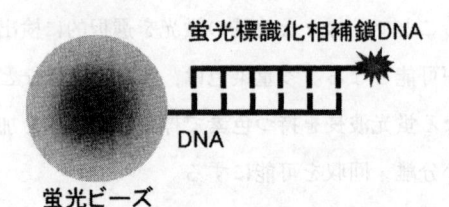

図2　ビーズアッセイ

ンプルの短時間・高速処理が可能なアッセイであり，近年盛んに研究が行われている。

いずれの試薬も，従来から用いられているフローサイトメーター用の有機色素をベースとした試薬であり，ナノ蛍光体を応用する際にも，その特徴を十分に理解する必要がある。

フローサイトメーター用として利用される色素には，次のような条件が必要である[1]。

① フローサイトメーターで使用されているレーザー波長で励起可能である。
② 蛍光が強い。
③ 励起波長と蛍光波長の差が大きい。
④ 細胞に結合した蛍光色素の量とその蛍光強度が比例する。
⑤ 光に対して安定である。

フローサイトメーターに用いる蛍光色素を選ぶ際には，以上の点を考慮に入れることが重要であるが，1本のレーザーで2色以上の色素を同時に検出するマルチカラー解析では，それぞれの蛍光色素から発する蛍光の波長が互いに離れている，また発光波長の半値幅が小さいことが，互いに検出器への漏れこみ（同じ波長で発する光強度のオーバーラップ量）が少なく利用し易くなる。また，2本のレーザーでマルチカラー解析する場合，両方のレーザーで励起される蛍光色素は使用できない。

①の条件に関しては，フローサイトメーターに搭載されているレーザーの具体例を挙げておく。フローサイトメーターで用いるレーザーには，最も標準的で汎用性が高い励起レーザーとして，アルゴンイオンレーザー（波長488 nm），また比較的低コストでメンテナンスが容易な長波長側の赤色レーザーとして，ヘリウム−ネオンレーザー（波長633 nm），他に可視域励起として色素レーザー（波長598 nm），更に主としてセルソーターと組み合わされて用いられる紫外域のレーザーとして，アルゴンイオンレーザー（波長340 nm）やクリプトンレーザー（波長407 nm）

第4章 ナノ蛍光体の応用への展望

表1 フローサイトメーターで用いられる代表的な蛍光光色素[1]

レーザー	蛍光色素	ピーク波長 (nm)	
		励起	蛍光
アルゴンイオンレーザー (488 nm)	FITC	495	525
	PE	564	585
	PI	536	617
	PE-TR	570	615
	PerCP	490	677
	PE-Cy 5	564〜650	675
	PerCP-Cy 5.5	490	695
	PE-Cy 7	564〜750	767
ヘリウム-ネオンレーザー (633 nm) ダイ (dye) レーザー (598 nm)	APC	650	660
	APC-Cy 7	650〜750	767
	APC	650	660
	TR	595	615
アルゴンイオンレーザー (340 nm) クリプトンレーザー (407 nm)	Hoechst 33342	343	483
	DAPI	345	455
	Cascade Blue	375/400	423
	Pacific Blue	410	455

等がある。最近では，レーザー技術の進歩に伴って，アルゴンイオンレーザーやヘリウム-ネオンレーザーの代替レーザーとして，半導体技術をベースとした固体レーザーが搭載されるようになってきている。表1には，これらのレーザーで励起される代表的な蛍光色素[1]を示す。

フローサイトメーターでは，特にアルゴンイオンレーザーで励起するFITC (fluorescein isothiocyanate, $C_{21}H_{11}NO_5S$) が最も代表的な蛍光色素として知られており，頻繁に利用されるために簡単に解説する。

FITCは図3のような構造を持ち，蛍光試薬fluoresceinにアミノ基と反応するイソチオシアネート ($-N=C=S$) 基を結合させた低分子量 (389.38) の蛍光色素で，アミノ酸，ペプチド，タンパク質を直接蛍光ラベルすることが可能である。励起と蛍光の波長のピークはそれぞれ495 nmと525 nmである。FITCは外部量子効率が高く，吸収した光量子の半分以上を緑色蛍光として放出する。抗体やアビジンなどに標識するFITCの数は，3〜5分子が一般的である。また，光学的に不安定で僅かな室内光でも退色しやすい。従って，染色したサンプルの長期保存が不可能なことや，蛍光強度にばらつきが生じることが問題点として挙げられている。

以降では，フローサイトメーター応用を前提としたナノ蛍光体を蛍光プローブ応用と蛍光標識

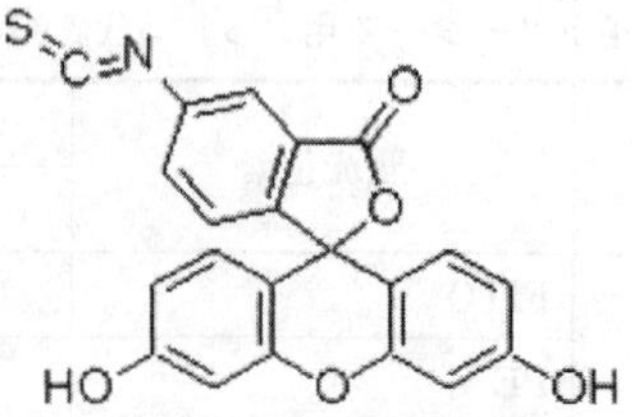

図3　FITC の構造

ビーズアッセイ応用とに分けて取り上げる。

8.3　蛍光プローブ応用

　蛍光を付与するプローブとして最も広く用いられている抗体には，ポリクローナル抗体とモノクローナル抗体がある。前者は，特異性が低いが低コスト，後者は特異性が高いが高コストという特徴がある。ポリクローナル抗体とは，エピトープ（抗原決定基，抗体結合部分）と特異的に結合する抗体が何種類も混在しているもので，異なる多数の B 細胞が産生した抗体の混合物である。一方モノクローナル抗体とは，単一の B 細胞由来の均一な免疫グロブリン分子で，単一のエピトープを認識する抗体である。その他のプローブとして，AnnexinV，MHC クラス I-ペプチド四量体（テトラマー）や，DNA オリゴマー，RNA オリゴマーなどが挙げられる。ここでは，ナノ蛍光体が蛍光プローブ化されフローサイトメーターで利用された例として，半導体量子ドットと有機色素ドープシリカナノ蛍光体の例を挙げ解説する。

8.3.1　半導体量子ドット[2]

　半導体量子ドットは，別節でも詳しく述べられているように，ナノメートルスケールの原子クラスターで，発光源であるコアは数百から数千個の半導体物質の原子から成り，更に光学特性を向上させるために，異なる半導体シェルでコーティングを行う手法も用いられている。半導体のバルクをナノサイズ化にすると，価電子帯と伝導帯とのエネルギーギャップ（バンドギャップ）が量子サイズ効果により次第に大きくなり，発光波長は短波化する。発光波長が半導体コアのナノサイズに依存するので，所望の色を発光する蛍光体として設計することができる。また，蛍光寿命が非常に長く，また退色にも強く，その発光効率も極めて高い（90％以上）ものが開発されている。

　半導体量子ドットを蛍光プローブ化する過程では，半導体量子ドットの粒子表面の疎水性を親水性へ変える必要があるために，両親媒性高分子で修飾する[3]，逆ミセル法によりシリカを被覆する[4]等，種々の表面改質手法が用いられている。また，フローサイトメーターのような定量アッセイのためには，標的以外の物質が粒子表面に吸着する非特異的な吸着を抑制する必要があるが，最近では，半導体量子ドット表面にポリエチレングリコール（PEG）による表層修飾を

第4章 ナノ蛍光体の応用への展望

行うことで非特異的吸着の抑制を可能にしている。

フローサイトメーターへの応用では，検出する蛍光波長が可視域にあるために，半導体物質として，コアにはSeまたはTeと化合したCd，シェルにはZnSが用いられている。励起は，発光波長より短波長でさえあればよいので，励起波長と発光波長の差を大きくとれ，また単一励起による多重染色の用途に優れている。単一励起の特徴を実証した例として，それぞれ蛍光波長が異なる8種類の半導体量子ドットと9種類の有機蛍光色素，合計17色の蛍光発光を用いた免疫におけるT細胞集団の応答解析[5]が行なわれた。半導体量子ドットの励起には，408 nmの半導体レーザーが用いられた。利用された半導体量子ドットは，発光波長のピークとして，525 nm, 545 nm, 565 nm, 585 nm, 605 nm, 655 nm, 705 nm, 800 nmであった。赤外域へ近づくにつれて波長間隔が大きくなるのは，原子クラスターサイズの拡大による量子効果の低下によるものである。

このようなフローサイトメーターでのマルチカラー解析では，異なる蛍光色素からの発光のオーバーラップが生じる。その解析には，それぞれの検出器で得られる信号強度からオーバーラップ分を差し引くコンペンセーション法が利用されているが，半導体量子ドットの場合は，蛍光スペクトル幅が狭いためにそのオーバーラップ量も小さく，正確な解析が可能になると考えられる。

8.3.2 有機色素ドープシリカナノ蛍光体

有機色素ドープナノシリカ蛍光体は，第3章6節でも詳しく述べられているが，ここではナノサイズの粒子状シリカ内部に有機色素ドープさせた蛍光標識プローブについて解説する。シリカ粒子の合成は，古くから知られているように，主としてStöber法で作製[6]されている。また有機色素をドープする手法はいくつか知られているが，長期保存性を考慮すると，シリカのネットワークへ化学的に固定化[7]する方法が望ましい。このような有機色素ドープシリカナノ粒子には，次のような特徴がある。

① 粒子表面の官能基がシラノール基であるために水分散性が高い。
② 導入する有機色素の選別・制御により発光波長と蛍光強度を自在に制御できる。
③ 粒子サイズを②のような光学特性とは独立に制御できる。

①の特性は，シラノール基に起因する大きな負のゼータ電位（-50 mV前後）を示すことも，安定的に水に分散する要因である。また，シランカップリング剤等の種々の修飾剤によって，カルボキシル基やアミノ基等の他の官能基への変換が比較的容易[8]である。

②では，特に高輝度化の検討が行われている。例えば，有機色素であるTexas Redを1290分子，Rubyを72413分子含有した，サイズが70 nmのシリカ粒子[7]が作製されており，高輝度で光耐性も高い粒子が得られている。また，マルチカラー解析のために，同じシリカナノ粒子に

2種類の色素（Rubpy, Osbpy）のドープ量を変化（図4）させることで，それぞれの粒子表層に異なる IgG 修飾させたサンプルでドットプロット解析[9]が行われている（図5）。また，シリカナノ粒子内部へ含有させる色素間で FRET を生じさせ，単一励起によるマルチカラー化の試み[10]も行われている。

③では，フローサイトメーターのような定量アッセイに応用する場合は，粒子サイズの高い均一性も要求されると考えられるが，図6に示すような比較的均一（CV値は約13％）な粒子の合成も可能である。

8.4 蛍光ビーズアッセイ応用

ナノ蛍光体で蛍光標識された蛍光ビーズの作製方法は，近年様々な手法を用いて開発されてい

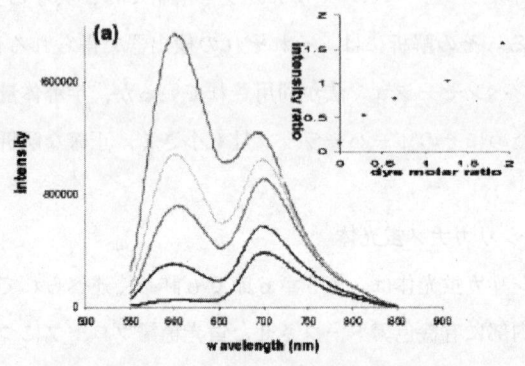

図4　2種類の色素をドープしたシリカナノ粒子の発光スペクトル[9]

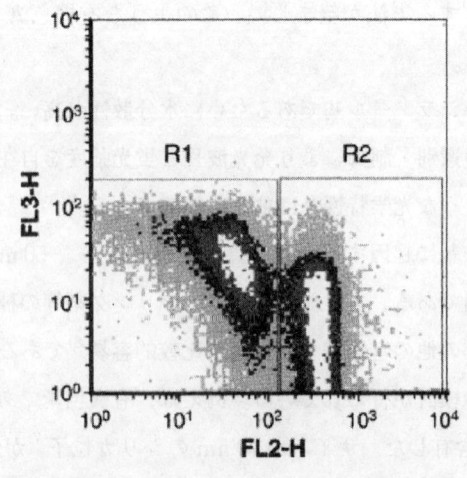

図5　フローサイトメーターのドットプロット[9]

第4章 ナノ蛍光体の応用への展望

る。蛍光染色されるビーズに用いられる代表的な材料としては，シリカとポリマーが挙げられる。またそれらのビーズに，ナノ粒子を担持し蛍光染色させる方法に関しては，有機色素分子で染色する程容易ではなく，個々のビーズの製法や特徴を活かした数多くの試みが行われている。

具体的な作製方法として次のような手法が報告されている。

〇シリカビーズ系
　① 多孔質シリカビーズの孔に導入する方法
　② シリカビーズを合成する過程で取り込ませる方法

〇ポリマービーズ系
　③ 多孔質ポリマービーズの孔に導入させる方法
　④ ポリマーを重合させる段階で取り込ませる方法
　⑤ ポリマービーズを膨潤させて取り込ませる方法
　⑥ ポリイオンの交互吸着を利用し吸着させる方法

フローサイトメーターの流路の一部に設けられているレーザー励起・光検出領域には，一般的に石英部品が使われている。従ってアッセイ用ビーズでは，①及び②のようなシリカ材料が露出している場合には，フロー系トラブル等によりラミナーフローが乱れた時に，石英部品を傷める可能性があるので注意が必要である。以下では，ポリマービーズ系に絞って報告例を紹介する。

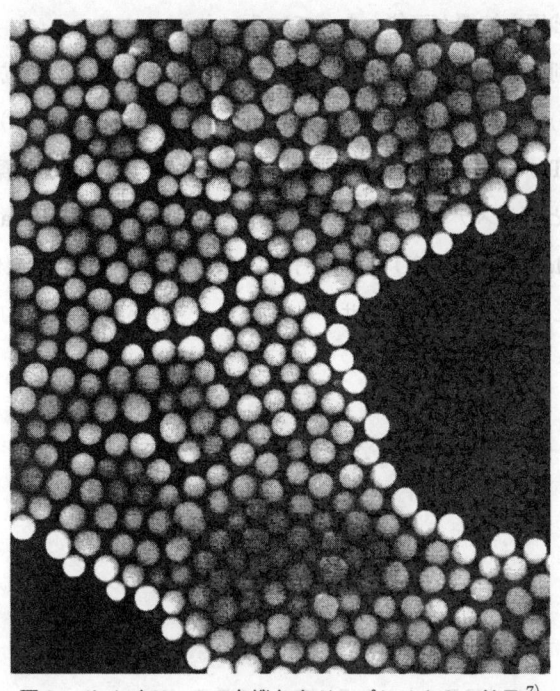

図6　サイズ70 nm の有機色素ドープシリカナノ粒子[7]

③では，半導体ナノ蛍光体を分散安定剤の tri-n-octylphosphine oxide（TOPO）で被覆し，直径が 2〜50 nm の孔の空いたポリスチレンビーズと混合し，ブタノール中で 10 分程攪拌することで，多孔質ポリスチレンビーズに埋め込ませる試み[11,12]が行われている（図 7）。TOPO と PS ビーズは両者とも疎水性のため，疎水相互作用によって半導体ナノ蛍光体がポリスチレンビーズ内へ吸着している。

④では，量子ドットを水層とトルエン油層の混在系に入れ，エマルジョン（ミセル）を形成し，重合開始剤を用いてポリスチレンを合成し，同時に蛍光体を取り込ませた蛍光標識ビーズを得る方法[13,14]が試みられている。この合成法ではミセル形成のパラメーターであるトルエンと水との濃度比を変化させることにより，粒子径を 300 nm〜20 μm のスケールで制御することを可能とした。その他にも，乳化重合および懸濁重合を用いて，メタクリル酸メチル基で官能化したオリゴマーホスフィンで量子ドットを修飾した蛍光体をポリスチレンビーズに化学的に取り込ませる方法[15]も検討されている。

⑥は，交互吸着法（LBL 法：layer-by-layer technique）[16〜18]と呼ばれる方法であり，表面改質を行う手法として多くの報告例がある。その手法は，表面に電荷を帯びた粒子を，異符号電荷を持つ高分子イオン溶液中に浸し，攪拌させた後に未反応高分子イオン溶液を遠心分離により除去させることによって電荷を反転させた粒子を得る被覆方法である。異符号の高分子を交互に吸着させることで，表面に高分子が静電的引力で吸着・積層されるだけでなく，高分子間に化学結合が働くので，より強固な被覆が可能となっている。

この交互吸着法を利用して，ポリスチレンビーズに，電離して正に帯電する poly(allylamine hydrochloride)(PAH) と負に帯電する poly(sodium 4-styrenesulfonate)(PSS) を交互吸着させ，量子ドット（CdTe）と複合化させた例[19]，希土類をドープしたリン酸ランタン（$LaPO_4$:Re）ナノ蛍光体粒子とポリスチレンビーズを PSS, poly(dimethyldiallylammonium chloride)(PDDA), poly(ethylenimine)(PEI) の高分子層を利用して複合化させた例[20]等がある。

交互吸着法を利用したビーズのフローサイトメーターへの応用では，グリコサーマル法により

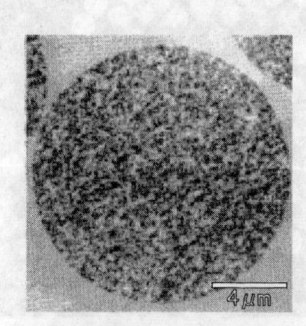

図7　半導体量子ドットを埋め込んだ多孔質ポリスチレンビーズ[11,12]

第4章 ナノ蛍光体の応用への展望

合成した YAG：Ce ナノ粒子[21]を用いた例[22]がある。この場合の交互吸着層には，YAG：Ce ナノ粒子が正に帯電する性質を利用して，PMMA ビーズに YAG：Ce ナノ粒子と負に帯電した PSS をそれぞれ 2 回ずつ交互に吸着を行い，更に YAG：Ce ナノ粒子の PMMA ビーズへの堆積量を変化させることで 3 段階の蛍光強度のビーズ（図 8，図 9）を得ている。この例では，ウシ血清アルブミンを抗原抗体反応により検出するために，更にビーズ最上層に poly(acrylic acid)（PAA）を静電的相互作用によって吸着させている。このように，交互吸着法の汎用性は広く，生体分子との親和性も高いため，今後様々な応用が期待されている。

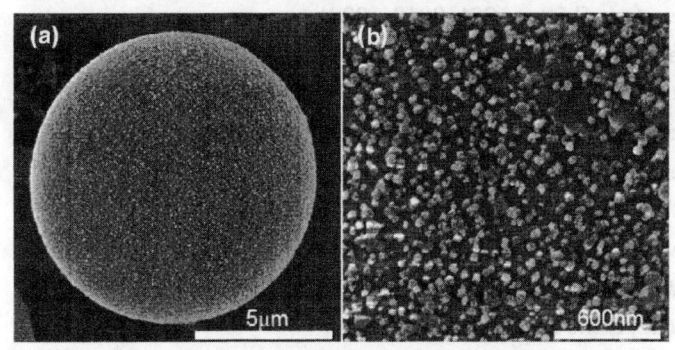

図8　YAG：Ce を交互吸着法で固定化した PMMA ビーズ[22]

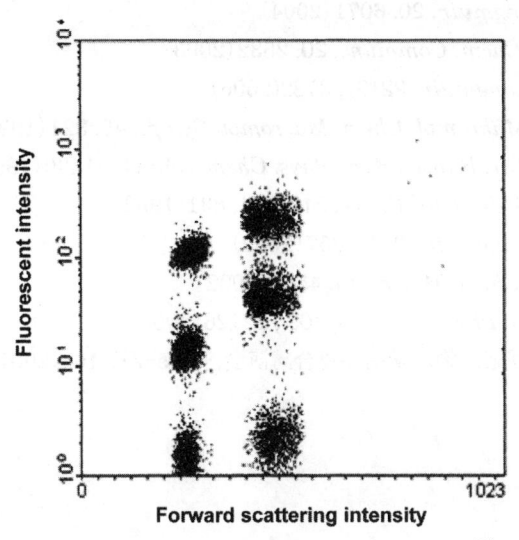

図9　フローサイトメーターのドットプロット[22]

8.5 おわりに

　ナノ蛍光体のフローサイトメーターへの応用を，最近の開発状況から概説した。特に半導体量子ドットの高い輝度，狭い発光半値幅は，従来の有機色素を凌駕する特性であり，蛍光標識プローブを利用したマルチカラー解析，バーコードビーズによるハイスループットなビーズアッセイへの応用が期待される。

文　献

1) 中内啓光，フローサイトメトリー自由自在，秀潤社（2004）
2) M. Bruchez *et al.*, *Science*, 281, 2013(1998)
3) X. Michalet *et al.*, *Science*, 307, 538(2005)
4) H. Yang *et al.*, *J. Chem. Phys*., 121(15), 7421(2004)
5) P. K. Chattopadhyay *et al.*, *Nat. Med*., 12(8), 972(2006)
6) W. Stöber., *J. Colloid and Interface Science*, 26(1), 62(1968)
7) Y. Gang *et al.*, *Anal Bioanal Chem*., 385, 518(2006)
8) R. P. Bagwe *et al.*, *Langmuir*, 22, 4357(2006)
9) L. Wang *et al.*, *Nano Lett*., 5(1), 37(2005)
10) L. Wang *et al.*, *Nano Lett*., 6(1), 84(2006)
11) X. Gao *et al.*, *J. Phys.Chem*. B, 107, 11575 (2003)
12) X. Gao *et al.*, *Anal. Chem*., 76, 2406 (2004)
13) X. Yang *et al.*, *Langmuir*, 20, 6071(2004)
14) P. O'Brien *et al.*, *Chem. Commun*., 20, 2532(2003)
15) W. Sheng *et al.*, *Langmuir*, 22(8), 3782(2006)
16) G. Decher *et al.*, *Makromol. Chem. Macromol. Symp*., 46, 321(1991)
17) G. Decher *et al.*, *Ber. Bunsen-Ges. Phys. Chem*., 95(11), 1430(1991)
18) G. Decher *et al.*, *Thin Solid Films*, 210-211, 831(1992)
19) D. Wang *et al.*, *Nano Lett*., 2(8), 857(2002)
20) P. Schuetz *et al.*, *Chem. Mater*., 14, 4509(2002)
21) R. Kasuya *et al.*, *J. Phys. Chem*. B, 109, 22126(2005)
22) 草川ほか，第54回応用物理学関係連合講演会，28 a-ZK-10 (2007)

9 近赤外蛍光ナノ粒子を利用した生体反応検出

町田雅之[*1], 神崎壽夫[*2]

9.1 はじめに

　蛍光を用いた検出は，非接触，非侵襲であることから，様々な生体分子の検出方法の中でも，最も広く利用されている方法のひとつである．また，蛍光検出は，大がかりな装置が必要なく，比較的簡便かつ安全に高感度な検出を行えることも優れた特徴の一つである．これらの特徴を背景として，生体分子の定量から細胞や組織のイメージングに頻用され，特に最近では，DNAマイクロアレイやプロテインマイクロアレイなど，数10～数100μm程度の間隔で平面基板上に固定化し，生体分子との相互作用を解析する方法に必要不可欠な検出法になっている．

　用いられる蛍光波長は様々であるが，一般的に生体分子の検出では，短波長よりも長波長の方が有利であり，より高感度な検出が期待できる．これは，生体分子の測定に用いる容器の素材や夾雑している生体分子からの背景蛍光が存在することによる．例えば，細胞から抽出したタンパク質を蛍光標識した抗体で測定する場合を考える．この場合，測定対象となるタンパク質自体にも，トリプトファンやチロシンなどに由来する蛍光（300～340 nm）があり，波長の短い蛍光色素を用いた場合には影響を受ける可能性がある．さらに，生体より抽出した物質にはタンパク質やヌクレオチドなどの夾雑物質を含むことが一般的であり，それらの中にはヘモグロビンなどの

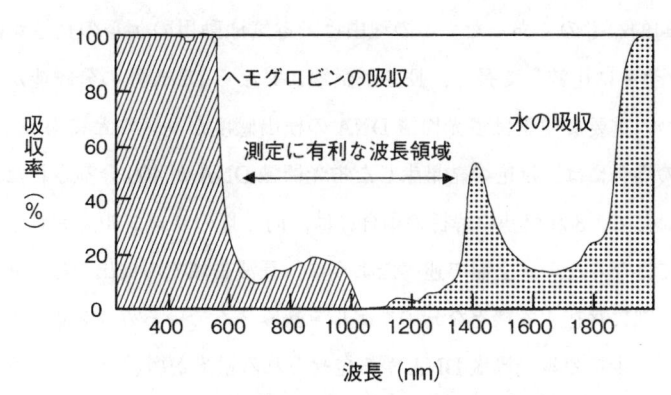

図1　近赤外波長領域での生体分子測定の優位性
光検出における生体分子の測定および生体のイメージングにおいて，大きな影響を与えると考えられる代表的な物質として，ヘモグロビンと水の吸収スペクトルを示した．

---

*1　Masayuki Machida　㈱産業技術総合研究所　セルエンジニアリング研究部門 グループリーダー

*2　Hisao Kanzaki　日立マクセル㈱　開発本部　機能性材料グループ　グループリーダー主任技師

ように可視光域に強い吸収を有するタンパク質も存在する（図1）。このような試料を用いて特定の微量タンパク質を蛍光色素を用いて測定する際には，背景蛍光の影響を大きく受けることが普通である。10年ほど前の第1世代のDNAシークエンサーでは，2枚のガラス板の間に作製したポリアクリルアミドゲルを用い，このゲル中の電気泳動によって分離された蛍光標識DNAを検出することによって行われていた。DNAシークエンスの測定対象であるDNAは増幅が可能であることから，蛍光標識DNAを測定する場所に共存する物質は，ポリアクリルアミドゲル，尿素，ガラス板などの他は微量のタンパク質やDNAなど，限られた種類の物質だけである。しかし，安定して十分な長さの配列を読み取るためには微量のDNAを高感度に検出する必要があることから，幅30 cm，長さ48 cm程度の大きなガラス板を細心の注意を払って洗浄し，背景蛍光などによるノイズを極力抑える必要があった。

一方，他のメーカーからは，Cy5やIRDyeという名称（蛍光波長が650～800 nm）の蛍光色素を用いたDNAシークエンサーが開発され一定の成功を収めた。これらに共通して言えることは長波長の蛍光色素を用いていたことであり，特に米国LI-COR社が開発したDNAシークエンサーでは，700 nmと800 nmという近赤外領域の蛍光波長が用いられた[1]。発売初期の1994年当時，一般的なDNAシークエンサーの1サンプルの解析長が400塩基程度であったのに対し，近赤外蛍光色素を用いたLI-COR社のDNAシークエンサーでは800塩基以上であることが最大の特徴であり，当時のほとんどの人がこのように長い解析が可能であるとは想像しえなかったほどの画期的なものであった。この理由は，電気泳動用のゲルの長さが約60 cmと他のDNAシークエンサーに比較して長く，長さが微妙に異なるDNA鎖の分離能が高かったこともあるが，もう一つの重要な要素は蛍光標識DNAの検出感度が高いことにあった。即ち，400塩基程度の解析長の場合には，反応の結果生じた蛍光標識DNAが400分割された状態で検出することになるのに対して，800塩基の解析の場合には，同じ量のサンプルを800分割された状態でも検出できなくてはならない。上記で述べたように，長波長域での検出では，短波長域での検出に比較して，測定部に存在する様々な分子やゲルを挟み込んでいるガラス板などからの背景蛍光が少ない。そこで，少量の蛍光標識DNAから発せられる蛍光が微弱であっても，低いノイズレベルでS/N比を大きく損ねることなく測定することが可能になる。このDNAシークエンサーは，DNAシークエンス以外にも，高感度な検出が要求されるDNA結合タンパク質とDNAとの相互作用の解析にも応用され，放射性同位体による検出に迫る感度と，それまでに達成されたことのない長鎖DNAを用いた解析を可能にした[2]。

近年では，近赤外蛍光色素はマウスの生体内のイメージングにも利用されており，700 nmの蛍光プローブを用いて生体内の酵素活性の測定や[3]，800 nmの蛍光標識抗体を用いたガンの進行度のイメージングへの応用が試みられている（図2）。近赤外領域の光は，比較的細胞や組織

第4章　ナノ蛍光体の応用への展望

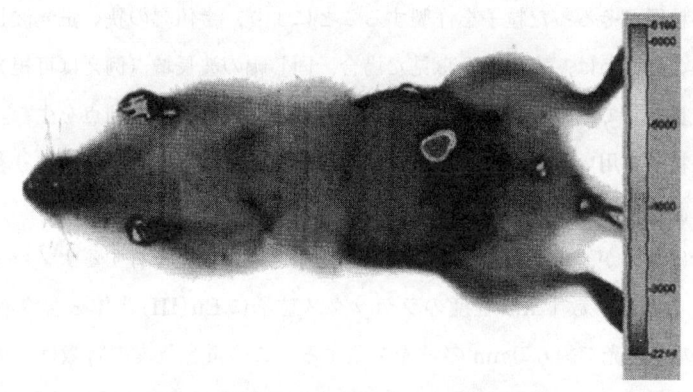

図2　マウス体内の蛍光イメージングの例
800 nm に蛍光波長を有する IRDye 800 CW で標識した EGF を用いた
前立腺腫瘍の SCID マウスの進行度のイメージングの例
（Copyright LI-COR Biosciences, Lincoln, Nebraska, U.S.A）

を透過しやすいこと，背景蛍光の影響が少ないことなどから，比較的体表面に近い場所であれば，近赤外色素は生体内イメージングへの利用が可能である事がわかる。一方，生体分子や細胞などはほとんどの場合水溶液や水分を含んだ状態で測定が行われることから，極端に長い波長領域は水の吸収の影響を受けることになる（図1）。従って，700〜1300 nm くらいが生体分子の計測や生体イメージングに適した波長域であり[4]，1000 nm 強の波長域が最も有利であると考えられる。

9.2　主な近赤外蛍光ナノ粒子

長波長の蛍光を発する有機系色素は大きな共役電子系の発色団を必要とし，700 nm 以上の長波長域の蛍光波長を有する色素の種類は多くはなく，特に 800 nm を超す蛍光色素は非常に少ない。一方，近年になって実用化された CdSe や InP などの半導体材料を用い，量子サイズ効果を利用したナノ粒子蛍光体では，より長い蛍光波長が達成されている。例えば，InAs/CdSe/ZnSe 構造[5]や PbS[6]を用いた蛍光ナノ粒子では，800〜1500 nm の蛍光波長が得られている。800 nm 程度の近赤外領域に蛍光波長を有する半導体蛍光ナノ粒子は既に市販されており（http://www.invitrogen.com/)，可視光領域の蛍光波長を有する同種の半導体蛍光ナノ粒子と同様に，表面を親水処理した上でカルボキシル基やアミノ基などの生体分子の固定化に適した官能基を表面に付加したものや，これらを利用してアビジンや抗体などの比較的よく利用されるタンパク質を固定化した粒子も入手可能である。また，Cd を含まない構造（Zn/Cu/In/S）のナノ粒子でも 800 nm に近い波長までの長波長化が進められている[7]。これらの粒子のコアは，通常 2〜6 nm 程度の粒径を有し，粒径を変えることによって蛍光波長を変化させることができる。また，

255

粒径分布が狭い粒径がそろった粒子を作製することにより，半値幅の狭い蛍光波長ピークを得ることができる。このことは，実用面から見た場合，同じ幅の波長域（例えば可視光域）に，より多くの異なる波長として測定可能な蛍光色素が得られるという大きな利点を生む。さらに，長波長域の蛍光ナノ粒子を用いることによって，利用可能な波長域が広くなり，より多くの種類の分子などを同時に測定できるようになる。

近赤外領域ではないが，希土類の錯体を利用した赤色域に蛍光を有するナノ粒子が開発され市販されている。これは，数十nm程度のラテックス粒子にEu(III)錯体を含浸させたものであり，約325 nmの励起光で約620 nmの蛍光を発する。この蛍光色素の特徴は，蛍光寿命が非常に長く，通常の有機系の蛍光色素の蛍光寿命が数ナノ秒程度であるのに比較して，Eu(III)錯体のそれは数百マイクロ秒に達する。測定対象物質に共存する夾雑物質や測定系に由来する背景蛍光は，有機系色素と同様に蛍光寿命が短いものがほとんどであることから，時間分解蛍光測定（パルス状の励起光を照射し，一定時間後に蛍光強度を測定する）を用いることによって非常に高いS/N比を実現することが可能である。また，ストークスシフトが大きいこと，蛍光波長が長いことと相まって，微量測定において非常に高い感度が達成されている。このような優れた特性の反面，錯体を抗体やDNAなどの生体物質に結合させた状態で検出反応を行わせた場合，錯体を安定に形成させておくことが難しいという問題もある。上記のEu(III)錯体を含浸させたラテックスナノ粒子は，この問題を解決する一つの方法であり，既に高感度な医療検査を可能にするアプリケーションも開発されている[8]。上記の半導体蛍光ナノ粒子も，有機色素より若干長い蛍光寿命（有機色素が数ナノ秒以下であるのに対して10ナノ秒程度以上）を有することから，時間分解測定による高感度化の可能性がある。

上記以外で生体分子の検出などに利用が検討されている蛍光ナノ粒子として，ダイアモンドやその他の無機材料を用いて作られたナノ粒子がある。蛍光ナノダイアモンドは，数nm～数十nmのナノ粒子であり，500～800 nm程度の蛍光波長を有する。表面をカルボキシル基などの生体分子を結合させるための表面処理が容易であり，ポリL-リジンを結合させた蛍光ナノダイアモンドをDNAに結合させて標識する検討などが行われている[9]。CdSeなどを利用した半導体蛍光ナノ粒子の表面は疎水性であることから，表面加工が施された上で生体分子を結合させるための官能基が導入されているが，毒性のあるCdを含んでいることから，性細胞や特に生体内へのインジェクションなどによる利用の障害になっている。しかし，ダイアモンドは基本的に毒性がなく，細胞の形態やミトコンドリアの機能などを指標にした評価系でも，毒性が見られないことが示されている[10]。

上記以外にも様々な蛍光体が開発されているが，筆者らは，これまでセキュリティの目的で開発し利用されてきた赤外蛍光を有するナノ粒子のライフサイエンスへの利用を進めている。次節

第4章　ナノ蛍光体の応用への展望

以降でその例を述べる。

9.3　マーキング用蛍光ナノ粒子の利用

日常で使われている商品のタグや切手，商品券，様々なパッケージには，それが正しく製造され販売されているものなのかを確認するために，番号やコードが付されている。これらの多くは視認できるインクなどを用いて記載されているが，偽造が行われやすいことから，高いセキュリティを必要とする用途には不可視性の標識であることが好ましい。このような目的のために，紫外部の吸収や赤外の発光を利用したマーキング技術が開発されている[11]。筆者らは，このような目的で開発された近赤外蛍光ナノ粒子を生体分子の検出やイメージングなどに利用するための研究開発を進めている。既に蛍光体そのものの利用実績があり製造技術が確立していること，セキュリティ用品の開発と販売で培われた検出技術を流用可能であることなどの優位性がある。

現在，主に用いている近赤外蛍光ナノ粒子は，希土類のNd^{3+}やYb^{3+}などを発光中心としたものであり，固相反応法により粒径が100 nm程度のものを作製している。また，水熱法やポリオール法などの溶液反応によって，10 nm程度の微粒子を作製することも可能となっている（図3）。この蛍光ナノ粒子の励起光に対する耐性は，半導体蛍光ナノ粒子などの他の無機材料を用いた蛍光体と同様に非常に高く，有機色素が短時間の露光で退色するのに対して，この蛍光ナノ粒子は長時間の露光の後でも蛍光強度はほとんど変化しない（図4）。細胞や組織のイメージングでは，微量のタンパク質などの生体分子の計測が必要であり，高感度な冷却CCDを用いても感度的に厳しいことが多い。また，計測に要する時間（秒〜分単位）から考えて，静止あるいはそれと近いほとんど動きがない状態でのイメージングの需要も多く，長時間の励起による蓄積やインテグレーションによって感度が向上できることは大きなメリットである。そこで，既に市販

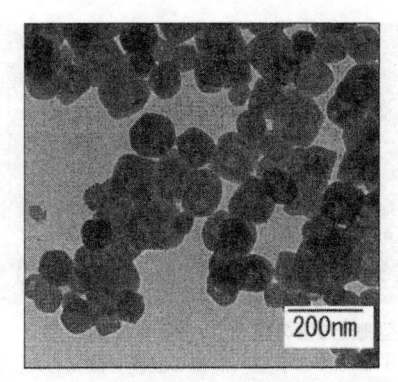

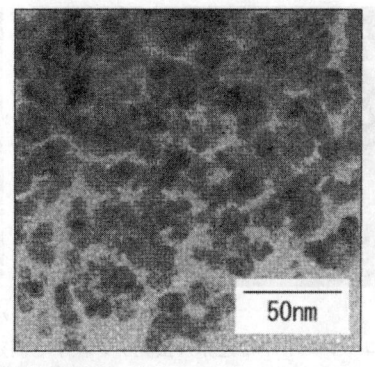

図3　近赤外蛍光ナノ粒子
近赤外蛍光ナノ粒子の例（TEMによる観察）。微細化の検討により10 nm程度の微粒子に加工することも可能である。

されている半導体蛍光ナノ粒子では，多数の異なる蛍光波長を用いた多重染色が行い易いことも相まって，細胞や組織切片などの蛍光標識イメージングの利用例が多い。

近赤外蛍光ナノ粒子の生体分子の測定の利用例として，抗体による抗原の検出と定量を検討した。またそのために，セキュリティ製品のために用いられている発光素子（半導体レーザー：励起波長は約 800 nm）と受光素子（アバランシェドフォトダイオード：受光波長は 900〜1100 nm）を用いて，マイクロプレートのピッチで1列に並べられたウェル用の簡便で小型の測定装置を作製した（図5）。この例では，マイクロプレートの各ウェルの底面に抗 CRP 抗体を固定化しておき，それぞれのウェルに段階的に希釈した CRP 抗原を添加して抗体に結合させて洗浄

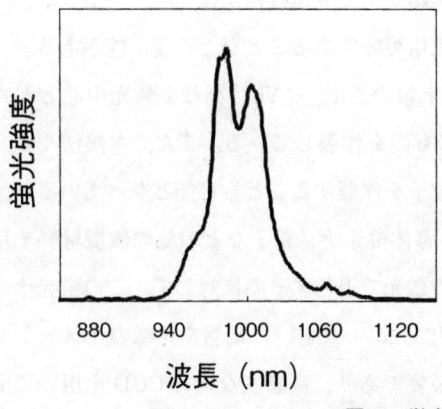

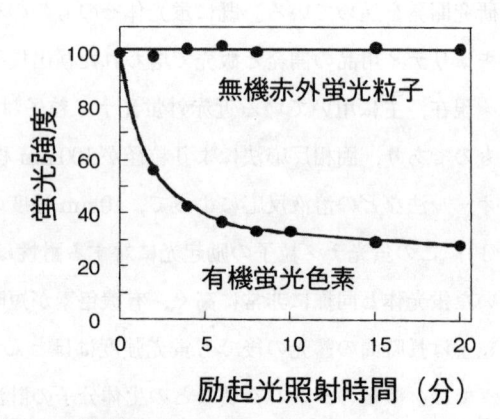

図4　蛍光スペクトルと耐光性
Yb^{3+} を発光中心とする近赤外蛍光ナノ粒子の蛍光スペクトル（左図）と露光に対する退色の程度（右図）を示した。比較対象としては有機蛍光色素である IRDye 800 を用い，いずれもレーザーダイオードにより 800 nm の励起光を照射したときの退色を示した。

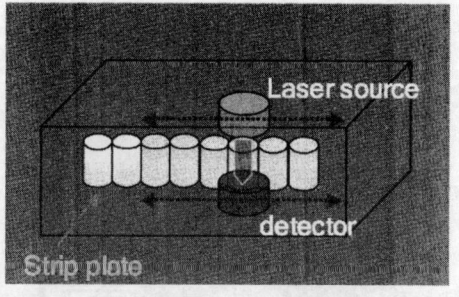

図5　簡便な小型測定装置の例
マイクロプレート中の近赤外蛍光ナノ粒子を測定するための小型・簡便な装置を開発した。光源には約 800 nm の半導体レーザーを，検出には Si フォトダイオードを用い，900〜1100 nm の波長の蛍光を測定する。垂直に同軸上に配置された光源と検出素子を手動で移動させることにより，マイクロプレートのピッチで1列に並べられたウェルの各蛍光強度を測定することができる。

第4章 ナノ蛍光体の応用への展望

する。その後，ビオチン化した抗CRP抗体，アビジンタンパク質でコートした近赤外蛍光ナノ粒子を順次添加し，各添加による結合反応ごとに洗浄を行う。最終的に，各ウェルの底に抗原を介して固定化された近赤外蛍光ナノ粒子を，その蛍光を利用して測定することにより，各ウェルに添加された抗原を定量する。これにより，現時点で研究開発途上にある近赤外蛍光ナノ粒子とその測定装置を用いることによって，サブナノグラムから数百ナノグラム近くまでの4桁に迫るダイナミックレンジが実現できることが明らかとなった（図6）。生体分子の測定では，その種類によって存在量に大きな違いがあることから，一般的に生体分子の測定には高感度と同時に，広いダイナミックレンジが要求される。今回開発された測定系は，既存の素子を用い，光学系の配置も試行錯誤が行いやすいよう，必ずしも高感度検出に最適化して設計されていないにも関らず，可視光の蛍光色素と市販の蛍光測定器を用いた場合と遜色ない結果が得られた。現在の測定装置は家庭用電源を用いているが，使用した素子などの特性から考えて，電池駆動にすることも容易であり，将来的には小型，高感度，低コストで取り扱いが容易な測定装置と検出系を構築すべく研究開発を進めている。

9.4 今後の展望

これまでに述べたように，近赤外蛍光ナノ粒子は，生体分子や細胞などの測定に有利な1000 nm程度の長波長領域の蛍光体を比較的容易に作製できること，長時間露光しても退色しないことからイメージングにおいて高感度化が期待できることなどの利点を有する一方，利用面において有機色素には無い難しさが存在する。その最も端的な例は，近赤外蛍光ナノ粒子が持つ数nm

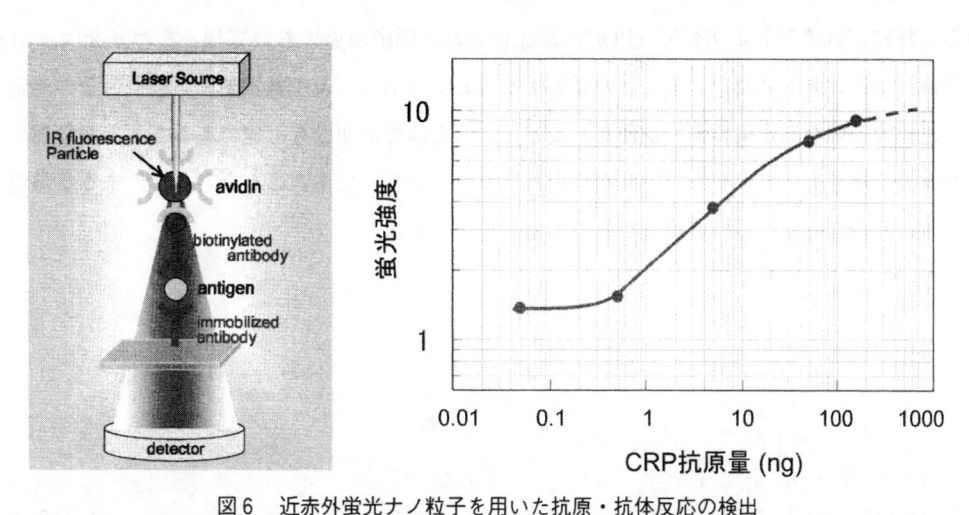

図6 近赤外蛍光ナノ粒子を用いた抗原・抗体反応の検出
図5に示された装置を用いて，抗原をサンドイッチ法で測定する時の模式図（左図），およびこの方法でCRPを定量した時の結果の例を（右図）示した。

〜百nm程度の大きさに由来する。細胞内の分子を蛍光標識された抗体で検出しようとする場合，標識抗体は細胞膜を通過して細胞内に入り込む必要がある。有機溶媒などで固定化された細胞では，細胞膜が大きなダメージを受けているため，数nm程度の大きさを持つ抗体も通過することができる。また，半導体蛍光ナノ粒子で標識された抗体も通過できることが確認されている。しかし，現在の近赤外蛍光ナノ粒子は半導体蛍光ナノ粒子よりも大きく，これらと同様の効率で標識が可能かどうかは検討する必要がある。また，一般的に粒子は凝集しやすく，タンパク質やDNAなどの生体分子を表面に固定する際にこの問題が生じることが多い。半導体蛍光ナノ粒子では，アビジンや二次抗体であらかじめ標識された粒子が市販されており，ユーザーはこれらの標的となる分子と混合するだけで効率的な標識ができるようにデザインされている。この粒子の大きさは，測定感度にも影響する。即ち，表面に固定化される生体分子よりも粒子の方が大きい場合，複数の分子が粒子の表面に固定化されることになる。これによって，複数の測定対象分子が単一の粒子上の複数の検出用分子に結合されるため，標識抗体の比活性が下がってしまうことが予想される。粒子を製造する際に，粒子の特定の箇所だけをエッチングなどの方法で生体分子と反応できるようにする技術も開発されているが，製法が異なる様々な粒子に応用できる技術ではない。さらに，粒子表面は生体分子とは全く異なる性質を持っていることが多く，そのままでは非特異的な吸着が問題になることはほぼ確実である。有機系の色素でも同様の問題は発生するが，粒子の方が状況は深刻であり，生体分子を固定化するための官能基の導入に関連することでもあるが，粒子の表面処理方法の開発は重要な要素である。

　上記のように，問題点も数多く残されているが，近赤外蛍光ナノ粒子は生体分子の測定に重要な要素を備えており，新たな計測のための基盤技術になり得るポテンシャルを有すると期待している。特に，ポイントオブケア（POC）が注目され，医療現場において様々なバイオマーカーを簡便かつ低コストに測定することの重要性が増しつつある。近赤外蛍光ナノ粒子とその測定系は，比較的安価な測定用の素子が使えること，これらは電池駆動も可能であること，測定部の厳密な遮光を施さなくても十分な感度が得られ取り扱いが容易であることなど，このような需要に応えることが可能な一つの有用な技術であると考えられる。

文　　献

1) Middendorf, L. R. *et al*., Continuous, on-line DNA sequencing using a versatile infrared laser scanner/electrophoresis apparatus, *Electrophoresis*, 13, 487-494 (1992)

2) Machida, M., Kamio, H. & Sorensen, D. Long-range and highly sensitive DNase I footprinting by an automated infrared DNA sequencer, *Biotechniques*, 23, 300-303 (1997)
3) Tung, C. H., Mahmood, U., Bredow, S. & Weissleder, R. In vivo imaging of proteolytic enzyme activity using a novel molecular reporter, *Cancer Res.*, 60, 4953-4958 (2000)
4) Shah, K. & Weissleder, R. Molecular optical imaging: applications leading to the development of present day therapeutics, *NeuroRx.*, 2, 215-225 (2005)
5) Aharoni, A., Mokari, T., Popov, I. & Banin, U. Synthesis of InAs/CdSe/ZnSe core/shell 1/shell 2 structures with bright and stable near-infrared fluorescence, *J. Am. Chem. Soc.*, 128, 257-264 (2006)
6) McDonald, S. A. *et al.*, Solution-processed PbS quantum dot infrared photodetectors and photovoltaics, *Nat. Mater*, 4, 138-142 (2005)
7) Nakamura, H. *et al.*, Tunable Photoluminescence Wavelength of Chalcopyrite CuInS 2-Based Semiconductor Nanocrystals Synthesized in a Colloidal System, *Chem Mater*, 18, 3330-3335 (2006)
8) 神野英毅ら，Eu 標識 Latex を用いた蛍光免疫測定システムの開発（Advanced LPIA System），日本臨床検査自動化学会誌，20, 237-242（1995）
9) Fu, C. C. *et al.*, Characterization and application of single fluorescent nanodiamonds as cellular biomarkers, *Proc. Natl. Acad. Sci. U. S. A*, 104, 727-732 (2007)
10) Schrand, A. M. *et al.*, Are diamond nanoparticles cytotoxic? *J. Phys. Chem B*, 111, 2-7 (2007)
11) Shionoya, S. & Yen, Y. M. Phosphor Handbook., pp. 659-663 (1999)

10 マルチモーダル生体分子・細胞イメージングへの応用

森田将史[*]

10.1 マルチモーダル生体イメージングとは

　ゲノム情報が明らかになりつつある現在，その遺伝子産物の生体内部での時間的，空間的な振舞いを知ることは，発生現象などの基礎研究ばかりでなく，再生医療における治癒効果や疾患の状態判断および治療による効果を知るうえでも重要になってきている。近年，プロテオミクス，マイクロアレイなど生体システム全体での分子レベルでの解析から，病態変動の指標となるバイオマーカー分子の探索が行われているが，同定された分子が，実際に生体内のどこで，いつ，どのように働くか，調べて初めてその重要性が，確認できるといえる。

　こうした生体レベルでの分子動態を探るには，ヒトにおける医用画像法として現在用いられているX線CT，PET，MRI，光計測などを用いることができると期待される（図1）。それぞれの画像法では，固有の計測手段を用いて，特徴的な情報を得られるが，いずれも1つの計測手段から得られた情報のみでは，限られた情報しか取得できない。このため，最近の臨床現場では，PETでの機能情報を，別の機会に撮像したX線CTまたはMRIによる解剖学的情報を基に，診断することがよく行われている。しかしながら，こうした手法は，画像診断の正確性や被験者への負担の問題もあることから，いままで同一被験者に対して，別々に行われていた画像取得を同時に行うことのできるマルチモーダル生体イメージング技術が，次世代の医療診断手法として期待されている。一方，小動物を用いた生体イメージング研究に目を向けてみると，病態モデル動

	X線CT	PET	MR	Optics
計測手段：	X線	陽電子線	ラジオ波	近赤外線
薬物：	—	放射性同位元素	—	蛍光色素
放射線被爆：	有	有	無	無
侵襲性：	低	有	低	低
特徴：	硬い組織	導入薬物	軟部組織	利便性

図1　画像診断法の比較

---

[*] Masahito Morita　㈱科学技術振興機構　さきがけ；滋賀医科大学　MR医学総合研究センター　特任助教

第4章 ナノ蛍光体の応用への展望

物の分子,形態動態を調べるため,さまざまな小動物用に開発されたイメージング機器を用いた研究がさかんに行われるようになってきている[1,2]。とくに,PETを中心に,MRIや発光など特定分子に対する分子プローブを利用した生体内での分子・細胞動態を可視化する動きがさかんである。しかしながら,ヒトを対象にした医療機器同様,いままでの手法では,単一分子の生体分布情報が得られるのみで,細胞の位置とその生理的状態など多次元情報を同時に取得することが難しい。その結果,より精緻な細胞動態の可視化に関する研究はほとんど行われてこなかった。しかしながら,現在の単一のエネルギー特性を利用したイメージング機器のそれぞれの特徴を組み合わせれば,多次元的な生体情報に関する知見が得られると考えられる。こうした理由から,マルチモーダル生体イメージング装置として,PET/CTが普及し出し,さらには,より被爆の少ないPET/MRIが開発されてくるなど,一度の検査で多次元情報を得ようとする研究が,大学および医療機器メーカーで進められている[3]。しかしながら,PETで用いられるプローブの放射性同位元素は,長くても数時間程度の短い半減期のため,繰り返し放射性プローブを投与する必要があるような再生医療における移植幹細胞の分化状態の様子など長期間にわたる現象を可視化するには向いていない。そこで,より低侵襲な撮像法であるMRIや光計測を組み合わせた研究開発が行われるようになってきた。

　このようなマルチモーダルイメージングの研究を進めるには,3つの方向性が重要であると考えられる。1つ目は,異なるモダリティに応答するプローブの開発である。これは,それぞれの異なる画像法で目的とする現象を可視化するために必要だからである。2つ目は,そのプローブの信号を同時に検出するマルチモーダル検出器の開発である。マルチモーダルプローブの動態を検出するためには,モダリティに特徴的なエネルギーに応じて,発生する物理現象を検出する装置を組み合わせる必要があるからである。3つ目は,取得した異なるモダリティからのイメージングデータ解析手法の確立である。それぞれの画像法は,プローブや検出器の感度により,時間的・空間的な検出感度限界があるが,異なる画像法では,その限界が異なる。そこで,統計的な検定手法の開発により,異なる画像データからの有用な情報抽出方法が必要となるからである。本稿では,こうした方向性の中で,1つ目のマルチモーダルプローブ,中でも,より低侵襲で画像取得が可能なMRIと光計測で用いられているナノ粒子について概説するとともに,われわれの現在取り組んでいるプローブについても紹介する。

10.2　マルチモーダルプローブの開発―とくに光・磁場応答性について

　生体イメージングにおいてマルチモーダル技術を利用する主な利点は,生体内でおきている多様な生理現象に関わる情報を一度に取得できることである。とくに,光と磁場を用いた手法は,ナノレベルの分子レベルの情報から,形態変化などマクロレベルの情報まで取得できるという特

図2 光・MRイメージングを用いた多次元生体情報取得

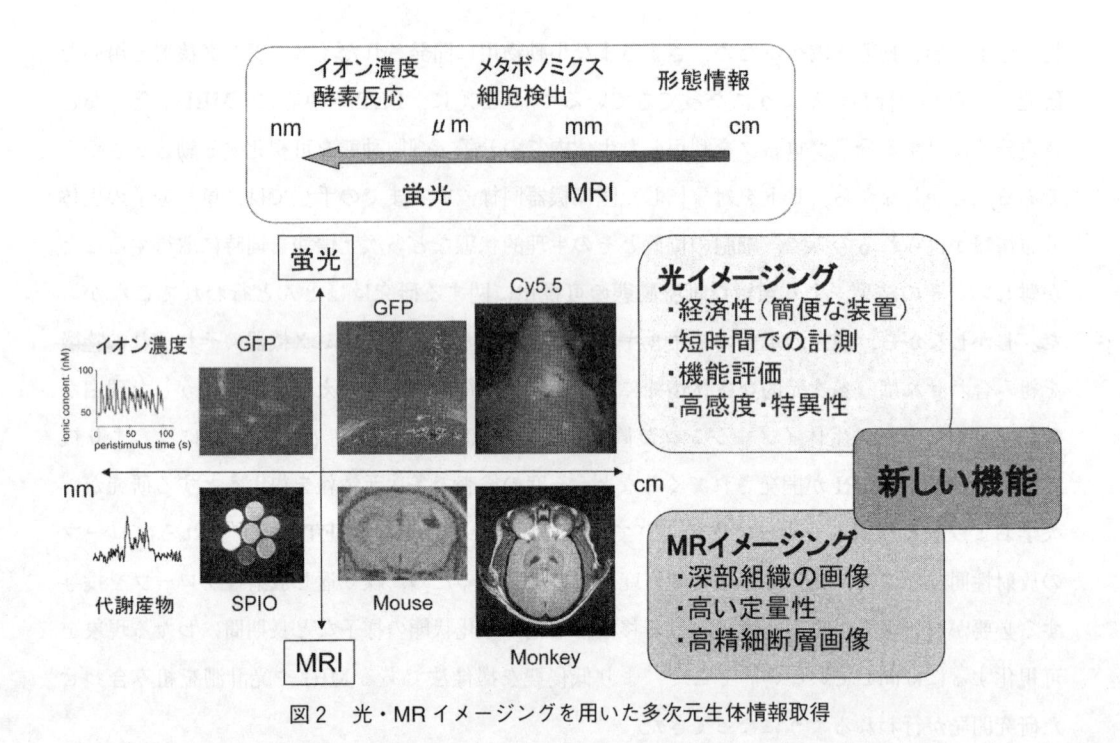

徴を持つ（図2）。さらに光・MRIともに放射線を使用しないため，低侵襲的であり，同一個体での繰り返し測定に適している手法である。それぞれ，ナノメートルレベルからセンチメーターレベルの階層的なレベルでの現象の可視化に適していると言える（図2）。蛍光イメージングのプローブとしては，低分子有機分子，Qdot[4]，GFP[5]に代表される蛍光たんぱく質，そして有機色素をドープしたシリカ[6]などが用いられている。蛍光イメージングの特徴として，経済性（簡便な装置），短時間での計測，および機能評価や高感度・特異性があげられる。一方，MRIは，深部組織の画像，高い定量性および高精細断層画像の取得などが利点である。したがって，両者を組み合わせた手法は，細胞内のイオン濃度や酵素反応，組織レベルのメタボノミクス，生体内での標的細胞検出，および形態変化など，多様な生理情報を一度に取得することができると期待できる。

ここでは，単一粒子で，同時に光・磁場応答性を持つマルチモーダルプローブに絞り，そのプローブを紹介したい。単一粒子で複数の機能を持たせるためのナノ粒子の形状には，いくつかの方法があるが，基本的には，光応答性部位，磁場応答性部位，および生体適合性部位の主に3つの部分から成り立っている場合が多い。これらの構造として，主に①ヘテロ多量体型と②コア・シェル型を基にしたナノ粒子が報告されている（図3）。①としては，高分子などの分子骨格の周りに，DOTAなどのキレート剤に光・磁場応答性部位を配し，親水性部位や生体認識部位を

第4章 ナノ蛍光体の応用への展望

ヘテロ多量体型　　　　　　　　　　**コア・シェル型**

● ：磁場応答部位　　　〜 ：官能基部位
● ：光応答部位　　　　Y ：抗体
〰 ：可溶化部位
⋎ ：分子骨格部位　　　　：生体分子認識部位

図3　光・磁場応答性マルチモーダル造影剤の構造

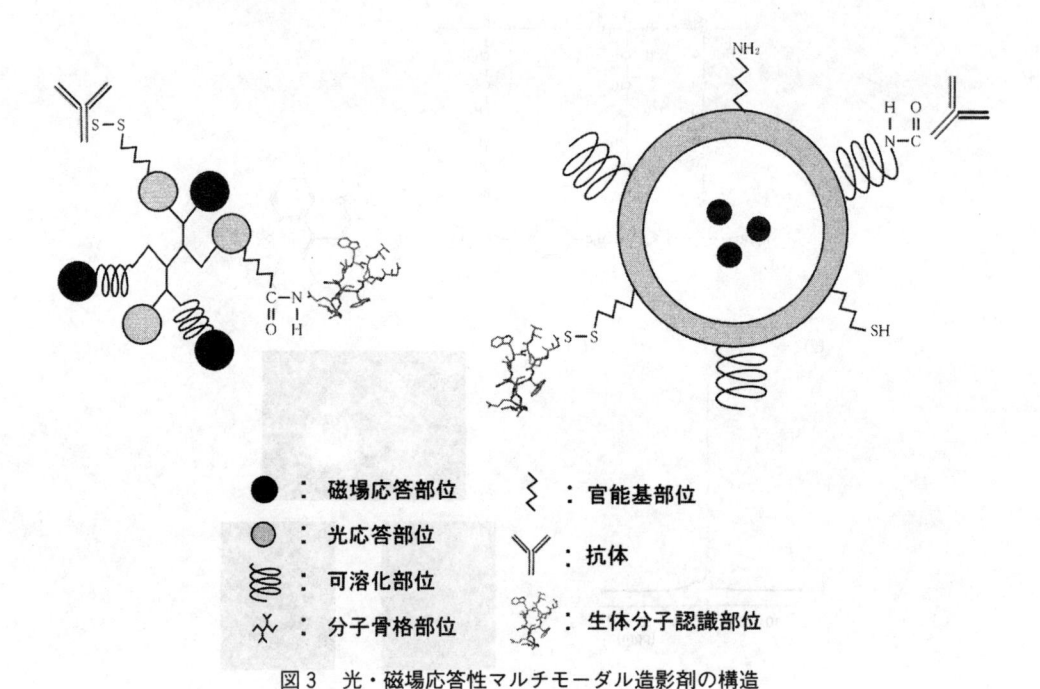

分子骨格に付加したタイプである。デンドリマー[7,8]，ポリ-L-リジン[9]そしてミセル[10]などを用いた例が知られている。②としては，中心部位とその辺縁部位に，光応答性または磁場応答性の物質を，周辺部位に，親水性や生体認識部位などを付加しているタイプである。超常磁性微粒子[11〜13]，Q-dot[14]やシリカ粒子[15,16]を用いた例[20]が多いが，最近では，磁性を強化するために，合成段階で磁性微粒子にさらにマンガンイオンをドープするなどの材料化学的なアプローチを用いた，より精緻なプローブ開発[17]も行われるようになってきている。

　では次に，われわれが取り組んでいる①のカテゴリーに属するポリ-L-リジンを利用した研究[9]，および②のカテゴリーに属するナノダイヤモンド（ND）を利用した研究[18]を紹介する。①は，ポリ-L-リジンを骨格として，そのアミノ基部分に，MRI応答性としてF原子を，また蛍光としてFITCを用いた光・磁場応答性マルチモーダルプローブである。たとえば骨には，水分がほとんどないため，プロトンによるMRIでの生理状態評価は難しい。そのため，骨芽幹細胞のような将来骨になる細胞の分化状態を経時的に低侵襲的に追跡するには，水分子のH核によらない造影剤の開発が必要である。また，アルツハイマープラークの除去を目的としてミクログリアと呼ばれる細胞を利用できるか検証する研究では，静脈から投与した後，どの程度の細胞が目的の部位に到達したのかを調べる必要がある。MRI用の造影剤だけでは，限局した撮像領

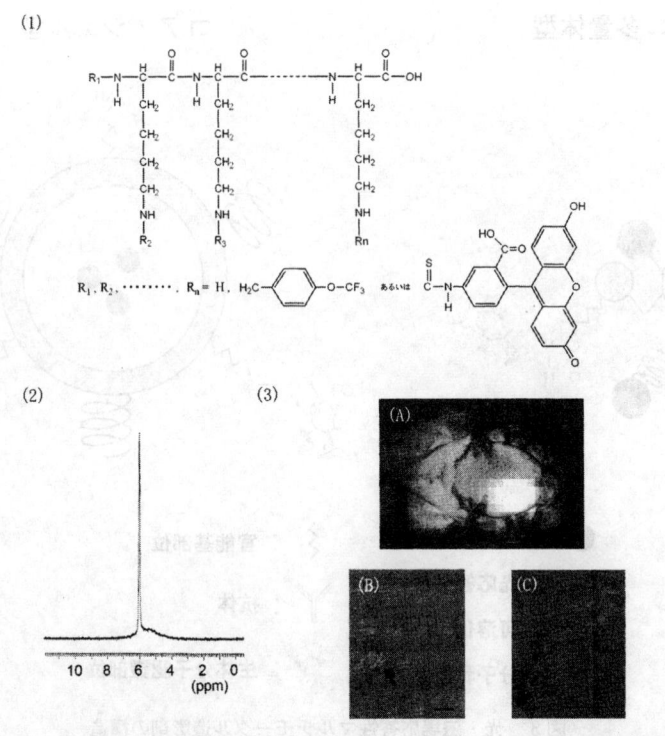

図4 光・磁場応答性マルチモーダル造影剤（1）-ポリ-L-リジンを利用した例
(1) 有機化学的に合成した光・磁場応答性ポリ-L-リジンの構造
(2) 合成した試料の^{19}F NMRスペクトル
(3) A：マウス頭部の構造画像上での^{19}F MRI　B：同一個体からの脳切片上の低倍率蛍光顕微鏡画像
　　C：Bの高倍率での蛍光顕微鏡画像

域しか分からないが，マクロ蛍光顕微鏡を援用することで，そのような作業も可能になる可能性があった。そこで，われわれは，Hと同様，100％と非常に感度がよい核種である^{19}Fを用いることで，MRIで可視化することを試みた。さらにその状態を蛍光でより細胞レベルで調べるために，FITCの蛍光色素を導入した。このプローブは，長さ1000個～3000個程度のポリ-L-リジンがつながったポリL-リジンを基にして，合成した（図4）。一次元NMRスペクトルでも1本の波形となり，MRIでの測定に問題がないことを確認した後，グリア細胞に投与し，脳内に移植した。移植2日後に，^{19}F MRIで，脳内の中での移植細胞の位置が確認できるとともに，取り出した脳切片を蛍光顕微鏡による観察により，単一細胞レベルでの局在も確認することができた。以上の結果は，光と磁場によるマルチモーダルナノプローブと2つのイメージング手法を組み合わせることで，マクロレベルの細胞位置情報から，ミクロレベルの細胞形態までを一度に観察することができることを意味する。

しかしながら，こうしたペプチド性のプローブは，プロテアーゼなどの酵素による分解などに

第4章 ナノ蛍光体の応用への展望

より，長期間のラベリングには向いていない。実際，1週間程度の追跡は可能であったが，それ以上は，難しかった。そこで，われわれは，より頑丈なナノ炭素化合物の1種であるナノダイヤモンド（ND）に注目し，光・磁場応答性を付与することを試みた。NDは，その構成成分が，ほぼ炭素だけからなるため，生体適合性の高いことが期待され，表面積の広さから，有機化学的な手法により，表面を修飾することで蛍光色素や生体分子を付与することができる可能性があったからである[18]。爆発法と呼ばれる，火薬が爆発したときに，その成分から生成されるNDは，その製造工程に鉄元素が取り込まれると同時に炭素元素間のダングリングボンドによる欠陥が生じることから，磁性を持つことが期待された。実際，MRIにより，NDそれ自身でT_1短縮効果を示した（図5）。そこで，このND表面に蛍光色素を付加することでマルチモーダルプローブとして利用することを目指した。ND表面を，水素処理，アンモニア処理し，アミノ基を付加させ，蛍光色素を結合させたところ，顕微鏡下において，緑色の蛍光を確認することができた。以上の結果から，NDを光および磁場に応答する光・MRI用マルチモーダルプローブとして利用できる可能性が示された。

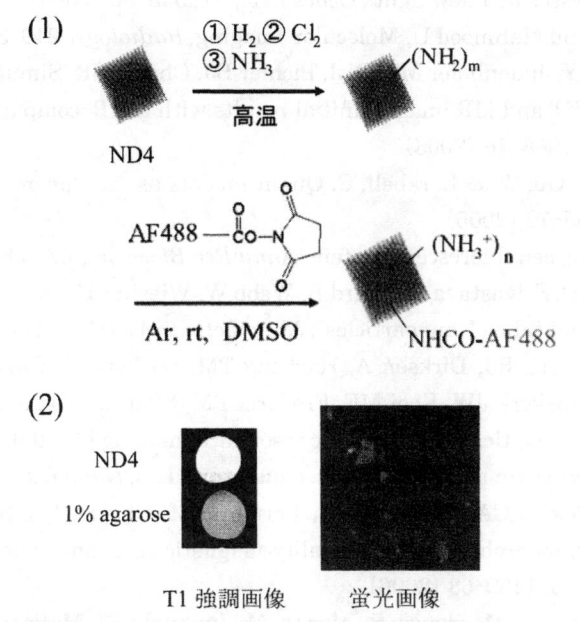

図5　光・磁場応答性マルチモーダル造影剤（2）-ナノダイヤモンドを利用した例
(1) 原材料からのアミノ化方法とそのアミノ基への蛍光色素の付加
(2) T_1強調画像と蛍光画像
　　ND4ではアガロースゲルよりもT_1短縮効果により画像が白くなっている。

10.3 まとめ

以上，マルチモーダルイメージングの現状とその可能性について触れるとともに，いくつか具体的な開発例を紹介してきた。実際のアプリケーションについては，今後，目的に応じて，開発が活発に行われていくであろう。また今回，紙面の都合上触れることのできなかったマルチモーダルイメージングデバイスの開発や，異なるモダリティのプローブを同時に用いたマルチモーダルイメージングの可能性などの開発も，今後の発展が期待される。さらに蛍光を用いた生体イメージングの応用を考えた場合，より深部からの情報を取得するため，水への吸収が低くなる近赤外領域で蛍光を発するナノ粒子の開発も望まれる。こうしたマルチモーダルイメージング技術に関する研究開発が，将来的には，医療現場などにおいて，われわれの健康生活に役立っていくことを期待したい。

文　献

1) Massoud TF and Gambhir SS, Molecular imaging in living subjects: seeing fundamental biological processes in a new light., *Genes Dev.,* 17, 545-80 (2003)
2) Weissleder R and Mahmood U, Molecular Imaging, *Radiology,* 219, 316-333 (2001)
3) Catana C, Wu Y, Judenhofer MS, Qi J, Pichler BJ, Cherry SR. Simultaneous acquisition of multislice PET and MR images: initial results with a MR-compatible PET scanner, *J Nucl Med.,* 47, 1968-76 (2006)
4) Alivistos, A. P., Gu, W. & Larabell, C. Quantum dots as cellular probes, *Annu. Rev. Biomed. Eng.,* 7, 55-76 (2005)
5) Tsien RY. The green fluorescent protein, *Annu Rev Biochem.,* 67, 509-44 (1998)
6) Ow H, Larson D, Srivastava M, Baird B, Webb W, Wiesner U, "Bright and Stable Core-Shell Fluorescent Silica Nanoparticles", *Nano Lett.,* 5, 113-117 (2005)
7) Prinzen L, Miserus RJ, Dirksen A, Hackeng TM, Deckers N, Bitsch NJ, Megens RT, Douma K, Heemskerk JW, Kooi ME, Frederik PM, Slaaf DW, van Zandvoort MA, Reutelingsperger CP. Optical and magnetic resonance imaging of cell death and platelet activation using annexin a 5-functionalized quantum dots, *Nano Lett.,* 7, 93-100 (2007)
8) Talanov VS, Regino CA, Kobayashi H, Bernardo M, Choyke PL, Brechbiel MW. Dendrimer-based nanoprobe for dual modality magnetic resonance and fluorescence imaging, *Nano Lett.,* 6, 1459-63 (2006)
9) Masuda C, Maki Z, Morikawa S, Morita M, Inubushi T, Matsusue Y, Yamagata S, Taguchi H, Doi Y, Shirai N, Hirao K, Tooyama I. MR tracking of transplanted glial cells using poly-L-lysine-CF 3, *Neurosci Res.,* 56, 224-8 (2006)
10) Nasongkla N, Bey E, Ren J, Ai, H, Khemtong, C, Guthi JS, Chin SF, Sherry AD, Booth-

man, DA, Gao J. Multifunctional Polymeric Micelles as Cancer-Targeted, MRI-Ultrasensitive Drug Delivery Systems, *Nano Lett.,* 6, 2427-2430 (2006)
11) Josephson L, Kircher MF, Mahmood U, Tang Y, Weissleder R. Near-infrared fluorescent nanoparticles as combined MR/optical imaging probes, *Bioconjug Chem.,* 13, 554-60 (2002)
12) Huh YM, Jun YW, Song HT, Kim S, Choi JS, Lee JH, Yoon S, Kim KS, Shin JS, Suh JS, Cheon J. In Vivo Magnetic Resonance Detection of Cancer by Using Multifunctional Magnetic Nanocrystals, *J. Am. Chem. Soc.,* 127, 12387-12391 (2005)
13) Moore A, Medarova Z, Potthast A, Dai G. In vivo targeting of underglycosylated MUC-1 tumor antigen using a multimodal imaging probe, *Cancer Res.,* 64, 1821-1827 (2004)
14) Wang S, Jarrett BR, Kauzlarich SM, Louie AY. Core/Shell Quantum Dots with High Relaxivity and Photoluminescence for Multimodality Imaging, *J. Am. Chem. Soc.,* 129, 3848-3856 (2007)
15) Santra S, Bagwe RP, Dutta D, Stanley JT, Tan W, Moudgil B and Mericle R. Synthesis and Characterization of Fluorescent, Radio-Opaque, and Paramagnetic Silica Nanoparticles for Multimodal Bioimaging Applications, *Advanced Materials,* 17, 2165-2169 (2005)
16) Lu CW, Hung Y, Hsiao JK, Yao M, Chung TH, Lin YS, Wu SH, Hsu SC, Liu HM, Mou CY, Yang CS, Huang DM, Chen YC, Bifunctional Magnetic Silica Nanoparticles for Highly Efficient Human Stem Cell Labeling, *Nano Lett.,* 7, 149-154 (2007)
17) Lee JH, Huh YM, Jun YW, Seo JW, Jang JT, Song HT, Kim S, Cho EJ, Yoon HG, Suh JS, Cheon J. Artificially engineered magnetic nanoparticles for ultra-sensitive molecular imaging. *Nat Med.* 13, 95-9 (2007)
18) 森田将史, 佐々木玄, 長町信治, 瀧本竜哉, 小松直樹, 森川茂廣, 犬伏俊郎, 磁性ナノダイヤモンドの創製と分子・細胞イメージングへの応用　第2回日本分子イメージング学会要旨集 (2007)

ナノ蛍光体の開発と応用 《普及版》(B1020)

2007年8月31日　初　版　第1刷発行
2012年11月8日　普及版　第1刷発行

　　監　修　　磯　部　徹　彦　　　　　Printed in Japan
　　発行者　　辻　　　賢　司
　　発行所　　株式会社シーエムシー出版
　　　　　　　東京都千代田区内神田1-13-1
　　　　　　　電話03（3293）2061
　　　　　　　大阪市中央区内平野町1-3-12
　　　　　　　電話06（4794）8234
　　　　　　　http://www.cmcbooks.co.jp/

〔印刷　豊国印刷株式会社〕　　　　　　　　　©T. Isobe, 2012

落丁・乱丁本はお取替えいたします。

本書の内容の一部あるいは全部を無断で複写（コピー）することは，法律で認められた場合を除き，著作者および出版社の権利の侵害になります。

ISBN978-4-7813-0597-4　C3058　¥4400E